Landscape Details CAD Construction Atlas IV

景观细部CAD施工图集Ⅳ

花坛花钵\景观灯柱\童叟乐园\体育健身
园桥汀步\各式铺装

樊思亮 主编

中国林业出版社

图书在版编目（ＣＩＰ）数据

景观细部CAD施工图集 IV / 樊思亮 主编. -- 北京 ： 中国林业出版社，2012.7
ISBN 978-7-5038-6599-2

Ⅰ．①景… Ⅱ．①樊… Ⅲ．①景观设计－细部设计－计算机辅助设计－图集 Ⅳ．①
TU986.2-64

中国版本图书馆CIP数据核字(2012)第097105号

本书编委会

主　　编：樊思亮

副主编：孔　强　郭　超　陈礼军　文　侠

参与编写人员：

陈　婧	张文媛	陆　露	何海珍	刘　婕	夏　雪	王　娟	黄　丽	程艳平	高丽媚
汪三红	肖　聪	张雨来	陈书争	韩培培	付珊珊	高囡囡	杨微微	姚栋良	张　雷
傅春元	邹艳明	武　斌	陈　阳	张晓萌	魏明悦	佟　月	金　金	李琳琳	高寒丽
赵乃萍	裴明明	李　跃	金　楠	邵东梅	李　倩	左文超	李凤英	姜　凡	郝春辉
宋光耀	于晓娜	许长友	王　然	王竞超	吉广健	马宝东	于志刚	刘　敏	杨学然

中国林业出版社•建筑与家居图书出版中心
责任编辑：李　顺　唐　杨
出版咨询：　（010）83223051

——

出　版：中国林业出版社（100009 北京西城区德内大街刘海胡同7号）
网　站：http://lycb.forestry.gov.cn/
印　刷：恒美印务（广州）有限公司
发　行：新华书店北京发行所
电　话：（010）83224477
版　次：2012年7月第1版
印　次：2012年7月第1次
开　本：889mm×1194mm 1 / 12
印　张：16
字　数：200千字
定　价：68.00元

——

千里之行，始于足下

——写于本套书出版之际

这套景观细部CAD施工图集从组织编写至完成，前后经历了两年时间。对于现今各大出版单位，如果是两年写一本书，应该是不允许也不可能的事了，但我们相信我们用这么长的时间来完成这件事肯定是值得的！

当初组织各设计院和设计单位汇集材料，大家提供的东西可以说是"各有千秋"，让我们这些编写者头疼不已，编写者包括我本人也是做景观设计出身，非常清楚在实践设计和制图中遇到的困难，正是因为这样，我们不断收集设计师提供的建议和信息，不断修改和调整，希望这套施工图集不要沦为像现在市面上大部分CAD图集一样，无轻无重，无章无序。

这套书马上要付印了，我们既兴奋又忐忑，最终检验我们所付出劳动的验金石——市场，才会给我最终的答案。但我们仍然信心百倍。

在此我也可以大致说说这套书的亮点：

首先，本套书区别于以往的CAD施工图集，对CAD模块进行非常详细的分类与调整，根据现代景观设计的要求，将四本书大体分为理水类、主景类、防护设施类、配套设施类，在这四类的基础上再进一步细分，争取做到让施工图设计者能得其中一本，而能把握一类的制图技巧和技术要点。

其次，就是这套图集的全面性和权威性，我们联合了近20所建筑及景观设计院所编写这套图集，严格按照建筑及施工设计标准制定规范，让设计师在设计和制作施工图时有据可依，有章可循，并且能依此类推，应用至其他施工图中。

再次，我们对这套书作了严格的版权保护，光盘进行了严格的加密，这也是对作品提供者的保护和认同，我们更希望读者们有版权保护的意识，为我国的版权事业贡献力量。

施工图是景观设计中既基础而又非常重要的一部分，无论对于刚入行的制图员，还是设计大师，都是必不可少的一门技能。但这绝非一朝一夕能练就的，就像一句古语："千里之行，始于足下"，希望广大的设计者能从这里得到些东西，抑或发现些东西，我们更希望大家提出意见，甚或是批评，指导我们做得更好！

编著者

2012年5月

目录

01

花坛花钵

008

02

景观灯柱

034

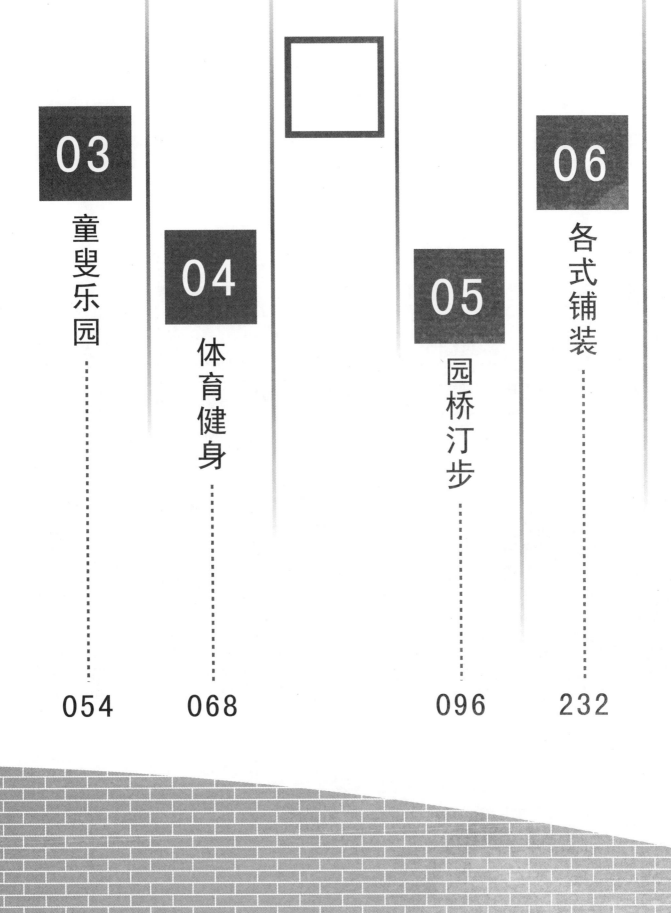

03 童叟乐园 ………… 054

04 体育健身 ………… 068

05 园桥汀步 ………… 096

06 各式铺装 ………… 232

花坛花钵

本页解压密码: 25675031

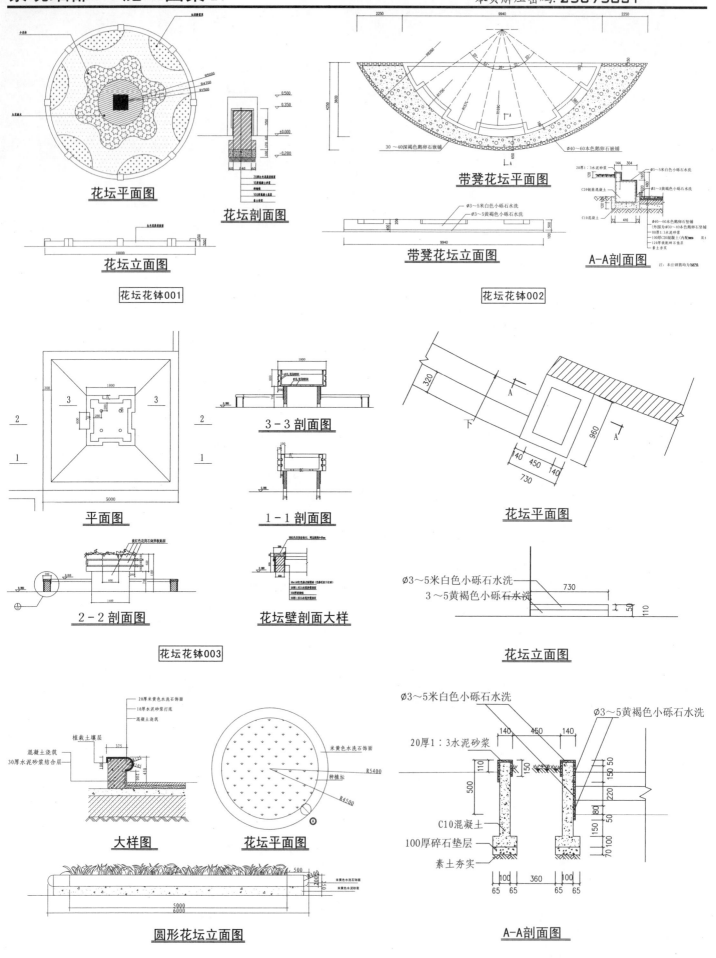

花坛平面图

花坛剖面图

花坛立面图

花坛花钵001

带凳花坛平面图

带凳花坛立面图

A-A剖面图

花坛花钵002

平面图

3-3剖面图

1-1剖面图

2-2剖面图

花坛壁剖面大样

花坛花钵003

花坛平面图

花坛立面图

大样图

花坛平面图

圆形花坛立面图

花坛花钵004

A-A剖面图

花坛花钵005

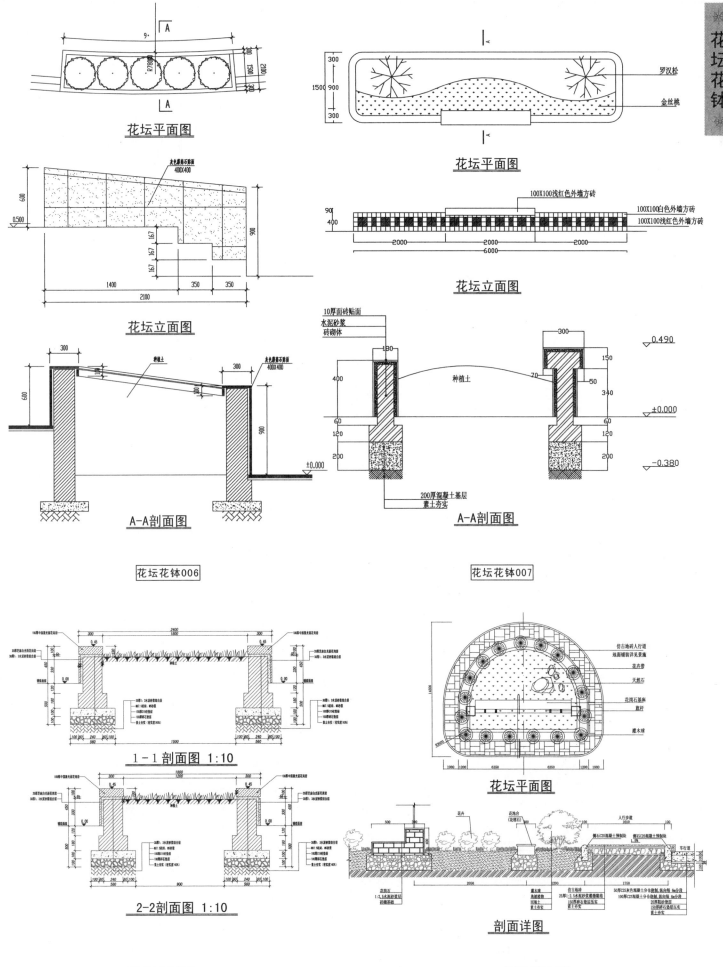

花坛平面图

花坛平面图

花坛立面图

花坛立面图

A-A剖面图

A-A剖面图

花坛花钵006

花坛花钵007

1-1剖面图 1:10

花坛平面图

2-2剖面图 1:10

剖面详图

花坛花钵008

花坛花钵009

花坛花钵

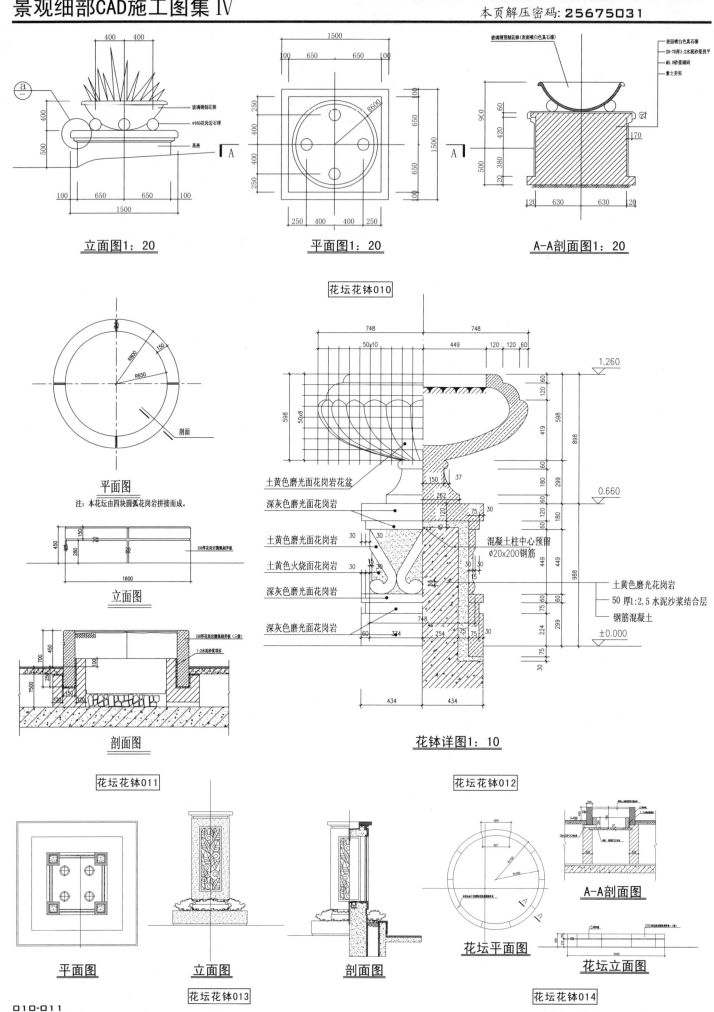

立面图1: 20

平面图1: 20

A-A剖面图1: 20

花坛花钵010

平面图

注: 本花坛由四块圆弧花岗岩拼接而成。

立面图

剖面图

花钵详图1: 10

土黄色磨光面花岗岩花盆
深灰色磨光面花岗岩
土黄色磨光面花岗岩
土黄色火烧面花岗岩
深灰色磨光面花岗岩
深灰色磨光面花岗岩

混凝土柱中心预留
∅20x200钢筋

土黄色磨光花岗岩
50厚1:2.5水泥沙浆结合层
钢筋混凝土

花坛花钵011

花坛花钵012

平面图

立面图

剖面图

A-A剖面图

花坛平面图

花坛立面图

花坛花钵013

花坛花钵014

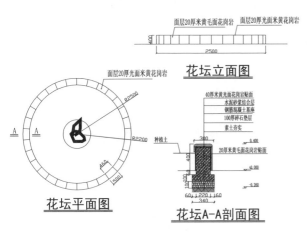

面层20厚米黄毛面花岗岩　面层20厚光面米黄花岗岩

花坛立面图

面层20厚光面米黄花岗岩

种植土

40厚米黄毛面花岗岩贴面
水泥砂浆结合层
钢筋混凝土基座
100厚碎石垫层
素土夯实

20厚米黄毛面花岗岩贴面

花坛平面图

花坛A-A剖面图

花坛花钵015

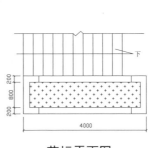

花坛壁毛面花岗岩贴面

防洪堤

30厚浅色花岗岩贴面
200厚混凝土基础∅8@150x150
200厚碎石垫层
块石垫层
素土夯实

花坛平面图

花坛剖面图

花坛花钵016

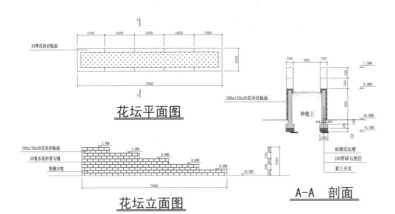

20厚花岗岩贴面

花坛平面图

300x130x20花岗岩贴面

种植土

300x130x20花岗岩贴面
20宽水泥砂浆勾缝
留缝10宽

花坛立面图

A-A 剖面

砖砌花坛壁
100厚碎石垫层
素土夯实

花坛花钵017

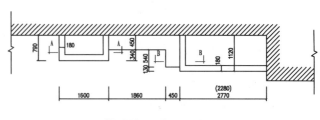

花岗岩贴面（光面）　　花岗岩贴面(剁斧饰面)

带凳花坛平面图

带凳花坛立面图

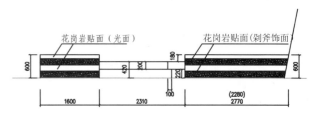

110厚花岗岩压顶（光面）
20厚1：3水泥砂浆
20厚花岗岩（剁斧饰面）
20厚花岗岩（光面）
20厚花岗岩（剁斧饰面）
同左
C20钢筋混凝土
C10混凝土

A-A剖面图

①

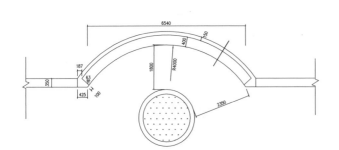

带凳花坛平面图

下

花坛平面图

3～5米白色小砾石水洗
20厚1：3水泥砂浆
Ø3～5黄褐色小砾石水洗
3～5米白色小砾石水洗
Ø3～5黄褐色小砾石水洗

C10混凝土
100厚级配碎石垫层
素土夯实

A-A剖面图

Ø3～5米白色小砾石水洗

Ø3～5黄褐色小砾石水洗

花坛立面图

带凳花坛立面图

花坛花钵019

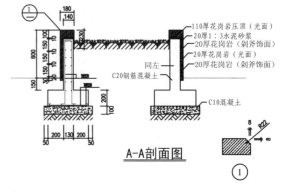

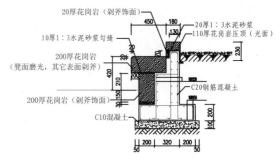

20厚花岗岩（剁斧饰面）
10厚1：3水泥砂浆勾缝
200厚花岗岩
（凳面磨光，其它表面剁斧）
200厚花岗岩（剁斧饰面）
C10混凝土

20厚1：3水泥砂浆
110厚花岗岩压顶（光面）
C20钢筋混凝土

B-B剖面图

花坛花钵018

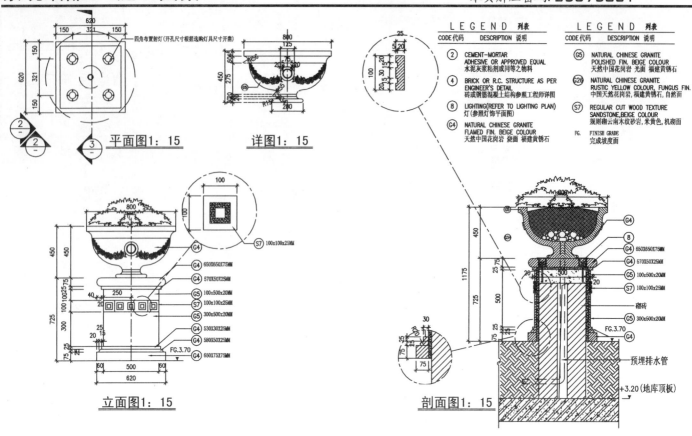

LEGEND 列表

CODE 代码	DESCRIPTION 说明
②	CEMENT-MORTAR ADHESIVE OR APPROVED EQUAL 水泥灰浆粘剂或同等之物料
④	BRICK OR R.C. STRUCTURE AS PER ENGINEER'S DETAIL 砖或钢筋混凝土结构参照工程师详图
⑧	LIGHTING(REFER TO LIGHTING PLAN) 灯(参照灯饰平面图)
G4	NATURAL CHINESE GRANITE FLAMED FIN. BEIGE COLOUR 天然中国花岗岩 烧面 福建黄锈石

LEGEND 列表

CODE 代码	DESCRIPTION 说明
G5	NATURAL CHINESE GRANITE POLISHED FIN. BEIGE COLOUR 天然中国花岗岩 光面 福建黄锈石
G26	NATURAL CHINESE GRANITE RUSTIC YELLOW COLOUR, FUNGUS FIN. 中国天然花岗岩, 福建黄锈石, 自然面
S7	REGULAR CUT WOOD TEXTURE SANDSTONE,BEIGE COLOUR 规则砌云南木纹砂岩, 米黄色, 机砌面
FG.	FINISH GRADE 完成坡度面

平面图1：15

详图1：15

立面图1：15

剖面图1：15

花坛花钵020

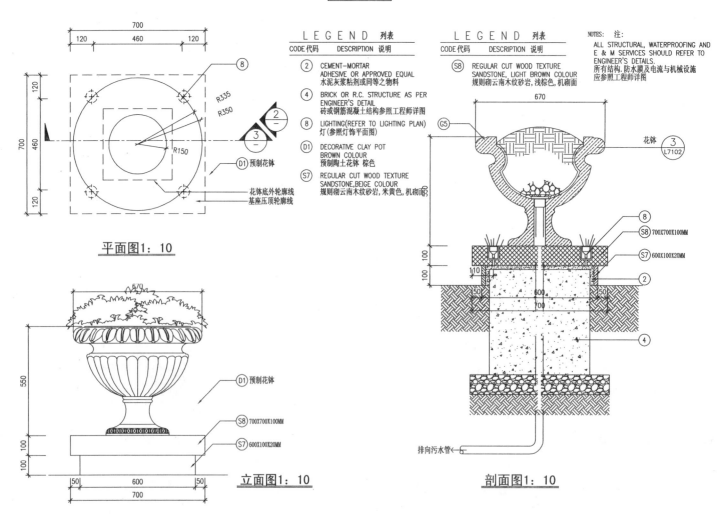

平面图1：10

LEGEND 列表

CODE 代码	DESCRIPTION 说明
②	CEMENT-MORTAR ADHESIVE OR APPROVED EQUAL 水泥灰浆粘剂或同等之物料
④	BRICK OR R.C. STRUCTURE AS PER ENGINEER'S DETAIL 砖或钢筋混凝土结构参照工程师详图
⑧	LIGHTING(REFER TO LIGHTING PLAN) 灯(参照灯饰平面图)
D1	DECORATIVE CLAY POT BROWN COLOUR 预制陶土花钵 棕色
S7	REGULAR CUT WOOD TEXTURE SANDSTONE,BEIGE COLOUR 规则砌云南木纹砂岩, 米黄色, 机砌面

LEGEND 列表

CODE 代码	DESCRIPTION 说明
S8	REGULAR CUT WOOD TEXTURE SANDSTONE, LIGHT BROWN COLOUR 规则砌云南木纹砂岩, 浅棕色, 机砌面

NOTES: 注:
ALL STRUCTURAL, WATERPROOFING AND E & M SERVICES SHOULD REFER TO ENGINEER'S DETAILS.
所有结构,防水膜及电流与机械设施应参照工程师详图

立面图1：10

剖面图1：10

花坛花钵021

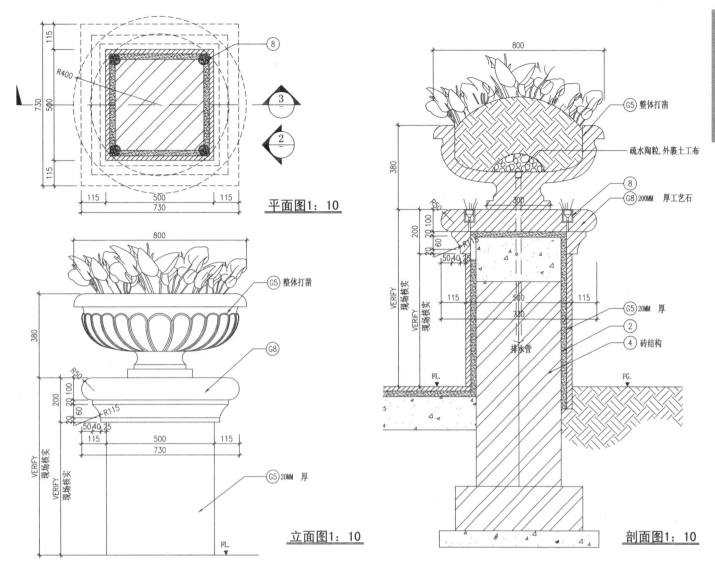

平面图1：10

G5 整体打凿

疏水陶粒,外裹土工布

G8 200MM 厚工艺石

立面图1：10

G5 整体打凿

G8

G5 20MM 厚

排水管

G5 20MM 厚

剖面图1：10

G5 20MM 厚

2

4 砖结构

花坛花钵022

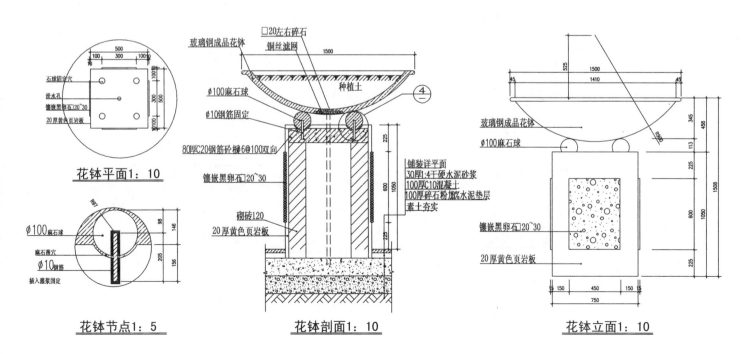

花钵平面1：10

石球固定穴
泄水孔
镶嵌黑卵石20~30
20厚黄色页岩板

花钵节点1：5

Ø100 麻石球
麻石蓋穴
Ø10 钢筋
插入灌浆固定

玻璃钢成品花钵
□20左右碎石
铜丝滤网
种植土
Ø100 麻石球
Ø10钢筋固定
80厚C20钢筋砼 棍6@100双向
镶嵌黑卵石20~30
砌砖120
20厚黄色页岩板

铺装详平面
30厚1:4干硬水泥砂浆
100厚C10混凝土
100厚碎石粉加%水泥垫层
素土夯实

花钵剖面1：10

玻璃钢成品花钵
Ø100 麻石球

镶嵌黑卵石20~30

20厚黄色页岩板

花钵立面1：10

花坛花钵023

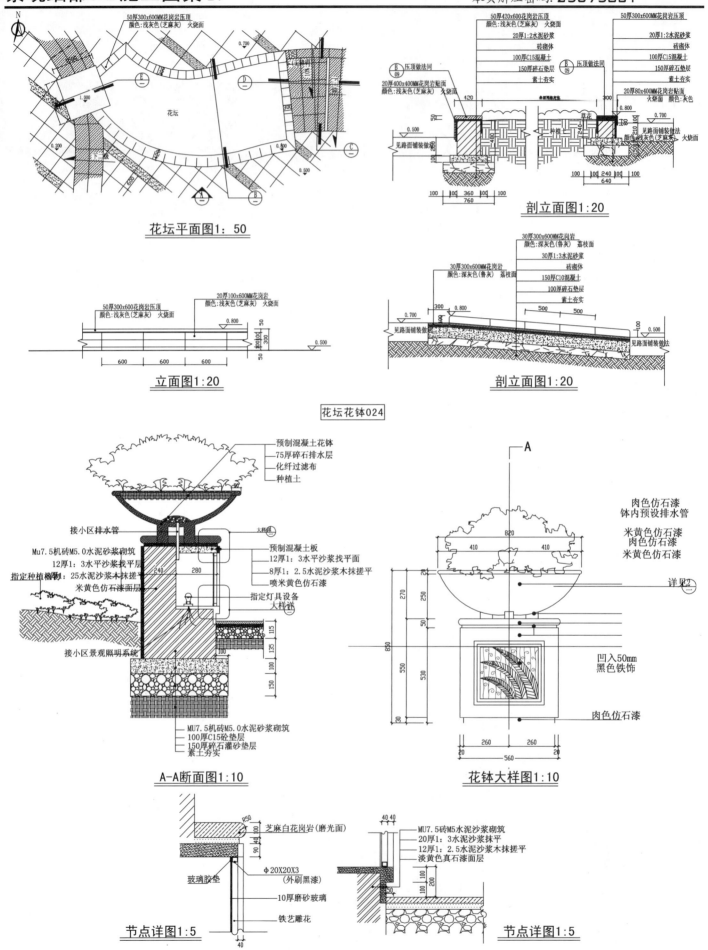

50厚300x600花岗岩压顶
颜色:浅灰色(芝麻灰) 火烧面

花坛

花坛平面图1:50

50厚420x600花岗岩压顶
颜色:浅灰色(芝麻灰) 火烧面
20厚1:2水泥砂浆
砖砌体
100厚C15混凝土
150厚碎石垫层
素土夯实

50厚300x600MM花岗岩压顶
20厚1:2水泥砂浆
砖砌体
100厚C15混凝土
150厚碎石垫层
素土夯实

压顶做法同
20厚400x400花岗岩板面
颜色:浅灰色(芝麻灰) 火烧面

压顶做法同

草花

种植土

20厚80x400MM花岗石贴面
颜色:灰色 火烧面

见路面铺装做法

剖立面图1:20

50厚300x600花岗岩压顶
颜色:浅灰色(芝麻灰) 火烧面

20厚100x600MM花岗岩
颜色:浅灰色(芝麻灰) 火烧面

立面图1:20

30厚300x600MM花岗岩
颜色:深灰色(鲁灰) 荔枝面

30厚300x600花岗岩
颜色:深灰色(鲁灰) 荔枝面

30厚1:3水泥砂浆
砖砌体
150厚C10混凝土
100厚碎石垫层
素土夯实

见路面铺装做法

剖立面图1:20

花坛花钵024

预制混凝土花钵
75厚碎石排水层
化纤过滤布
种植土

接小区排水管

Mu7.5机砖M5.0水泥砂浆砌筑
12厚1:3水平沙浆找平面
指定种植植物
25水泥沙浆木抹搓平
米黄色仿石漆面层

接小区景观照明系统

预制混凝土板
12厚1:3水平沙浆找平面
8厚1:2.5水泥沙浆木抹搓平
喷米黄色仿石漆

指定灯具设备
大样详

MU7.5机砖M5.0水泥砂浆砌筑
100厚C15砼垫层
150厚碎石灌砂垫层
素土夯实

A-A断面图1:10

肉色仿石漆
钵内预设排水管
米黄色仿石漆
肉色仿石漆
米黄色仿石漆

详见

凹入50mm
黑色铁饰

肉色仿石漆

花钵大样图1:10

芝麻白花岗岩(磨光面)

玻璃胶垫
Φ20X20X3
(外刷黑漆)
10厚磨砂玻璃
铁艺雕花

节点详图1:5

MU7.5砖M5水泥沙浆砌筑
20厚1:3水泥沙浆抹平
12厚1:2.5水泥沙浆木抹搓平
淡黄色真石漆面层

节点详图1:5

花坛花钵025

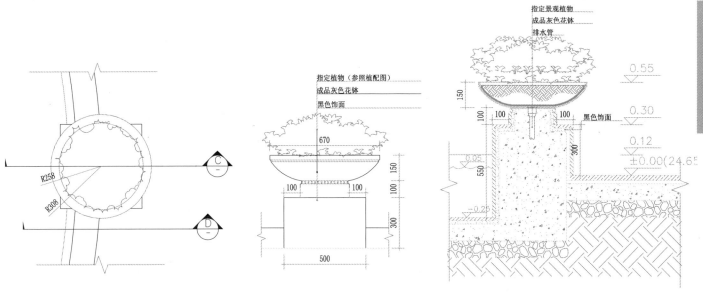

指定植物（参照植配图）
成品灰色花钵
黑色饰面

指定景观植物
成品灰色花钵
排水管
黑色饰面

670

100 100

100 100

150 100 300

500

0.55
0.30
0.12
±0.00(24.65

-0.25

池边花钵平面图1:15

R258
R308

C
D

池边花钵立面图1:15

池边花钵剖面图1:15

花坛花钵026

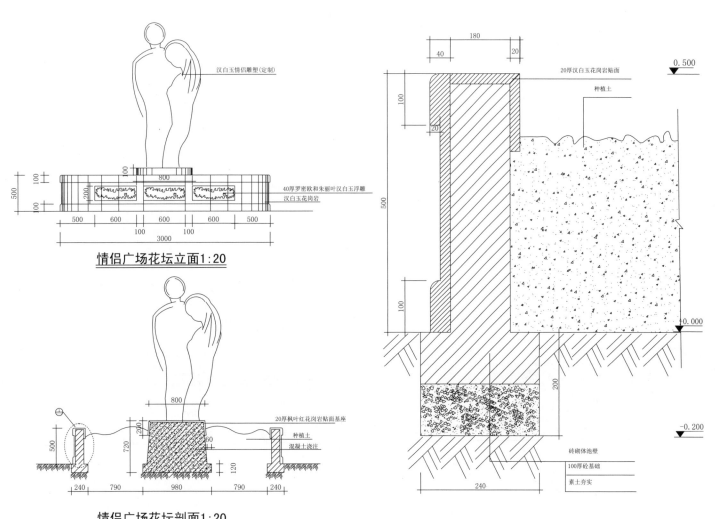

汉白玉情侣雕塑(定制)

180
40 20

20

100

20厚汉白玉花岗岩贴面

种植土

0.500

500

100

+0.000

-0.200

砖砌体池壁
100厚砼基础
素土夯实

200

240

40厚罗密欧和朱丽叶汉白玉浮雕
汉白玉花岗岩

800

500 600 600 600 500
100 100
3000

100
100
200

情侣广场花坛立面1:20

800

20厚枫叶红花岗岩贴面基座
种植土
混凝土浇注

500

720

270

60
120

240 790 980 790 240

情侣广场花坛剖面1:20

花坛花钵027

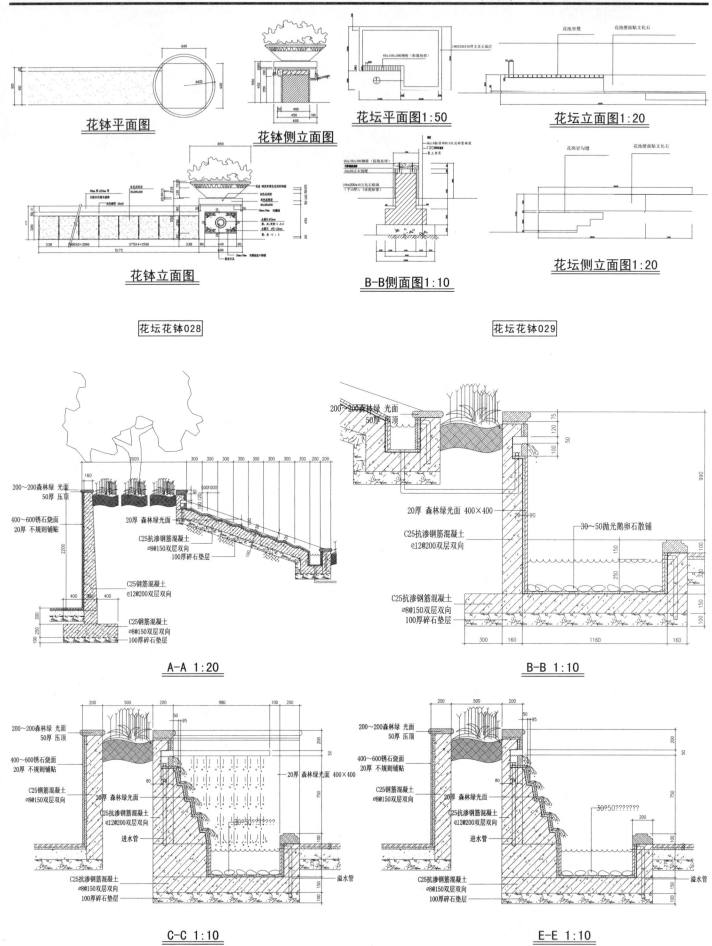

花钵平面图

花钵侧立面图

花坛平面图1:50

花坛立面图1:20

花钵立面图

B-B侧面图1:10

花坛侧立面图1:20

花坛花钵028

花坛花钵029

A-A 1:20

B-B 1:10

C-C 1:10

E-E 1:10

花坛花钵030

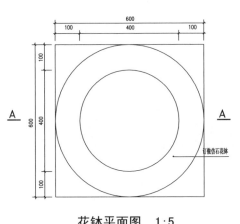

花钵平面图 1:5

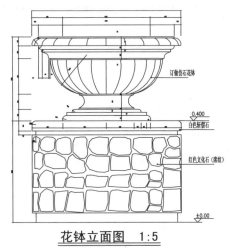

订做仿石花钵

白色斩假石

红色文化石(席纹)

花钵立面图 1:5

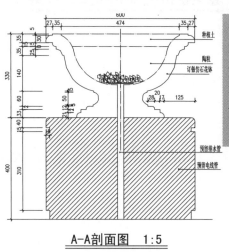

种植土

陶粒

订做仿石花钵

预留排水管

预留电线管

A-A剖面图 1:5

花坛花钵031

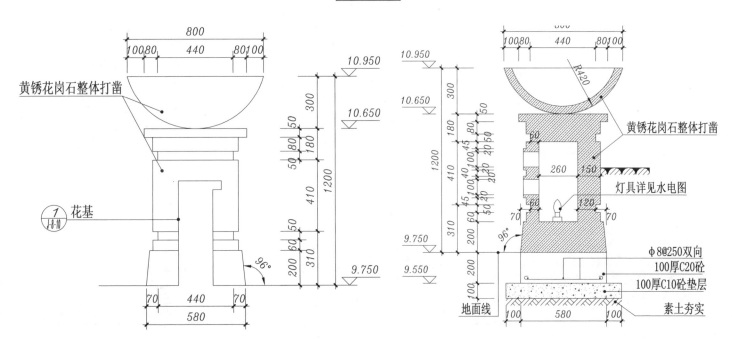

黄锈花岗石整体打凿

花基

特色花钵与基座A型侧立面图1:15

黄锈花岗石整体打凿

灯具详见水电图

φ8@250双向

100厚C20砼

100厚C10砼垫层

素土夯实

地面线

特色花钵与基座A型1—1剖面图1:15

花坛花钵032

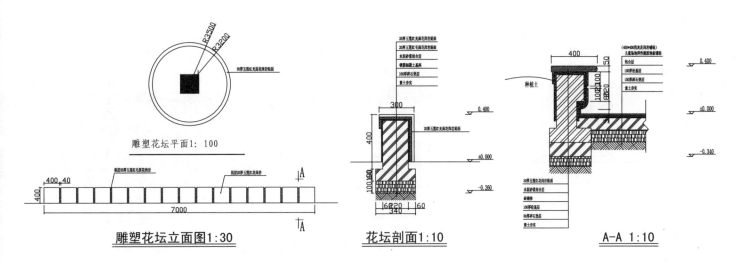

雕塑花坛平面1:100

雕塑花坛立面图1:30

花坛剖面1:10

种植土

A-A 1:10

花坛花钵033

本页解压密码: 25675031

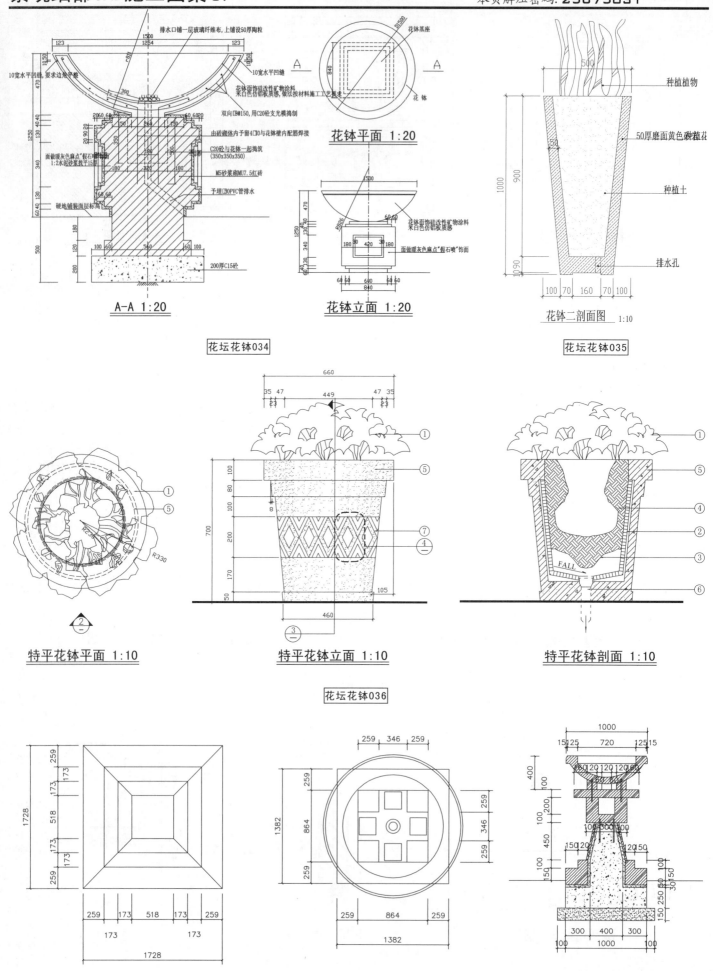

A-A 1:20

花坛花钵034

花钵平面 1:20

花钵立面 1:20

花钵二剖面图 1:10

花坛花钵035

特平花钵平面 1:10

特平花钵立面 1:10

特平花钵剖面 1:10

花坛花钵036

花坛花钵037

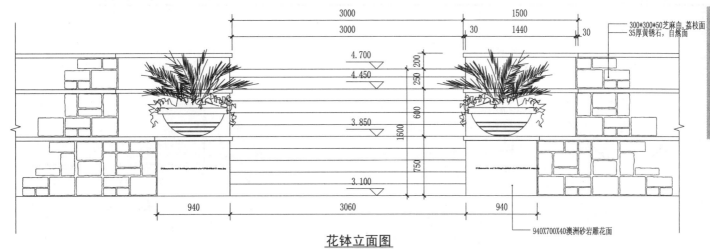

300*300*50芝麻白，荔枝面
35厚黄锈石，自然面

4.700
4.450
3.850
3.100

3000
3000
1500
30 1440 30
200
250
600
1500
750
940 3060 940

940X700X40澳洲砂岩雕花面

花钵立面图

花坛花钵038

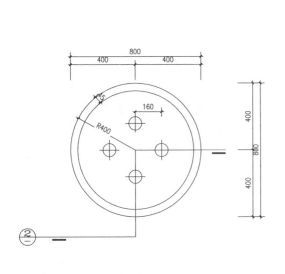

800
400 400
160
R400

花钵平面图1:10

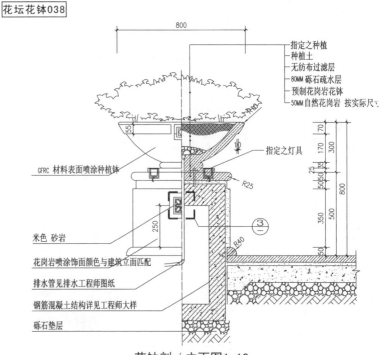

800

指定之种植
种植土
无纺布过滤层
80MM 砾石疏水层
预制花岗岩花钵
50MM自然花岗岩 按实际尺寸

GFRC 材料表面喷涂种植钵

指定之灯具

R25

70
170 300
25
50 50
350 500 800

米色 砂岩

花岗岩喷涂饰面颜色与建筑立面匹配

排水管见排水工程师图纸

钢筋混凝土结构详见工程师大样

砾石垫层

R40

③
—

250

花钵剖／立面图1:10

花坛花钵039

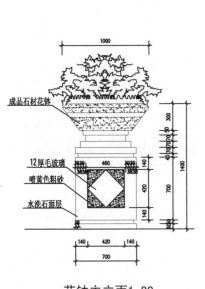

1000

成品石材花钵

12厚毛玻璃
喷黄色粗砂
水洗石面层

460
300
50 70 70 130
140
420
700
140
1400

140 420 140
700

花钵主立面1:20

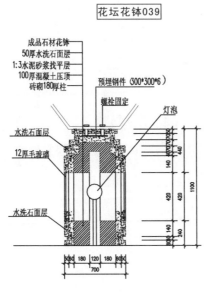

成品石材花钵
50厚水洗石面层
1:3水泥砂浆找平层
100厚混凝土压顶
砖砌180厚柱

预埋钢件（300*300*6）

螺栓固定

灯泡

水洗石面层

12厚毛玻璃

水洗石面层

140 70 70 130
440
140
420 1100
420
140
240

80 80 180 120 180 80 80
700

花钵剖面1:20

花坛花钵040

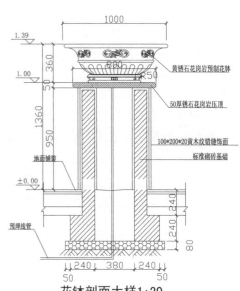

1000

1.39
360
1.00
50
800

黄锈石花岗岩预制花钵

50厚锈石花岗岩顶

100*200*20黄木纹错缝饰面
标准砌砖基础

1360
950

地面铺装

±0.00

预埋线管

240 380 240
50 50

240
240
80

花钵剖面大样1:20

花坛花钵041

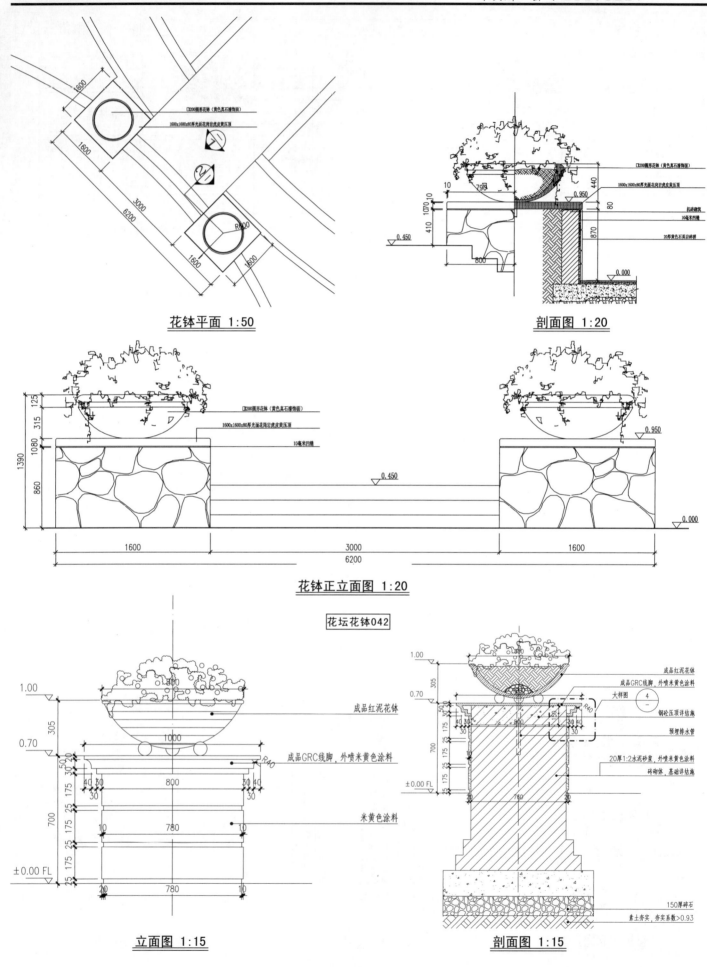

花钵平面 1:50

剖面图 1:20

花钵正立面图 1:20

花坛花钵042

立面图 1:15

剖面图 1:15

花坛花钵043

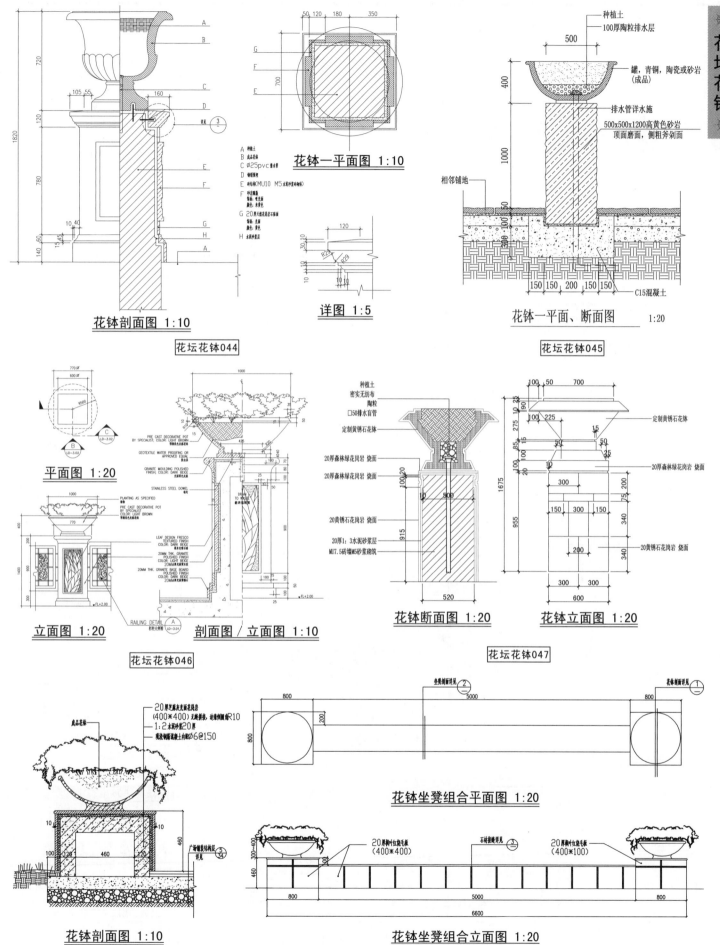

A 种植土
B 成品花钵
C Ø25pvc排水管
D 钢筋锚栓
E 砖垫板MU10 M5水泥砂浆砌筑
F 砂岩基座
   饰面：亚光面
   颜色：米黄色
G 20厚天然花岗岩石板面
   饰面：光面
   颜色：黄色
H 水泥砂浆层

花钵剖面图 1:10

花钵一平面图 1:10

详图 1:5

花坛花钵044

种植土
100厚陶粒排水层

罐，青铜，陶瓷或砂岩（成品）

排水管详水施
500x500x1200高黄色砂岩
顶面磨面，侧面粗斧剁面

相邻铺地

C15混凝土

花钵一平面、断面图　1:20

花坛花钵045

平面图 1:20

PRE CAST DECORATIVE POT
BY SPECIALIST; COLOR: LIGHT BROWN

GEOTEXTILE WATER PROOFING OR
APPROVED EQUAL

GRANITE MOULDING POLISHED
FINISH; COLOR: LIGHT BEIGE

STAINLESS STEEL DOWEL

PLANTING AS SPECIFIED

PRE CAST DECORATIVE POT
BY SPECIALIST
COLOR: LIGHT BROWN

LEAF DESIGN FRESCO
TEXTURED FINISH
COLOR: DARK BEIGE

20MM THK. GRANITE
POLISHED FINISH
COLOR: LIGHT BEIGE

20MM THK. GRANITE
BASE BOARD
POLISHED FINISH
COLOR: DARK BEIGE

立面图 1:20

剖面图／立面图 1:10

RAILING DETAIL

花坛花钵046

种植土
密实无纺布
陶粒
口50排水盲管
定制黄锈石花钵
20厚森林绿花岗岩 烧面
20厚森林绿花岗岩 烧面
20黄锈石花岗岩 烧面
20水泥1：3水泥砂浆层
MU7.5砖墙M5砂浆砌筑

花钵断面图 1:20

定制黄锈石花钵
20厚森林绿花岗岩 烧面
20黄锈石花岗岩 烧面

花钵立面图 1:20

花坛花钵047

成品花钵
20厚芝麻灰光面花岗岩
（400※400）无缝拼接，边缘倒角R10
1：2水泥砂浆20厚
现浇钢筋混凝土内配Ø6@150

广场铺装结构详见

花钵剖面图 1:10

坐凳剖面详见

花钵剖面详见

花钵坐凳组合平面图 1:20

20厚桐叶红烧毛面
（400※400）

石材接缝详见

20厚桐叶红烧毛面
（400※100）

花钵坐凳组合立面图 1:20

花坛花钵048

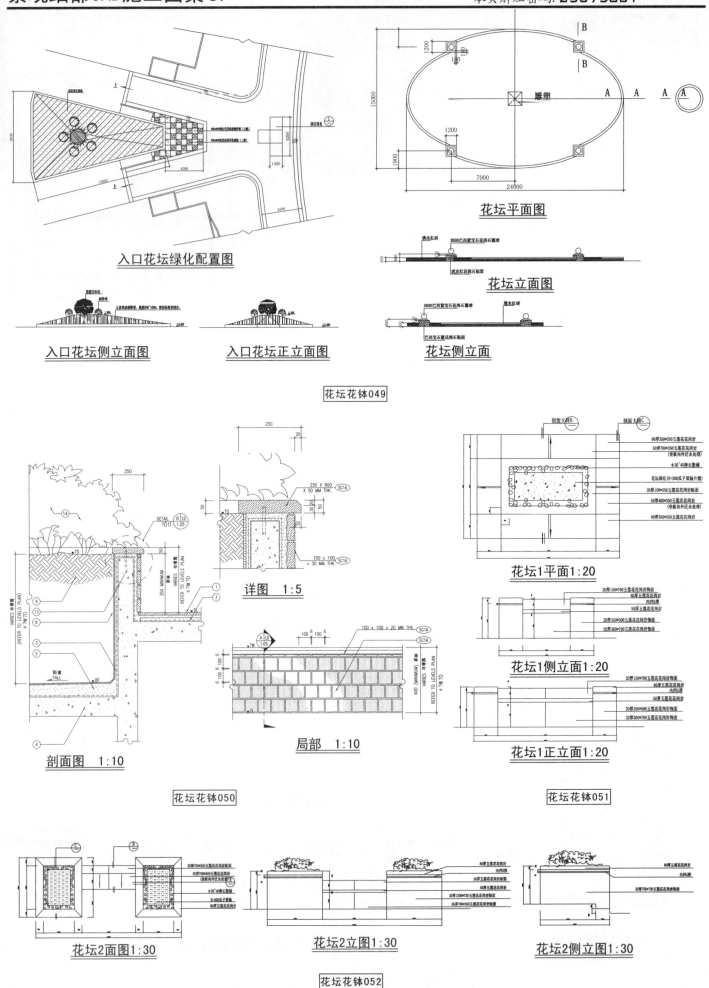

入口花坛绿化配置图

花坛平面图

花坛立面图

入口花坛侧立面图　　入口花坛正立面图　　花坛侧立面

花坛花钵049

详图 1:5

剖面图 1:10

局部 1:10

花坛1平面1:20

花坛1侧立面1:20

花坛1正立面1:20

花坛花钵050

花坛花钵051

花坛2面图1:30

花坛2立图1:30

花坛2侧立图1:30

花坛花钵052

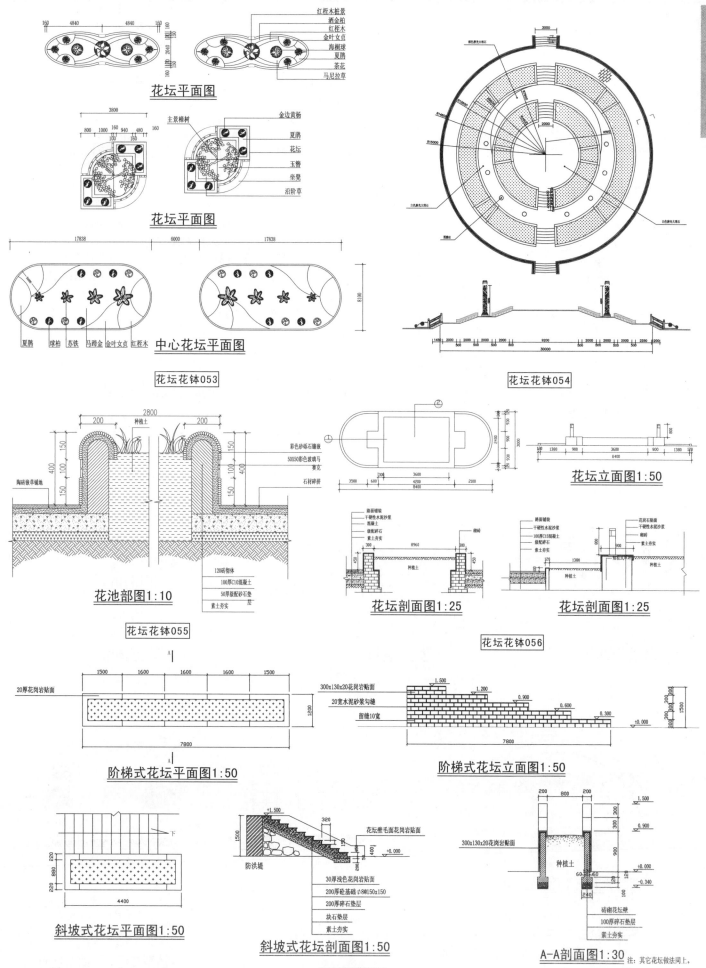

花坛平面图

花坛平面图

红桎木桩景
酒金柏
红桎木
金叶女贞
海桐球
夏鹃
茶花
马尼拉草

金边黄杨
夏鹃
花坛
玉簪
坐凳
沿阶草

主景棉树

主景棉树

中心花坛平面图

夏鹃　球柏　苏铁　马蹄金　金叶女贞　红桎木

花坛花钵053

花坛花钵054

花池部图1:10

种植土
彩色砂砾石镶嵌
50X50彩色玻璃马赛克
石材碎拼

陶砖嵌草铺地

120砖砌体
100厚C10混凝土
50厚级配砂石垫层
素土夯实

花坛花钵055

花坛立面图1:50

花坛剖面图1:25

路面铺装
干硬性水泥砂浆
混凝土
级配碎石
素土夯实
砌砖
种植土

路面铺装
干硬性水泥砂浆
100厚C15混凝土
级配碎石
素土夯实
花岗石贴面
干硬性水泥砂浆
砌砖
种植土
素土夯实

花坛剖面图1:25

花坛花钵056

20厚花岗岩贴面

阶梯式花坛平面图1:50

300x130x20花岗岩贴面
20宽水泥砂浆勾缝
留缝10宽

阶梯式花坛立面图1:50

斜坡式花坛平面图1:50

花坛壁毛面花岗岩贴面
防洪堤
30厚浅色花岗岩贴面
200厚砼基础φ8@150x150
200厚碎石垫层
块石垫层
素土夯实

斜坡式花坛剖面图1:50

300x130x20花岗岩贴面
种植土
砖砌花坛壁
100厚碎石垫层
素土夯实

A-A剖面图1:30　注：其它花坛做法同上。

花坛花钵057

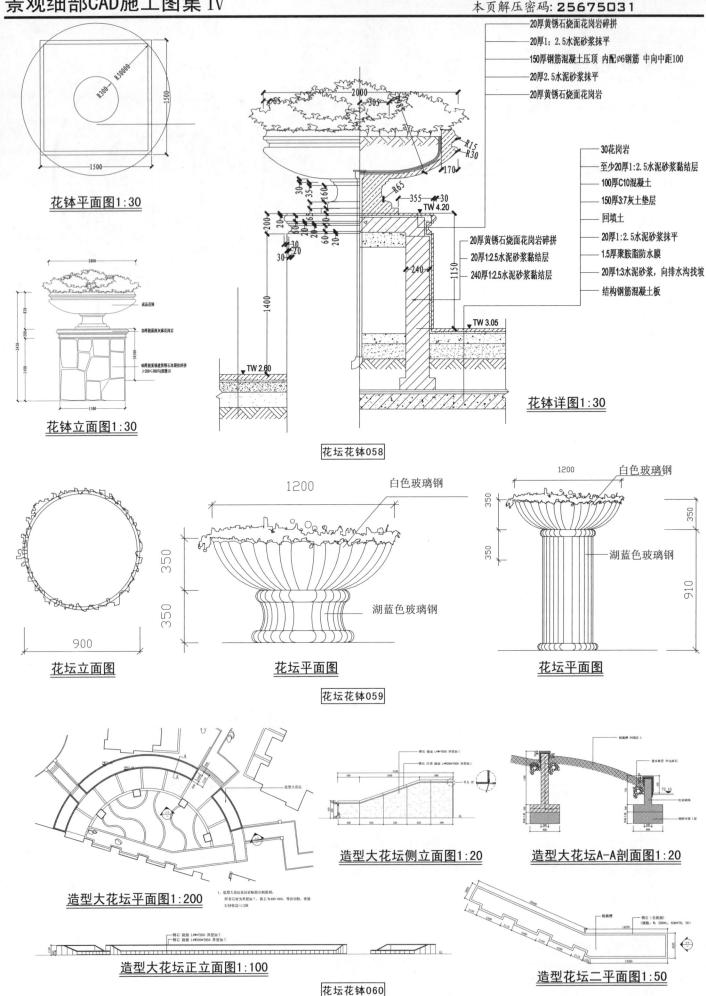

20厚黄锈石烧面花岗岩碎拼
20厚1:2.5水泥砂浆抹平
150厚钢筋混凝土压顶 内配∅6钢筋 中向中距100
20厚2.5水泥砂浆抹平
20厚黄锈石烧面花岗岩

30花岗岩
至少20厚1:2.5水泥砂浆黏结层
100厚C10混凝土
150厚3:7灰土垫层
回填土
20厚1:2.5水泥砂浆抹平
1.5厚聚胺脂防水膜
20厚1:3水泥砂浆,向排水沟找坡
结构钢筋混凝土板

20厚黄锈石烧面花岗岩碎拼
20厚1:2.5水泥砂浆黏结层
240厚1:2.5水泥砂浆黏结层

花钵平面图1:30

花钵立面图1:30

花钵详图1:30

花坛花钵058

白色玻璃钢
湖蓝色玻璃钢

白色玻璃钢
湖蓝色玻璃钢

花坛立面图

花坛平面图

花坛平面图

花坛花钵059

造型大花坛平面图1:200

造型大花坛侧立面图1:20

造型大花坛A-A剖面图1:20

造型大花坛正立面图1:100

造型花坛二平面图1:50

花坛花钵060

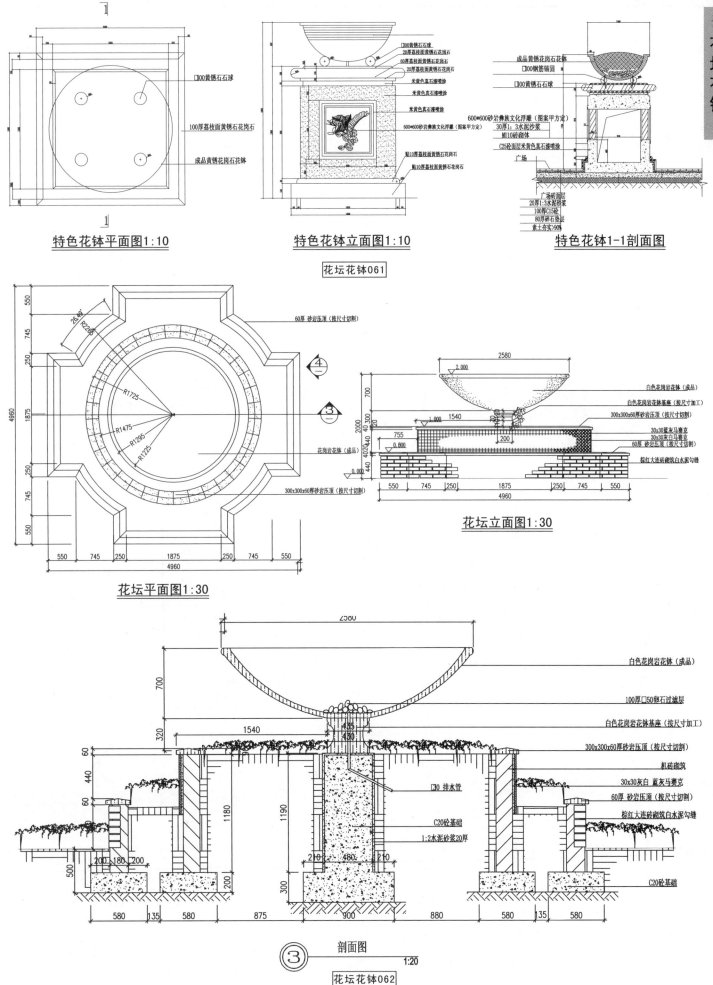

口100黄锈石石球
20厚荔枝面黄锈石花岗石
60厚荔枝面黄锈石花岗石
20厚荔枝面黄锈石花岗石
米黄色真石漆喷涂
米黄色真石漆喷涂
米黄色真石漆喷涂
600*600砂岩彝族文化浮雕（图案甲方定）
贴10厚荔枝面黄锈石花岗石
贴10厚荔枝面黄锈石花岗石

成品黄锈花岗石花钵
口100钢筋锚固
口100黄锈石石球
600*600砂岩彝族浮雕（图案甲方定）
30厚1：3水泥沙浆
MU10砖砌体
C25砼面层米黄色真石漆喷涂
广场

广场砖面层
20厚1：3水泥砂浆
100厚C15砼
80厚碎石垫层
素土夯实>90%

口100黄锈石石球
100厚荔枝面黄锈石花岗石
成品黄锈花岗石花钵

特色花钵平面图1:10
特色花钵立面图1:10
特色花钵1-1剖面图

花坛花钵061

60厚 砂岩压顶（按尺寸切割）
26.46°
R2255
R1725
R1475
R1295
R1725
花岗岩花钵（成品）
300x300x60厚砂岩压顶（按尺寸切割）

花坛平面图1:30

2580
2.000
700
1.000 1540
300 120
755
0.800 200
0.440
0.440

白色花岗岩花钵（成品）
白色花岗岩花钵基座（按尺寸加工）
300x300x60厚砂岩压顶（按尺寸切割）
30x30蓝灰马赛克
30x30灰白马赛克
60厚 砂岩压顶（按尺寸切割）
棕红大连砖砌筑白水泥勾缝

550 745 250 1875 250 745 550
4960

花坛立面图1:30

2580
700
320
1540
4.55
450
60
440
60
1180
1190
500
200 180 200
580 135 580 875 900 880 580 135 580
210 480 210
300

白色花岗岩花钵（成品）
100厚口50卵石过滤层
白色花岗岩花钵基座（按尺寸加工）
300x300x60厚砂岩压顶（按尺寸切割）
机砖砌筑
30x30灰白 蓝灰马赛克
60厚 砂岩压顶（按尺寸切割）
棕红大连砖砌筑白水泥勾缝
口30 排水管
C20砼基础
1:2水泥砂浆20厚
C20砼基础

③ 剖面图
1:20

花坛花钵062

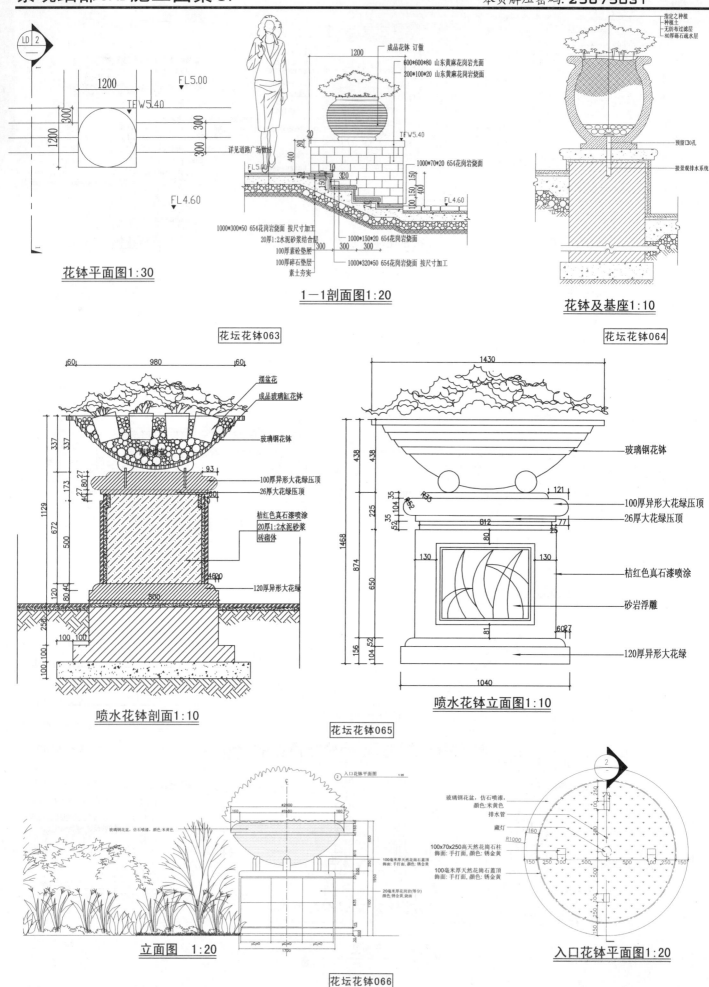

花钵平面图1:30

1—1剖面图1:20

花钵及基座1:10

花坛花钵063

花坛花钵064

喷水花钵剖面1:10

喷水花钵立面图1:10

花坛花钵065

立面图 1:20

入口花钵平面图1:20

花坛花钵066

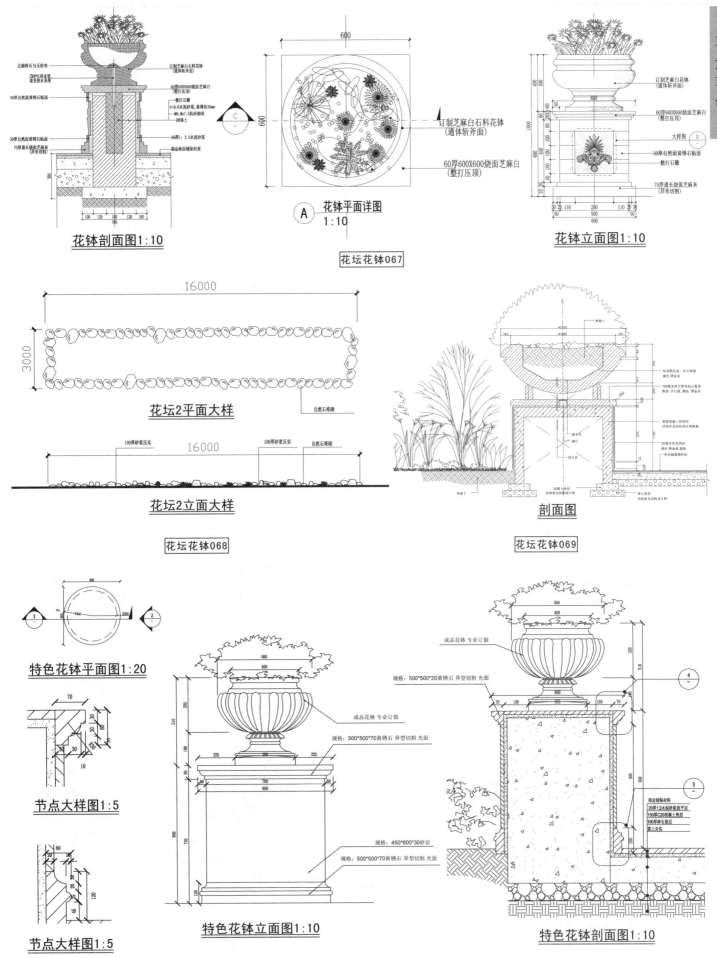

过滤碎石及无纺布
CMPVC排水管埋置至排水系统
30厚自然面黄锈石贴面
30厚自然面黄锈石贴面
70厚通长烧面芝麻灰
(异形切割)

订制芝麻白石料花钵
(通体斩齐面)
60厚600X600烧面芝麻白
(整打压顶)
整打石雕
1+2.5水泥砂浆，最薄处20mm
M5.0m水泥砂浆
M7.5机砖砌体
回填土
35厚1：2.5水泥砂浆
指定地面铺装材质

花钵剖面图1:10

600

600

订制芝麻白石料花钵
(通体斩齐面)

60厚600X600烧面芝麻白
(整打压顶)

Ⓐ 花钵平面详图
1:10

花坛花钵067

订制芝麻白花钵
(通体斩齐面)

60厚600X600烧面芝麻白
(整打压顶)

大样图

30厚自然面黄锈石贴面
整打石雕

70厚通长烧面芝麻灰
(异形切割)

花钵立面图1:10

16000

3000

花坛2平面大样

自然石堆砌

100厚砂浆压实   16000   100厚砂浆压实   自然石堆砌

花坛2立面大样

花坛花钵068

种植土

剖面图

花坛花钵069

特色花钵平面图1:20

节点大样图1:5

节点大样图1:5

成品花钵 专业订做

规格：500*500*20黄锈石 异型切割 光面

成品花钵 专业订做

规格：500*500*70黄锈石 异型切割 光面

规格：450*600*30砂岩

规格：500*500*70黄锈石 异型切割 光面

特色花钵立面图1:10

成品花钵 专业订做

规格：500*500*20黄锈石 异型切割 光面

20厚1:2水泥砂浆找平层
150厚C20混凝土垫层
100厚碎石垫层
素土夯实

指定铺装材料

特色花钵剖面图1:10

花坛花钵070

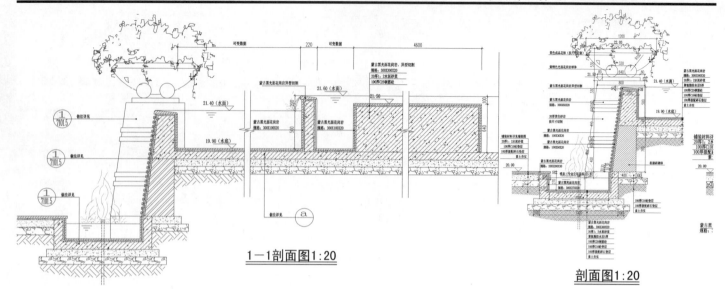

1—1剖面图1:20

剖面图1:20

花坛花钵071

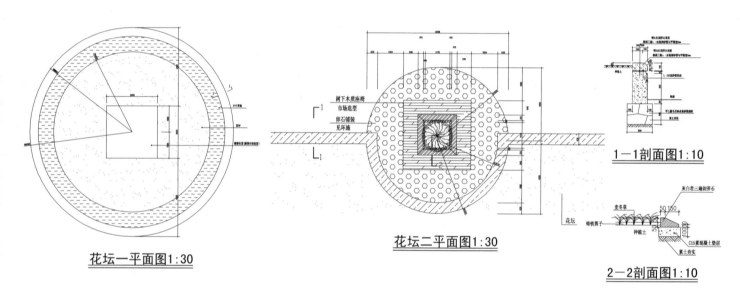

花坛一平面图1:30

花坛二平面图1:30

1—1剖面图1:10

2—2剖面图1:10

花坛花钵072

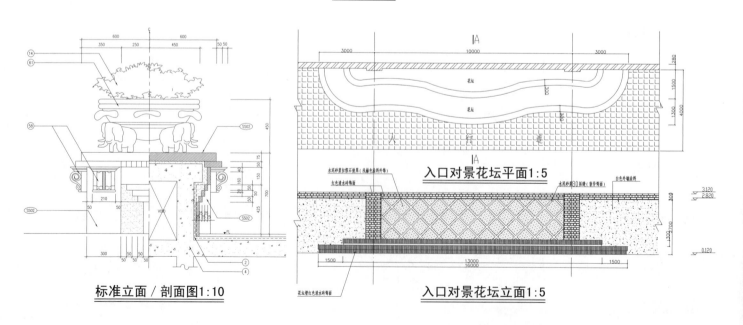

标准立面／剖面图1:10

入口对景花坛平面1:5

入口对景花坛立面1:5

花坛花钵073

花坛花钵074

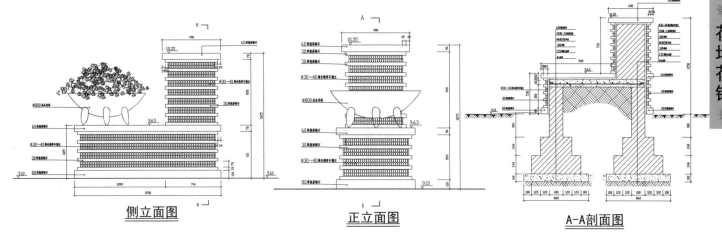

侧立面图　　　　　　　　正立面图　　　　　　　A-A剖面图

花坛花钵075

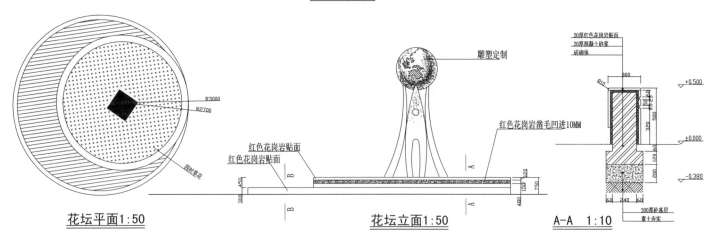

雕塑定制

红色花岗岩凿毛凹进10MM

红色花岗岩贴面
红色花岗岩贴面

花坛平面1:50　　　　　　花坛立面1:50　　　　　A-A　1:10

花坛花钵076

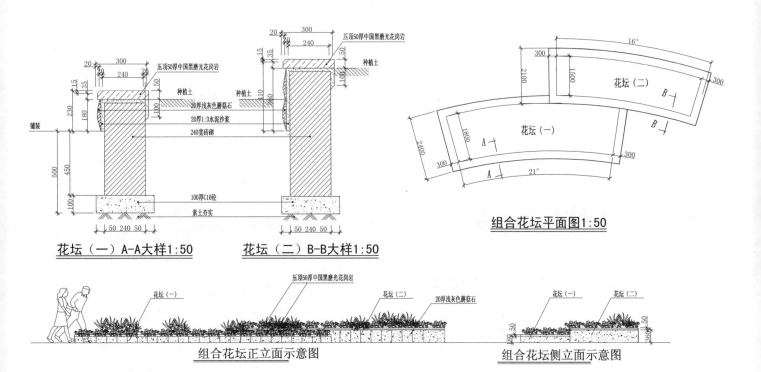

花坛（一）A-A大样1:50　　花坛（二）B-B大样1:50　　　组合花坛平面图1:50

组合花坛正立面示意图　　　　　　组合花坛侧立面示意图

花坛花钵077

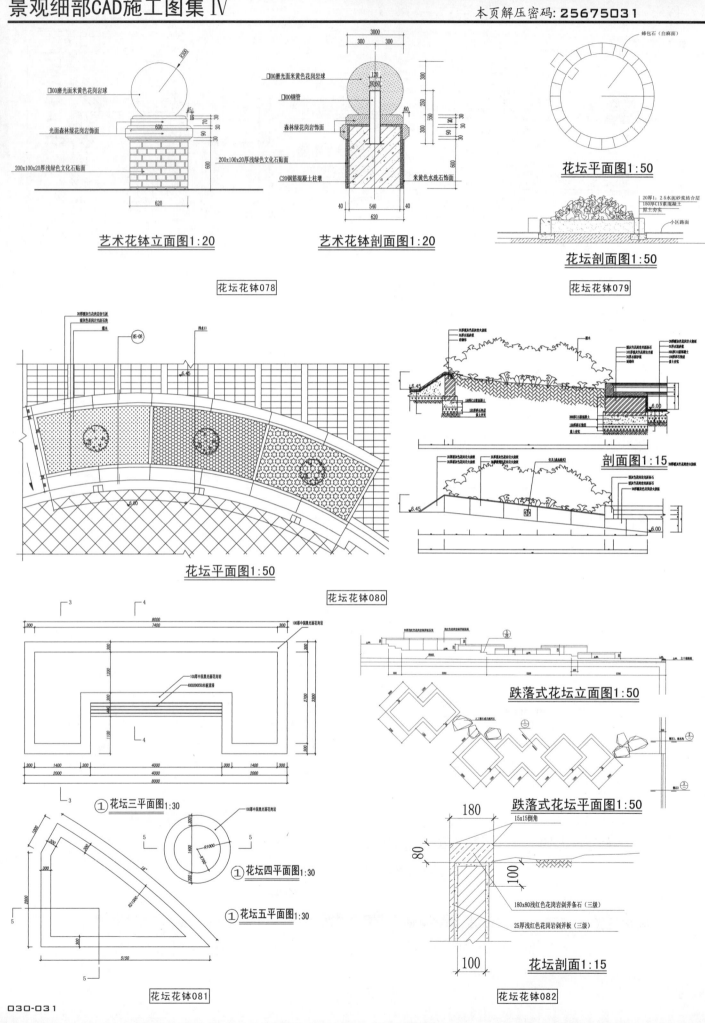

□100磨光面米黄色花岗岩球
光面森林绿花岗岩饰面
200x100x20厚浅绿色文化石贴面

艺术花钵立面图1:20

花坛花钵078

□100磨光面米黄色花岗岩球
□100钢管
森林绿花岗岩饰面
200x100x20厚浅绿色文化石贴面
C20钢筋混凝土柱墩
米黄色水洗石饰面

艺术花钵剖面图1:20

蜂包石(白麻面)

花坛平面图1:50

20厚1:2.5水泥砂浆结合层
150厚C15素混凝土
原土夯实
小区路面

花坛剖面图1:50

花坛花钵079

花坛平面图1:50

剖面图1:15

花坛花钵080

① 花坛三平面图1:30

① 花坛四平面图1:30

① 花坛五平面图1:30

花坛花钵081

跌落式花坛立面图1:50

跌落式花坛平面图1:50

180
15x15倒角
180x80浅红色花岗岩剁斧条石(三级)
25厚浅红色花岗岩剁斧板(三级)

花坛剖面1:15

花坛花钵082

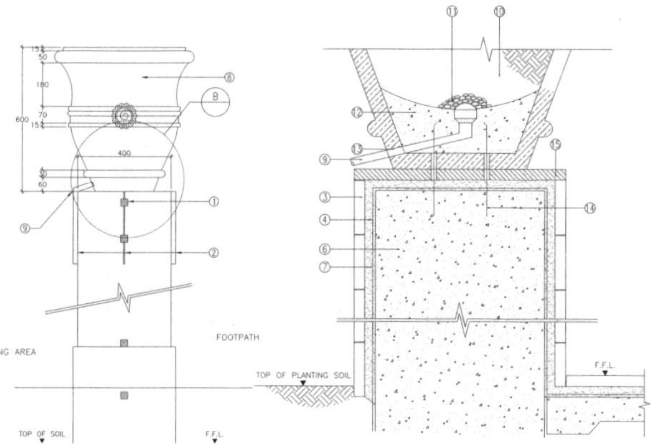

PLANTING AREA

FOOTPATH

TOP OF PLANTING SOIL

TOP OF SOIL

F.F.L

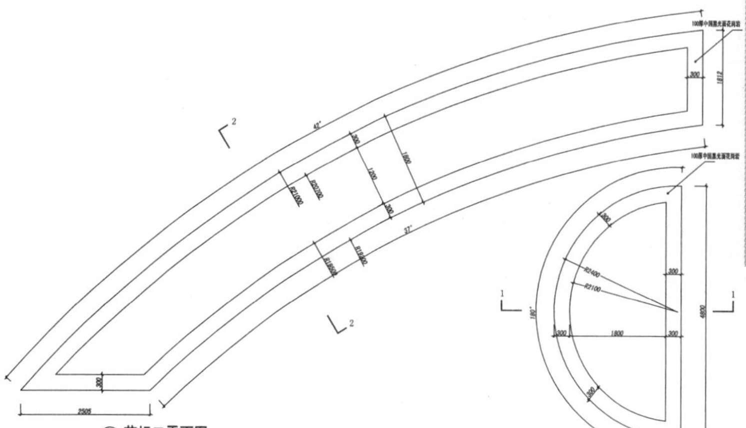

② 花坛二平面图 1:30

① 花坛一平面图 1:30

花坛花钵083

花坛花钵084

A LD 4.12 SCULPTURE/ URN DETAIL 雕塑/花盆詳圖

FL

SG2

SG10

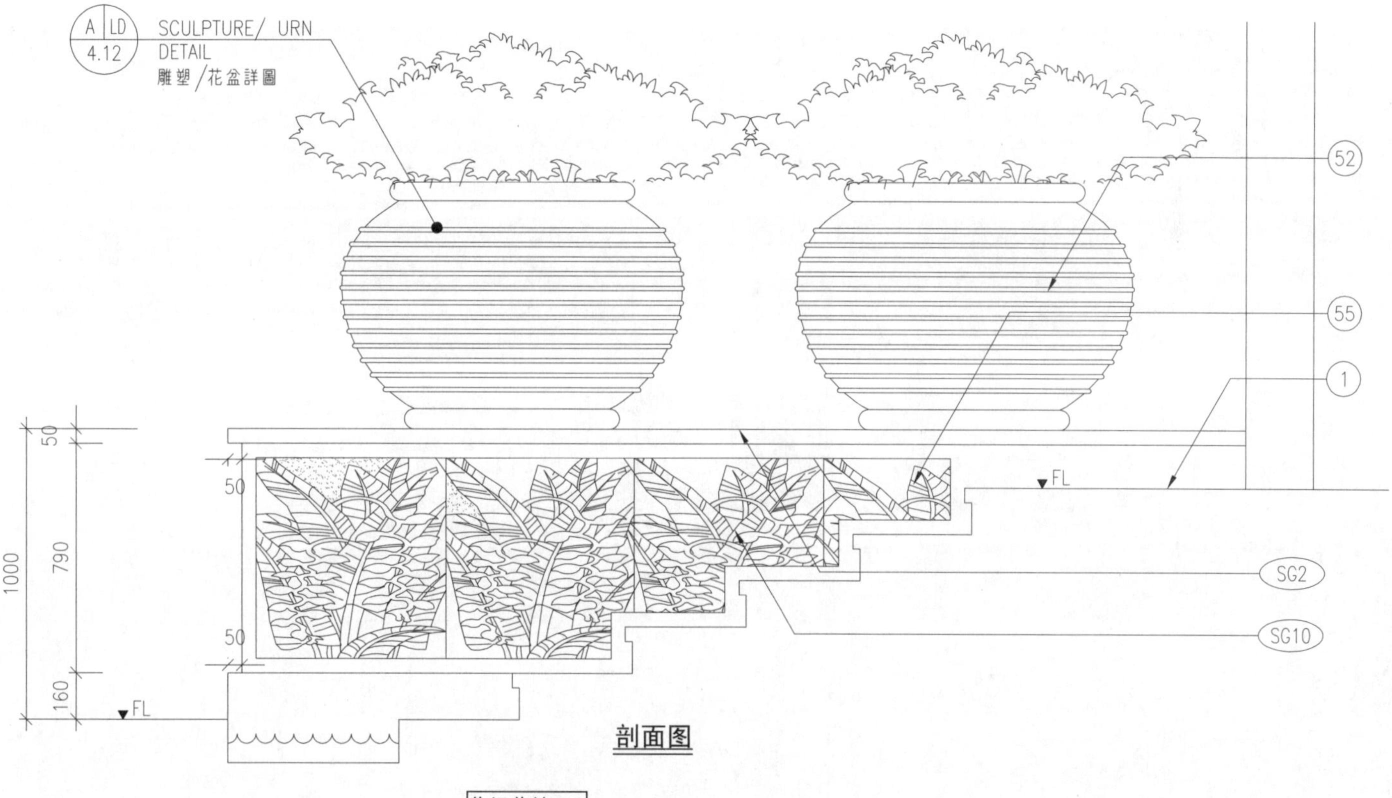

剖面图

花坛花钵085

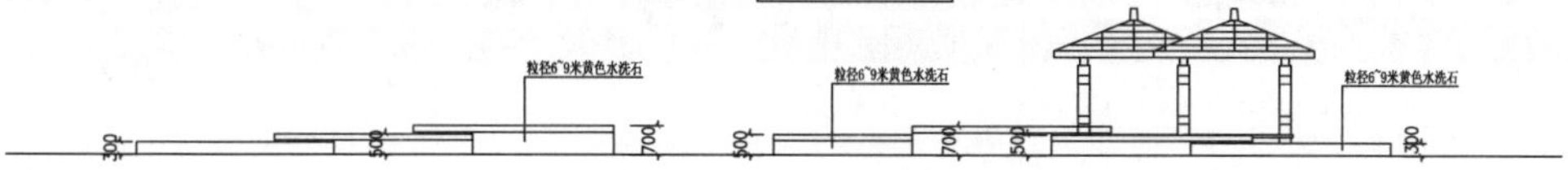

粒径6~9米黄色水洗石

花坛立面图 1:100

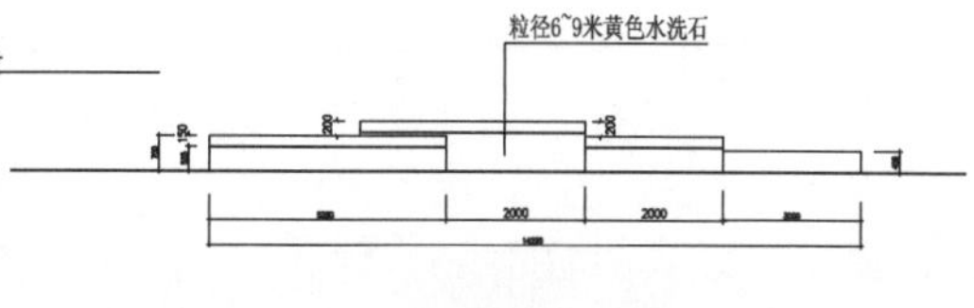

粒径6~9米黄色水洗石

a-a花坛平面图 1:100

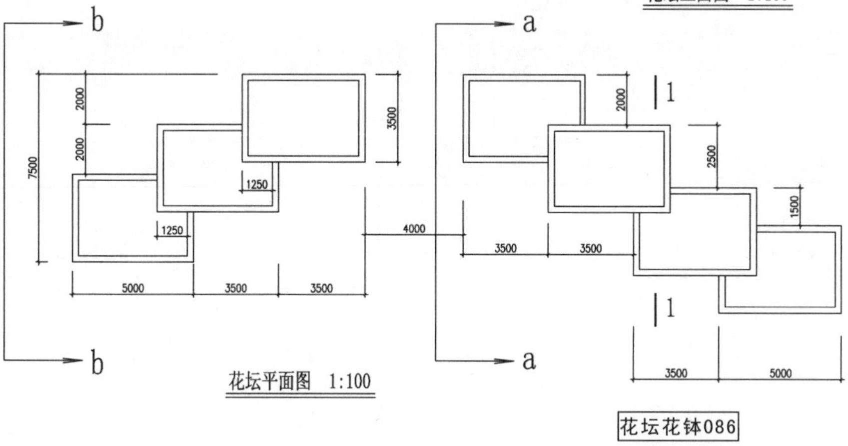

粒径6~9米黄色水洗石

花坛平面图 1:100

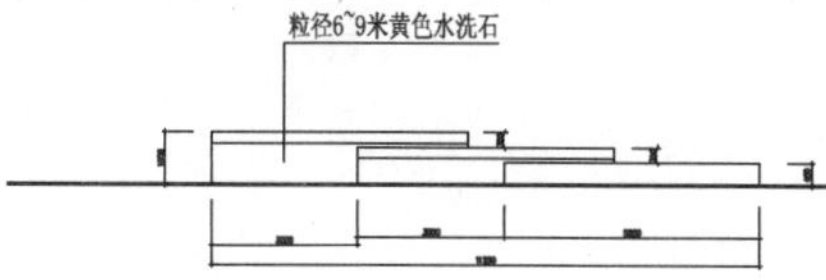

b-b花坛平面图 1:100

花坛花钵086

景观灯柱

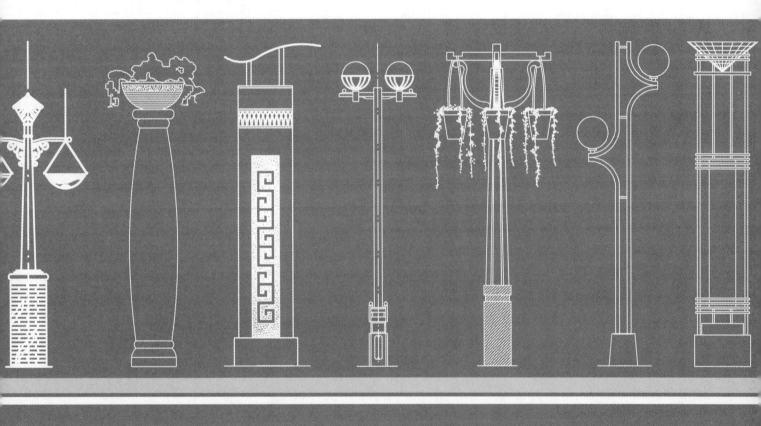

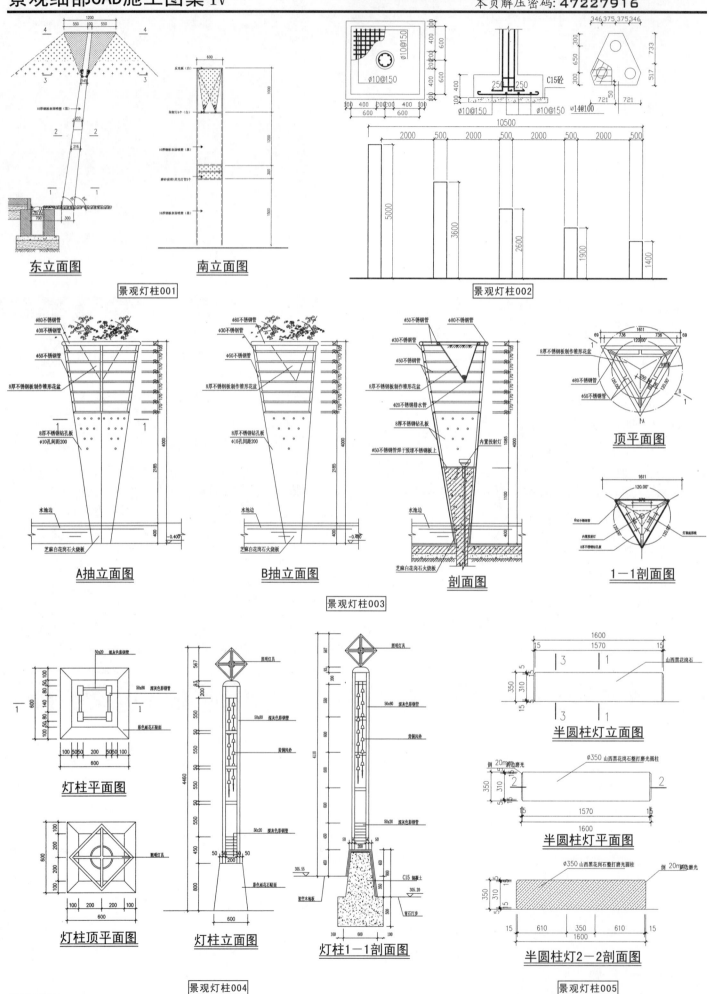

东立面图

南立面图

景观灯柱001

景观灯柱002

A抽立面图

B抽立面图

剖面图

顶平面图

1—1剖面图

景观灯柱003

灯柱平面图

灯柱顶平面图

灯柱立面图

灯柱1—1剖面图

半圆柱灯立面图

半圆柱灯平面图

半圆柱灯2—2剖面图

景观灯柱004

景观灯柱005

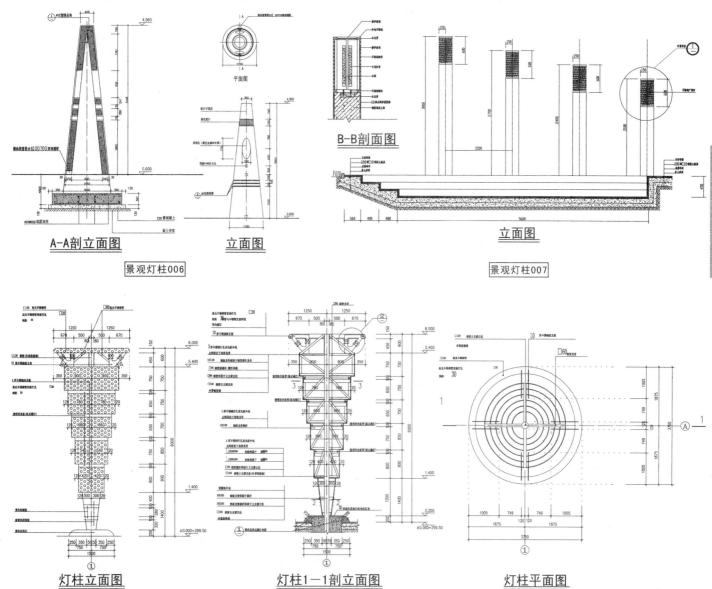

A-A剖立面图　　立面图　　　　　B-B剖面图

景观灯柱006　　　　　　　　　　立面图

景观灯柱007

灯柱立面图　　　灯柱1—1剖立面图　　　灯柱平面图

景观灯柱008

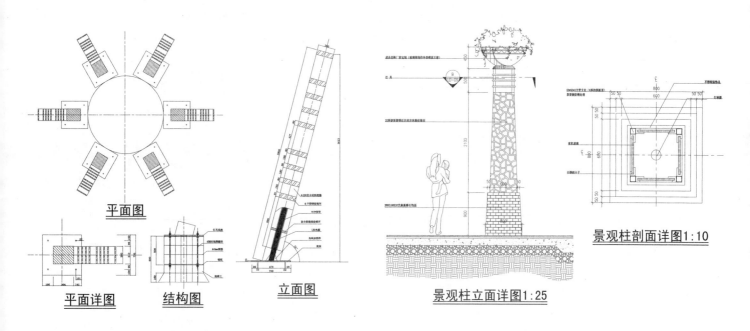

平面图

平面详图　　结构图　　　立面图　　景观柱立面详图1:25　　景观柱剖面详图1:10

景观灯柱009　　　　　　　　　　景观灯柱010

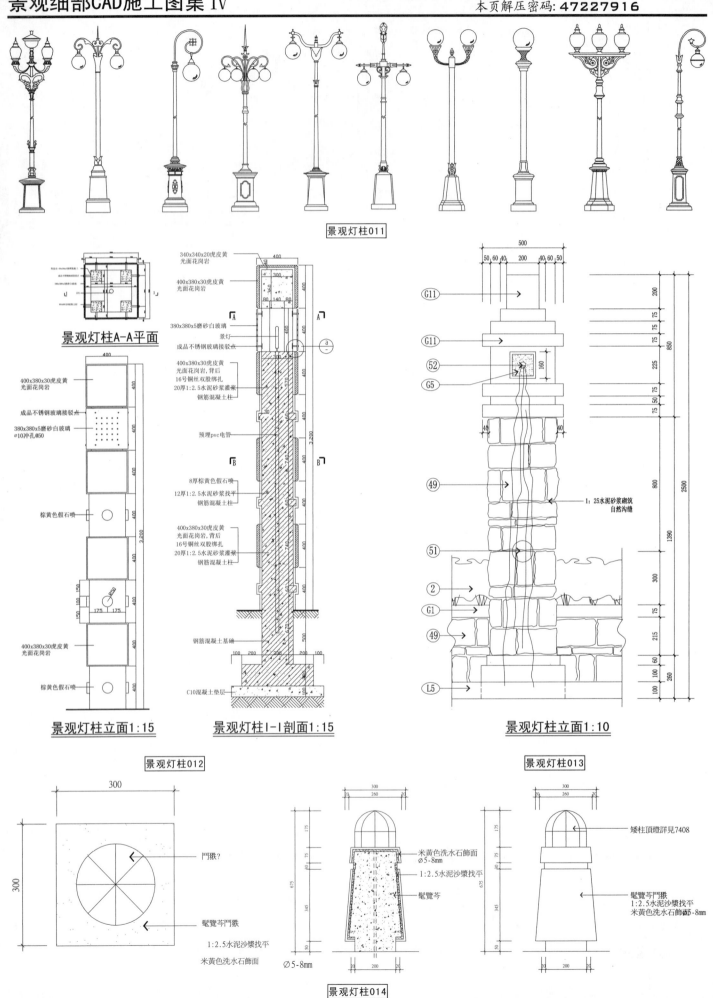

景观灯柱011

景观灯柱A-A平面

340x340x20虎皮黄
光面花岗岩
400x380x30虎皮黄
光面花岗岩
380x380x5磨砂白玻璃
景灯
成品不锈钢玻璃接驳点
400x380x30虎皮黄
光面花岗岩,背后
16号铜丝双股绑扎
20厚1:2.5水泥砂浆灌浆
钢筋混凝土柱
预埋pvc电管
8厚棕黄色假石喷
12厚1:2.5水泥砂浆找平
钢筋混凝土柱
400x380x30虎皮黄
光面花岗岩,背后
16号铜丝双股绑扎
20厚1:2.5水泥砂浆灌浆
钢筋混凝土柱
钢筋混凝土基础
C10混凝土垫层

400x380x30虎皮黄
光面花岗岩
成品不锈钢玻璃接驳点
380x380x5磨砂白玻璃
Ø10冲孔@50
棕黄色假石喷
棕黄色假石喷
400x380x30虎皮黄
光面花岗岩
棕黄色假石喷

景观灯柱立面1:15

景观灯柱I-I剖面1:15

1:25水泥砂浆砌筑
自然沟缝

景观灯柱立面1:10

景观灯柱013

景观灯柱012

斗猴?
氂氈芩斗猴
1:2.5水泥沙漿找平
米黄色洗水石饰面

米黄色洗水石饰面
Ø5-8mm
1:2.5水泥沙漿找平
氂氈芩

矮柱顶燈詳見7408
氂氈芩斗猴
1:2.5水泥沙漿找平
米黄色洗水石饰面
Ø5-8mm

Ø 5-8mm

景观灯柱014

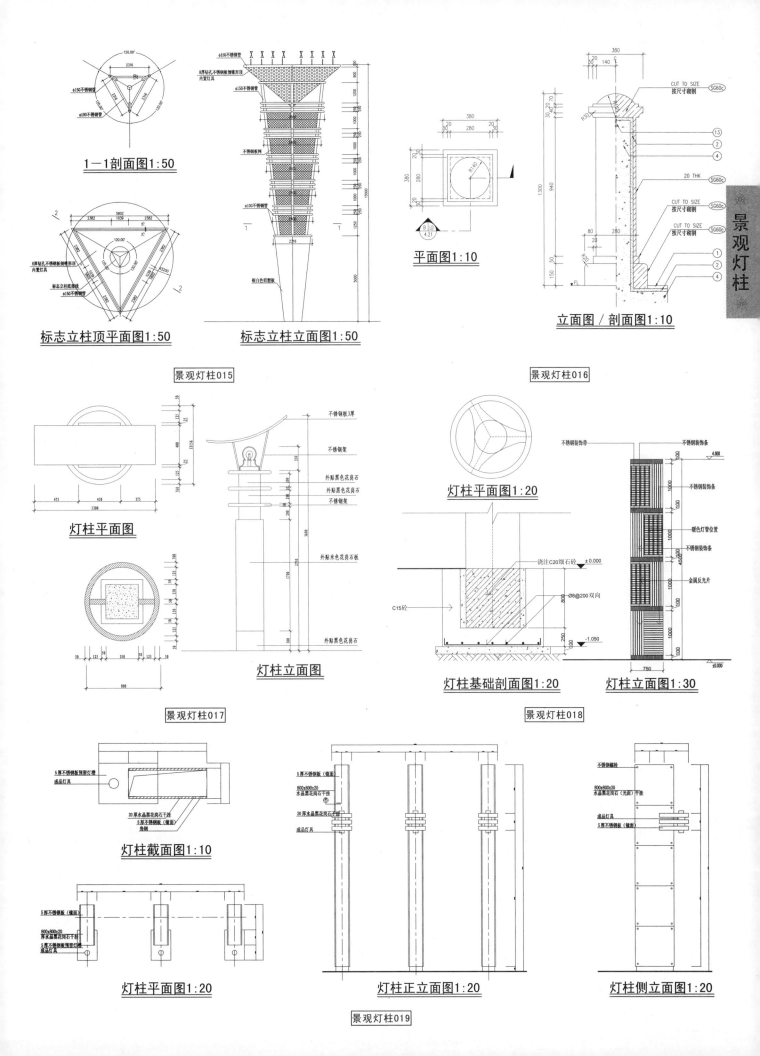

1—1剖面图1:50

标志立柱顶平面图1:50

标志立柱立面图1:50

平面图1:10

立面图／剖面图1:10

景观灯柱015

景观灯柱016

灯柱平面图

灯柱立面图

灯柱平面图1:20

灯柱基础剖面图1:20

灯柱立面图1:30

景观灯柱017

景观灯柱018

灯柱截面图1:10

灯柱平面图1:20

灯柱正立面图1:20

灯柱侧立面图1:20

景观灯柱019

景观灯柱

本页解压密码: 47227916

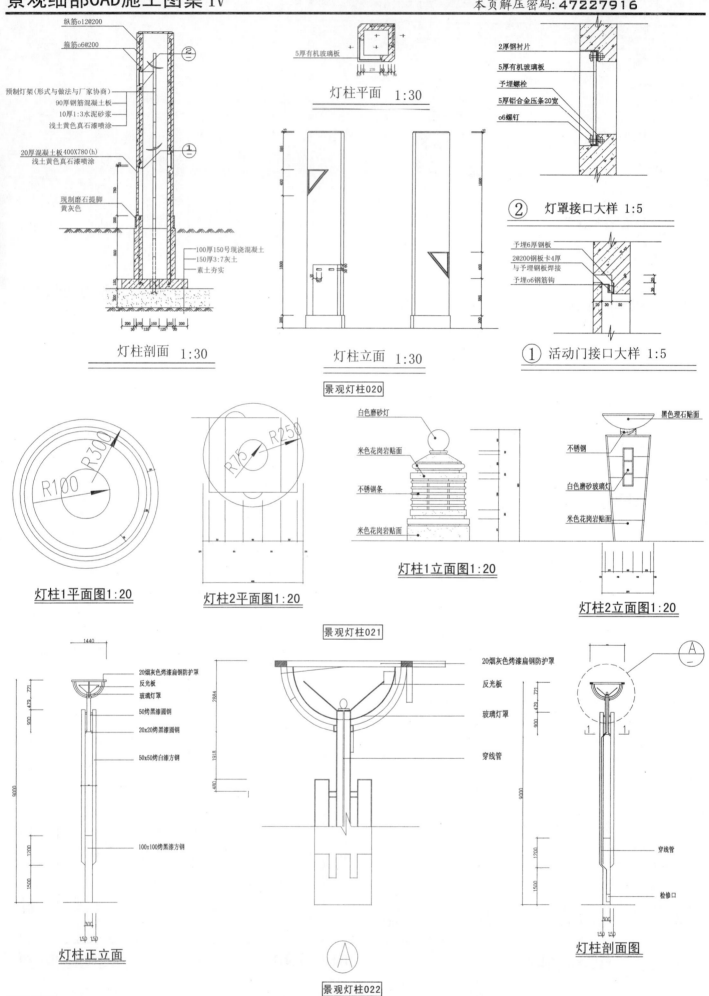

纵筋o12@200
箍筋o6@200
预制灯架(形式与做法与厂家协商)
90厚钢筋混凝土板
10厚1:3水泥砂浆
浅土黄色真石漆喷涂
20厚混凝土板400X780(h)
浅土黄色真石漆喷涂
现制磨石提脚
黄灰色
100厚150号现浇混凝土
150厚3:7灰土
素土夯实

灯柱剖面 1:30

5厚有机玻璃板
灯柱平面 1:30

灯柱立面 1:30

景观灯柱020

2厚钢衬片
5厚有机玻璃板
予埋螺栓
5厚铝合金压条20宽
o6螺钉

② 灯罩接口大样 1:5

予埋6厚钢板
2@200钢板卡4厚
与予埋钢板焊接
予埋o6钢筋钩

① 活动门接口大样 1:5

R300
R100

灯柱1平面图1:20

R75
R250

灯柱2平面图1:20

景观灯柱021

白色磨砂灯
米色花岗岩贴面
不锈钢条
米色花岗岩贴面

灯柱1立面图1:20

黑色理石贴面
不锈钢
白色磨砂玻璃灯
米色花岗岩贴面

灯柱2立面图1:20

1440
20烟灰色烤漆扁钢防护罩
反光板
玻璃灯罩
50烤黑漆圆钢
20x20烤黑漆圆钢
50x50烤白漆方钢
100x100烤黑漆方钢

灯柱正立面

20烟灰色烤漆扁钢防护罩
反光板
玻璃灯罩
穿线管

Ⓐ

穿线管
检修口

灯柱剖面图

景观灯柱022

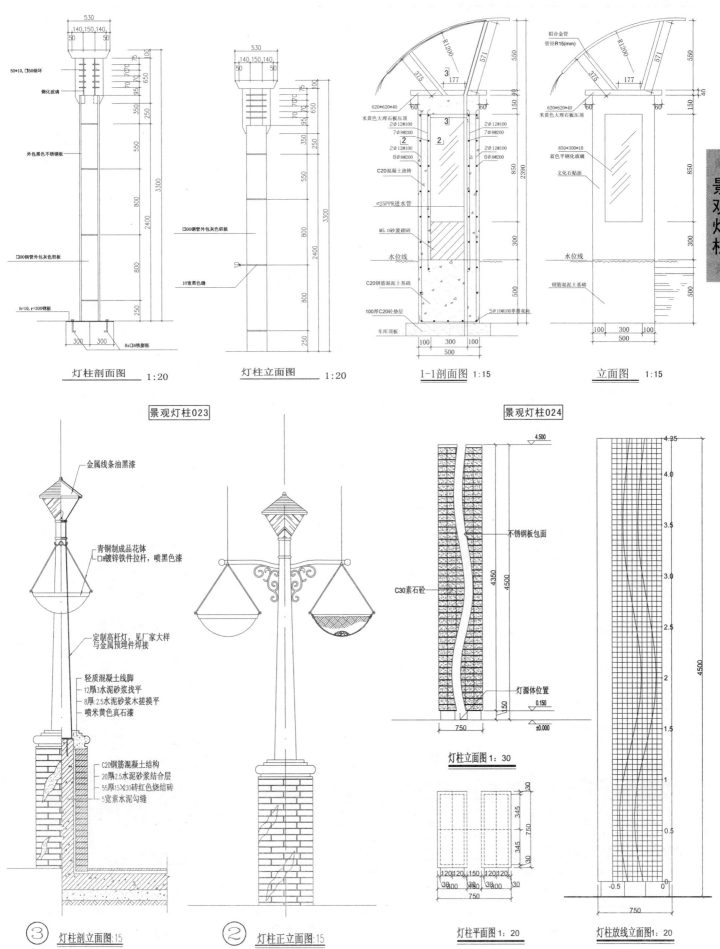

530
140,150,140
50 50

50*10,□50钢环

钢化玻璃

外包黑色不锈钢板

□300钢管外包灰色铝板

□300钢管外包灰色铝板

h=10, r=300钢板

300 300
8x□4铁脚

灯柱剖面图 1:20

530
140,150,140
50 50

□300钢管外包灰色铝板

10宽黑色砖

灯柱立面图 1:20

景观灯柱023

铝合金管
管径R15(mm)
R1200
571

620*620*40
米黄色大理石板压顶
2φ12@100
7φ8@200
2
2φ12@100
8φ8@200

C20混凝土浇铸

φ25PPR进水管

M5.0砂浆砌砖

水位线

C20钢筋混凝土基础

100厚C20砼垫层
5φ10@100单层双向

车库顶板

100 300 100
500

1-1剖面图 1:15

R1200
571

620*620*40
米黄色大理石板压顶

850*300*10
蓝色平钢化玻璃

文化石贴面

水位线

钢筋混凝土基础

100 300 100
500

立面图 1:15

景观灯柱024

金属线条油黑漆

青铜制成品花钵
□8镀锌铁件拉杆,喷黑色漆

定制高杆灯,见厂家大样
与金属预埋件焊接

轻质混凝土线脚
12厚3水泥砂浆找平
8厚2.5水泥砂浆木搓摸平
喷米黄色真石漆

C20钢筋混凝土结构
20厚2.5水泥砂浆结合层
55厚15×30红色烧结砖
5宽素水泥勾缝

③ 灯柱剖立面图:15

② 灯柱正立面图:15

景观灯柱025

4.500

不锈钢板包面

C30素石砼

4350 4500

灯源体位置

750

0.150

±0.000

灯柱立面图 1:30

30
345
750
345
30
120,120,150,120,120
30 300 300 30
750

灯柱平面图 1:20

4.35
4.0
3.5
3.0
2.5
2.0
1.5
1.0
0.5

4500

-0.5 0

750

灯柱放线立面图 1:20

景观灯柱026

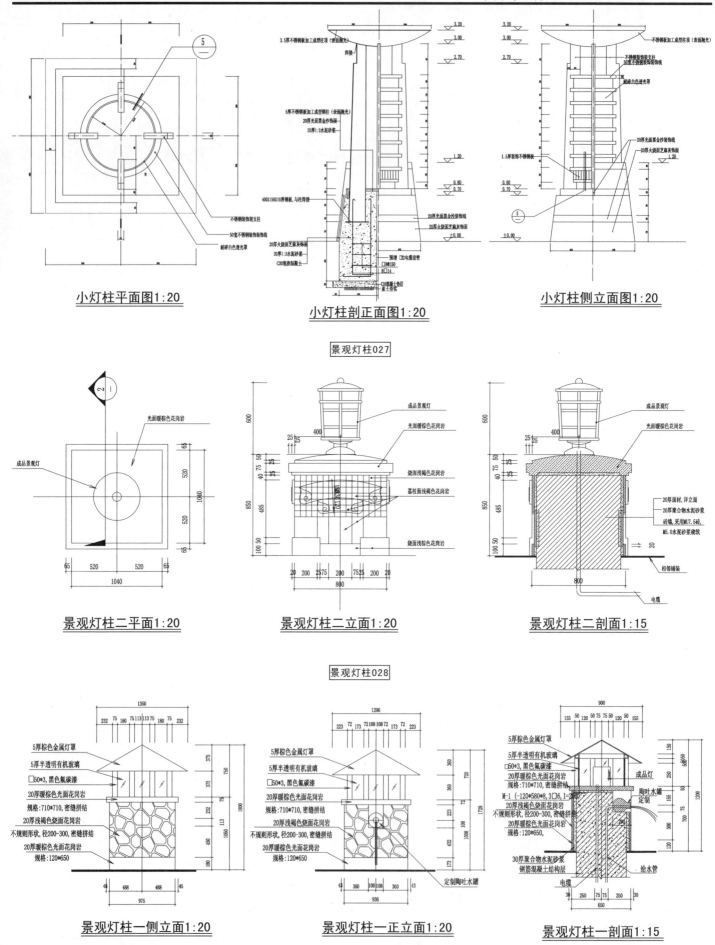

小灯柱平面图1:20

小灯柱剖正面图1:20

小灯柱侧立面图1:20

景观灯柱027

景观灯柱二平面1:20

景观灯柱二立面1:20

景观灯柱二剖面1:15

景观灯柱028

景观灯柱一侧立面1:20

景观灯柱一正立面1:20

景观灯柱一剖面1:15

景观灯柱029

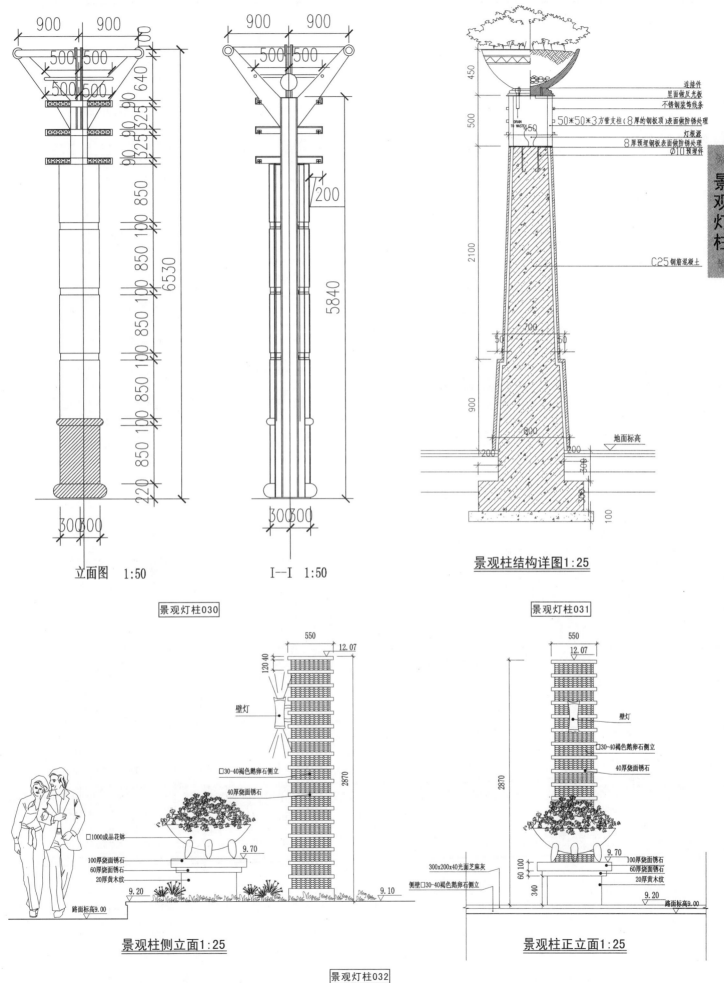

景观灯柱

900 900
500 500
500 500
640
90
90
325 325
90
850
850
100
100
6530
850
100
850
100
850
100
850
220
300 300

立面图 1:50

900 900
500 500
200
5840
300 300

I—I 1:50

景观灯柱030

450
500
连接件
里面做反光板
不锈钢装饰线条
50*50*3方管支柱（8厚的钢板顶）表面做防锈处理
灯根源
8厚预埋钢板表面做防锈处理
Ø10预埋件
2100
C25钢筋混凝土
700
50 50
900
800
地面标高
200 200

景观柱结构详图1:25

景观灯柱031

550
12.07
120 40
壁灯
□30-40褐色鹅卵石侧立
40厚烧面锈石
2870
□1000成品花钵
100厚烧面锈石
60厚烧面锈石
20厚黄木纹
9.70
9.20
9.10
路面标高9.00

景观柱侧立面1:25

550
12.07
壁灯
□30-40褐色鹅卵石侧立
40厚烧面锈石
2870
300x200x40光面芝麻灰
侧壁□30-40褐色鹅卵石侧立
9.70
60 100
100厚烧面锈石
60厚烧面锈石
20厚黄木纹
340
9.20
路面标高9.00

景观柱正立面1:25

景观灯柱032

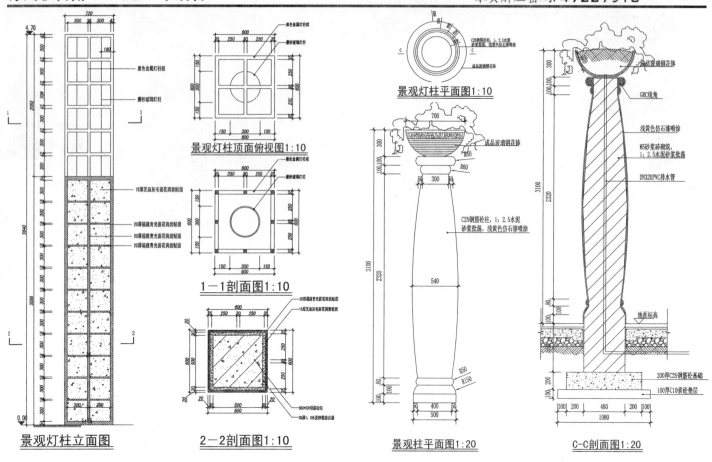

景观灯柱立面图

景观灯柱顶面俯视图1:10

1—1剖面图1:10

2—2剖面图1:10

景观灯柱平面图1:10

景观柱平面图1:20

C—C剖面图1:20

景观灯柱033

景观灯柱034

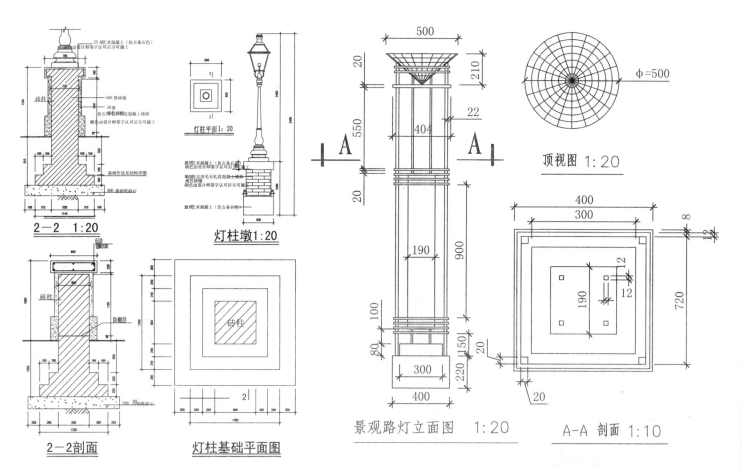

2—2 1:20

灯柱平面1:20

灯柱墩1:20

2—2剖面

灯柱基础平面图

Φ=500

顶视图 1:20

景观路灯立面图 1:20

A—A 剖面 1:10

景观灯柱035

景观灯柱036

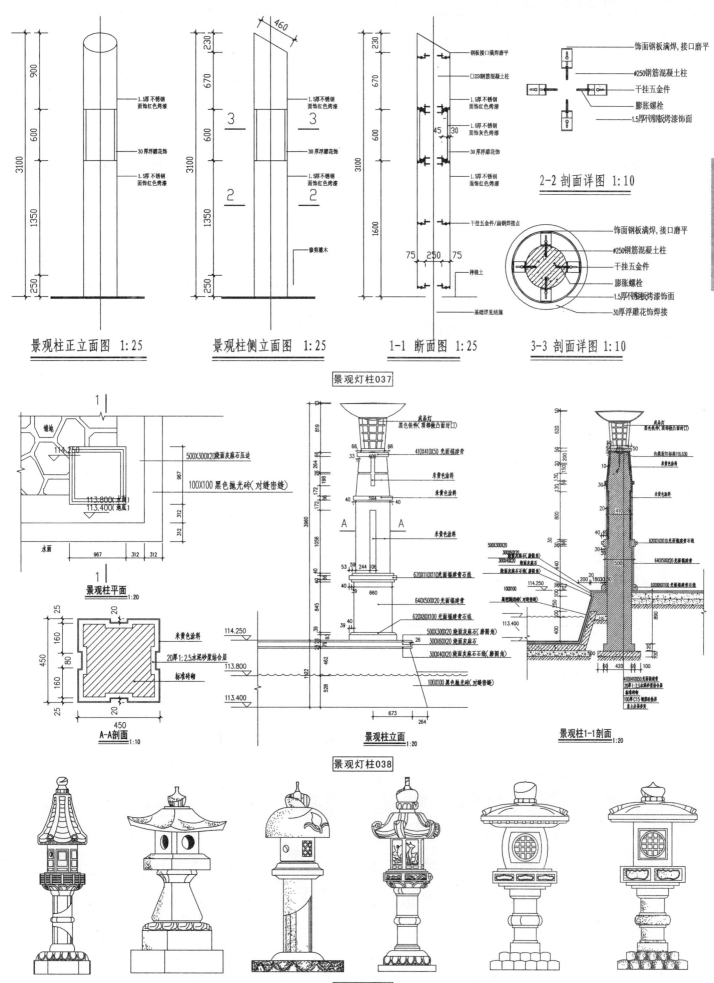

钢板接口满焊磨平
口250钢筋混凝土柱
1.5厚不锈钢面饰灰色烤漆
30厚浮雕花饰
干挂五金件/扁钢焊接点

饰面钢板满焊,接口磨平
Φ250钢筋混凝土柱
干挂五金件
膨胀螺栓
1.5厚不锈钢板烤漆饰面

2-2 剖面详图 1:10

饰面钢板满焊,接口磨平
Φ250钢筋混凝土柱
干挂五金件
膨胀螺栓
1.5厚不锈钢板烤漆饰面
30厚浮雕花饰焊接

1.5厚不锈钢面饰红色烤漆
30厚浮雕花饰
1.5厚不锈钢面饰红色烤漆

1.5厚不锈钢面饰红色烤漆
30厚浮雕花饰
1.5厚不锈钢面饰红色烤漆
修剪灌木

种植土
基础详见结施

景观柱正立面图 1:25　　景观柱侧立面图 1:25　　1-1 断面图 1:25　　3-3 剖面详图 1:10

景观灯柱037

景观柱平面 1:20

500X300X20烧面灰麻石压边
100X100黑色抛光砖(对缝密缝)
水面

A-A剖面 1:10
米黄色涂料
20厚1:2.5水泥砂浆结合层
标准砖砌

成品灯
黑色饰面(顶部做凸面封口)
410X410X50 光面福建青
米黄色涂料
米黄色涂料
米黄色涂料
620X110X110光面福建青石线
640X500X20光面福建青
620X80X100光面福建青石线
500X300X20烧面灰麻石(磨圆角)
300X60X20烧面灰麻石
300X40X20烧面灰麻石线(磨圆角)
100X100黑色抛光砖(对缝密缝)

景观柱立面 1:20

成品灯
黑色饰面(顶部做凸面封口)
米黄色涂料
米黄色涂料
620X110X110光面福建青石线
640X500X20光面福建青
620X80X100光面福建青石线
500X300X20
300X60X20
100X100
基础详见结施

景观柱1-1剖面 1:20

景观灯柱038

景观灯柱039

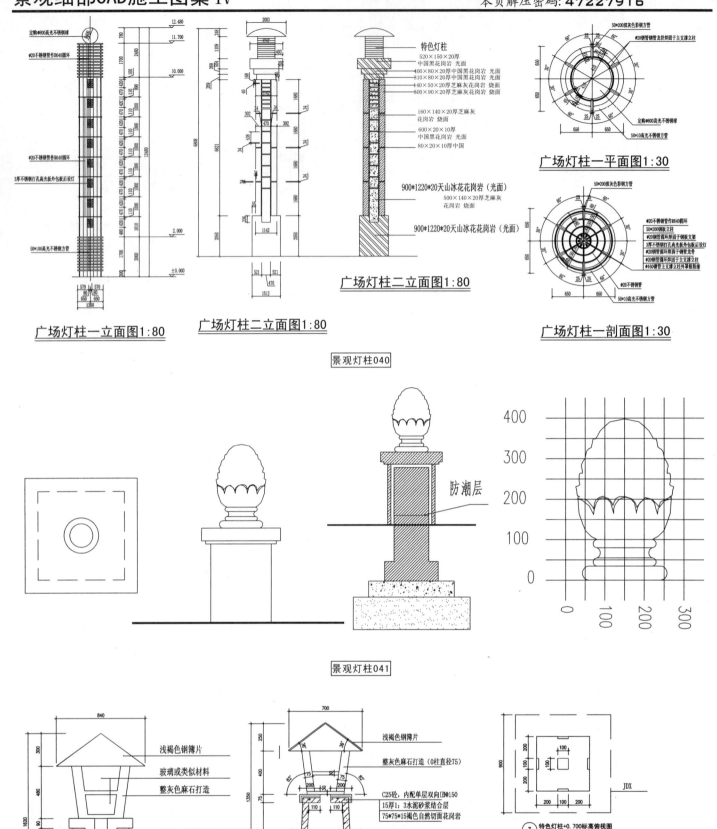

定购#800高光不锈钢球

#20不锈钢管作R640圆环

#20不锈钢管作R640圆环

3厚不锈钢打孔高光板外包板后设灯

50*100高光不锈钢方管

广场灯柱一立面图1:80

广场灯柱二立面图1:80

特色灯柱
520×150×20厚
中国黑花岗岩 光面
400×80×20厚中国黑花岗岩 光面
310×80×20厚中国黑花岗岩 光面
140×50×20厚芝麻灰花岗岩 烧面
500×90×20厚芝麻灰花岗岩 烧面

160×140×20厚芝麻灰
花岗岩 烧面
600×20×10厚
中国黑花岗岩 光面
80×20×10厚中国

900*1220*20天山冰花花岗岩（光面）
500×140×20厚芝麻灰
花岗岩 烧面

900*1220*20天山冰花花岗岩（光面）

广场灯柱二立面图1:80

50*200深灰色影钢方管
#20钢管管龙骨焊固于主支撑立柱

定购#800高光不锈钢球
50*10高光不锈钢方管

广场灯柱一平面图1:30

50*200深灰色影钢方管
#20不锈钢管作R640圆环
50*200钢板立柱
#20钢管圆环焊固于钢板支架
3厚不锈钢打孔高光板外包板后设灯
#20钢管圆环焊固于主支撑立柱
#20钢管圆环焊固于主支撑立柱
#160钢管主支撑立柱外涂银粉漆
#20不锈钢方管
50*10高光不锈钢方管

广场灯柱一剖面图1:30

景观灯柱040

防潮层

景观灯柱041

浅褐色钢薄片

玻璃或类似材料

整灰色麻石打造

75*75*15褐色自然切面花岗岩

15宽10深灰色混凝土凹槽

60厚灰色砼

特色灯柱立面图1:10

浅褐色钢薄片

整灰色麻石打造（0柱直径75）

C25砼，内配单层双向Φ@150
15厚1:3水泥砂浆结合层
75*75*15褐色自然切面花岗岩

C25砼，内配单层双向Φ@150与底层（结构层）钢筋焊接
外用1:水泥砂浆抹面

C25砼，内配单层双向Φ@200
100厚碎石垫层
素土夯实

特色灯柱剖面图1:10

JDX

特色灯柱+0.700标高俯视图
SCALE 1:10

C25砼，内配单层双向Φ@150与底层（结构层）钢筋焊接
外用1:水泥砂浆抹面
75*75*15褐色自然切面花岗岩

1—1 1:10

景观灯柱042

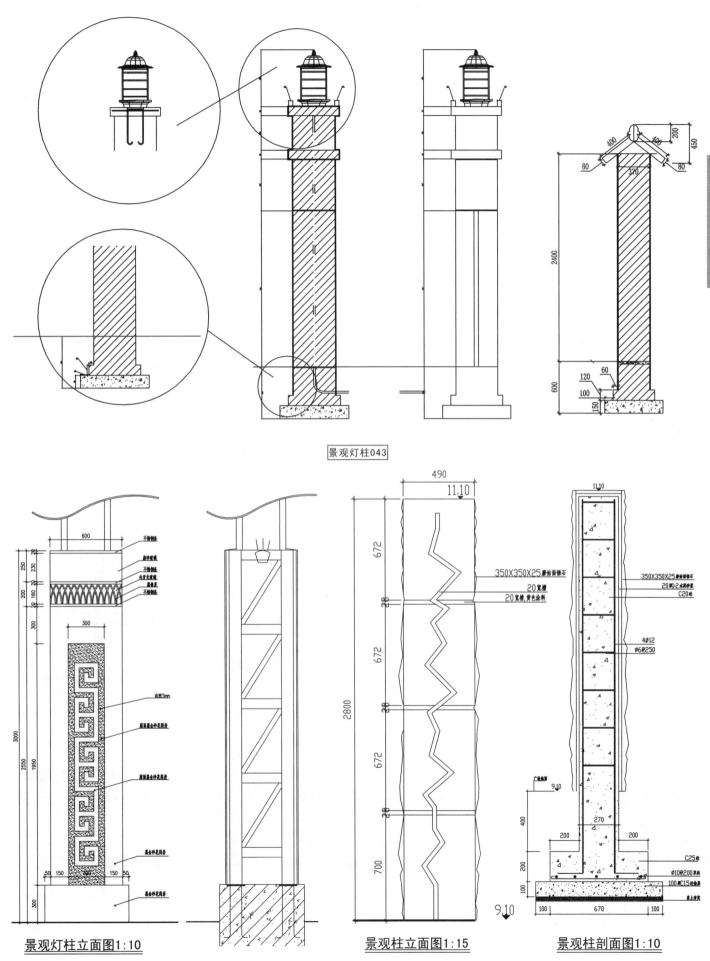

景观灯柱043

景观灯柱立面图1:10

景观柱立面图1:15

景观柱剖面图1:10

景观灯柱044

景观灯柱045

本页解压密码: 47227916

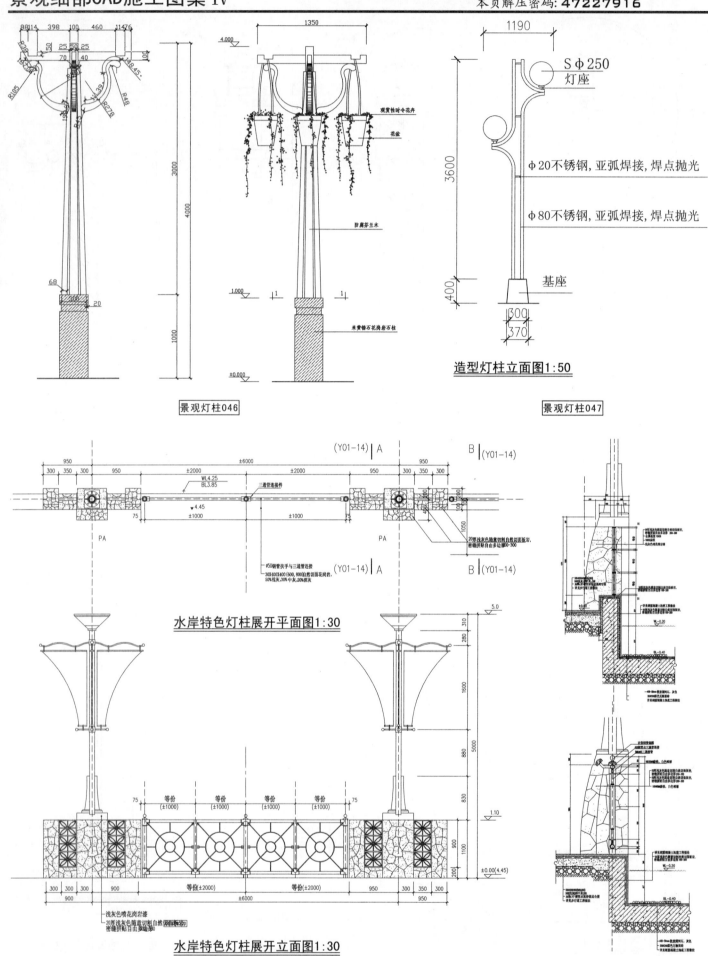

造型灯柱立面图1:50

景观灯柱046

景观灯柱047

Sφ250
灯座

φ20不锈钢, 亚弧焊接, 焊点抛光

φ80不锈钢, 亚弧焊接, 焊点抛光

基座

观赏性时令花卉

花盆

防腐芬兰木

米黄锁石花岗岩石柱

水岸特色灯柱展开平面图1:30

水岸特色灯柱展开立面图1:30

景观灯柱048

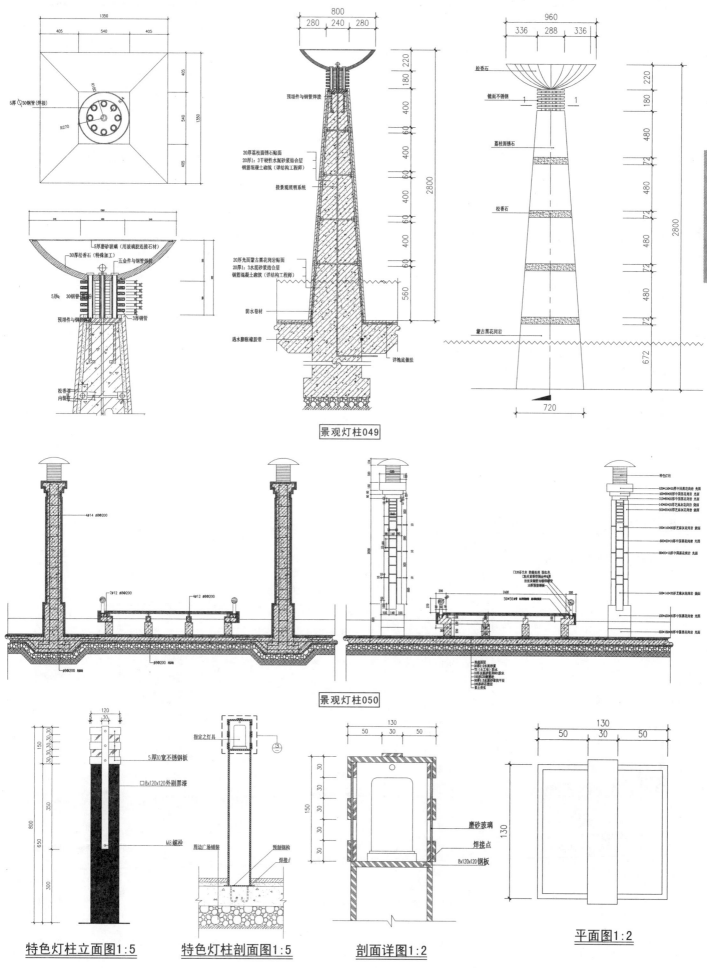

景观灯柱

景观灯柱049

景观灯柱050

特色灯柱立面图1:5　　特色灯柱剖面图1:5　　剖面详图1:2　　平面图1:2

景观灯柱051

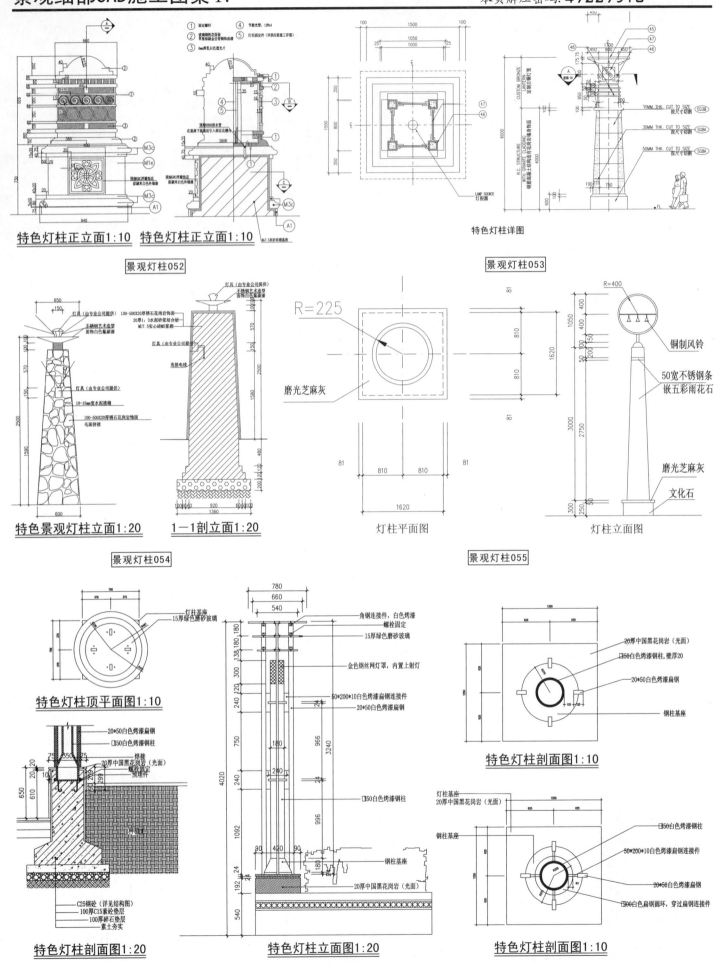

特色灯柱正立面1:10　特色灯柱正立面1:10

景观灯柱052

特色灯柱详图

景观灯柱053

特色景观灯柱立面1:20　1－1剖立面1:20

景观灯柱054

灯柱平面图　灯柱立面图

景观灯柱055

特色灯柱顶平面图1:10

特色灯柱剖面图1:10

特色灯柱剖面图1:20　特色灯柱立面图1:20　特色灯柱剖面图1:10

景观灯柱056

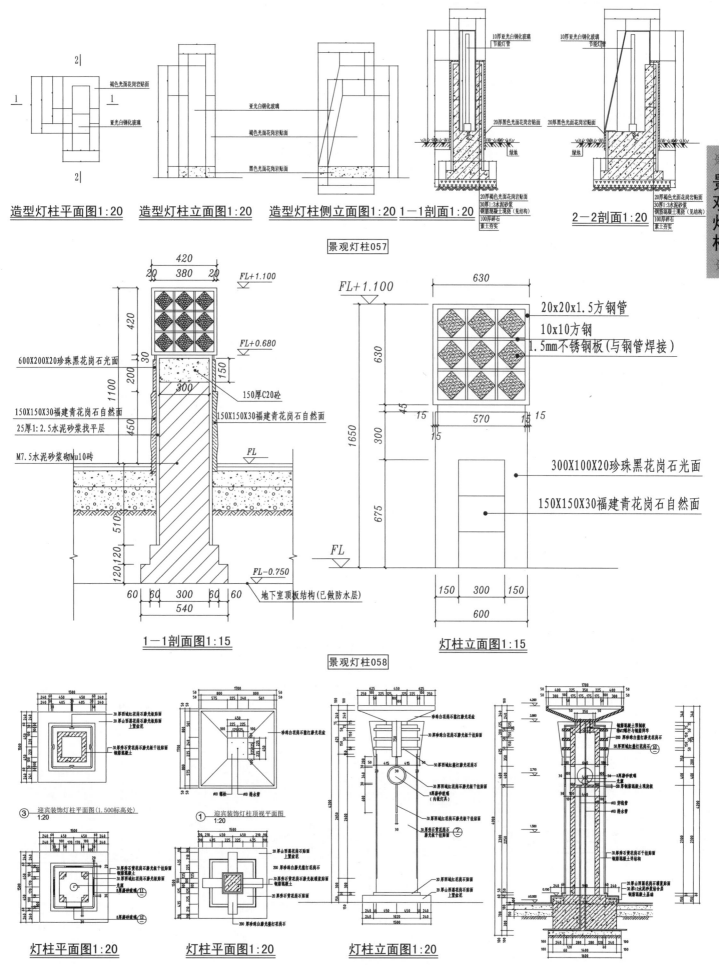

造型灯柱平面图1:20　　造型灯柱立面图1:20　　造型灯柱侧立面图1:20　　1—1剖面1:20　　2—2剖面1:20

褐色光面花岗岩贴面
亚光白钢化玻璃

亚光白钢化玻璃
褐色光面花岗岩贴面
黑色光面岗岩贴面

10厚亚光白钢化玻璃
节能灯管

20厚黑色光面花岗岩贴面

绿地

20厚褐色光面花岗岩贴面
30厚1:3水泥砂浆
钢筋混凝土现浇(见结构)
100厚碎石
素土夯实

景观灯柱057

600X200X20珍珠黑花岗石光面
150X150X30福建青花岗石自然面
25厚1:2.5水泥砂浆找平层
M7.5水泥砂浆砌Mu10砖

150厚C20砼
150X150X30福建青花岗石自然面

地下室顶板结构(已做防水层)

1—1剖面图1:15

20x20x1.5方钢管
10x10方钢
1.5mm不锈钢板(与钢管焊接)

300X100X20珍珠黑花岗石光面
150X150X30福建青花岗石自然面

灯柱立面图1:15

景观灯柱058

③ 迎宾装饰灯柱平面图(1.500标高处)
1:20

① 迎宾装饰灯柱顶视平面图
1:20

灯柱平面图1:20　　灯柱平面图1:20　　灯柱立面图1:20

景观灯柱059

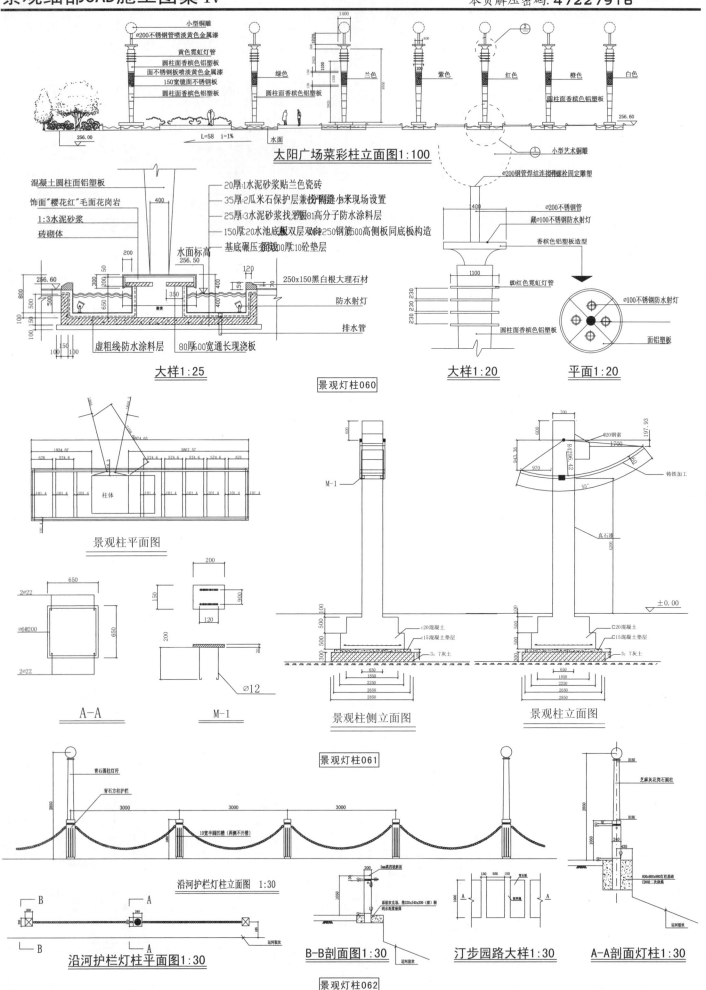

太阳广场菜彩柱立面图1:100

景观灯柱060

大样1:25

大样1:20

平面1:20

景观柱平面图

A—A

M-1

景观柱侧立面图

景观柱立面图

景观灯柱061

沿河护栏灯柱立面图 1:30

B—B剖面图1:30

汀步园路大样1:30

A—A剖面灯柱1:30

沿河护栏灯柱平面图1:30

景观灯柱062

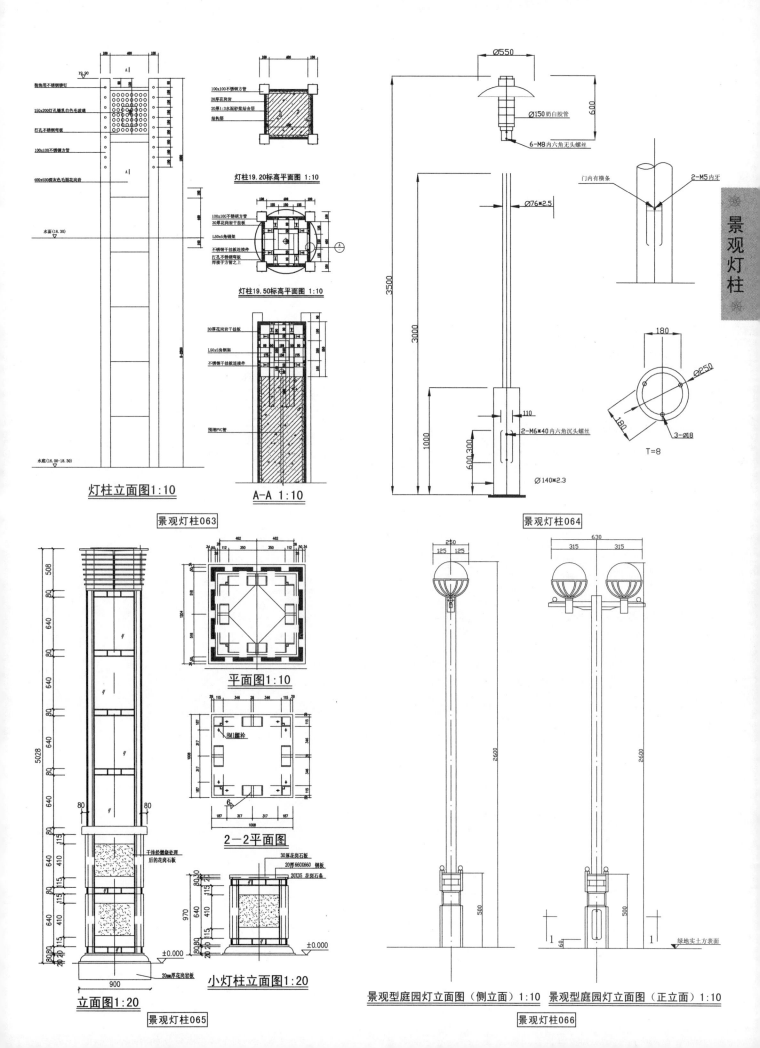

装饰用不锈钢灯
150x200灯孔乳白色毛玻璃
打孔不锈钢弯板
100x100钢方管
400x550黑灰色毛面花岗岩

19.90

水面(18.30)

水底(16.00-18.30)

灯柱立面图1:10

100x100不锈钢方管
20厚花岗岩
20厚1:3水泥砂浆结合层
结构层

灯柱19.20标高平面图 1:10

100x100不锈钢方管
30厚花岗岩干挂板
L50x5角钢架
不锈钢干挂板连接件
打孔不锈钢弯板
焊接于方管之上

灯柱19.50标高平面图 1:10

30厚花岗岩干挂板
L50x5角钢架
不锈钢干挂板连接件

预埋PVC管

A-A 1:10

景观灯柱063

Ø550

600

Ø150奶白胶管
6-M8内六角无头螺丝

3500

3000

1000

600 300

Ø76×2.5

2-M6×40内六角沉头螺丝

Ø140×2.3

门内有横条
2-M5内牙

180
Ø250
180
3-Ø18
T=8

景观灯柱064

景观灯柱

508
640
80
640
80
640
80
640
80
640
80
640
115
410
115
640
115
410
115
640
115
80 80
20 20
5028

80   80

干挂经做旧处理
后的花岗石板

900

立面图1:20

462   462

平面图1:10

8M1螺栓

2-2平面图

30厚花岗石板
20厚660X660钢板
20X35花岗石条

970
80 30
80 80
20 20
115
410
640
115

±0.000

20mm厚花岗岩板

小灯柱立面图1:20

景观灯柱065

250
125 125

630
315 315

2600
500

2600
500

绿地实土方表面

景观型庭园灯立面图（侧立面）1:10 景观型庭园灯立面图（正立面）1:10

景观灯柱066

童叟乐园

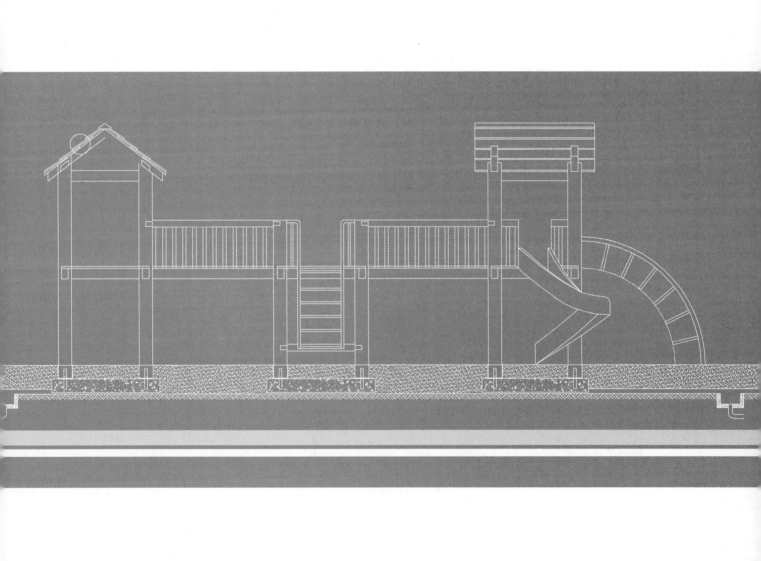

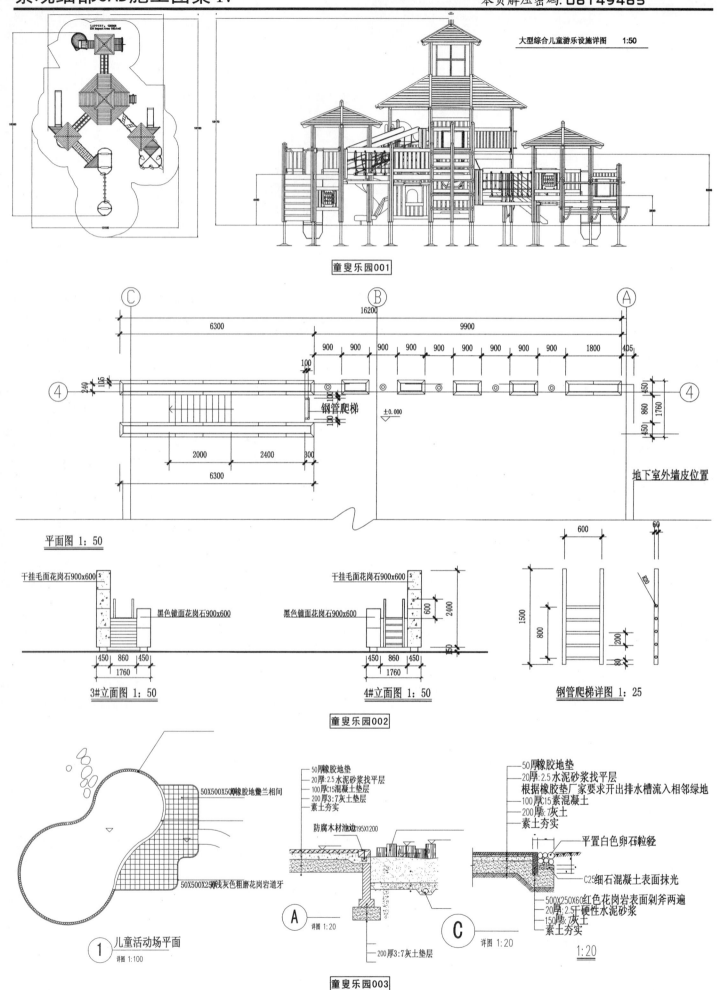

大型综合儿童游乐设施详图   1:50

童叟乐园001

平面图 1:50

钢管爬梯

地下室外墙皮位置

干挂毛面花岗石900x600

黑色镜面花岗石900x600

3#立面图 1:50

干挂毛面花岗石900x600

黑色镜面花岗石900x600

4#立面图 1:50

钢管爬梯详图 1:25

童叟乐园002

50X500X50橡胶地垫兰相间

50X500X250浅灰色粗磨花岗岩道牙

① 儿童活动场平面
详图1:100

50厚橡胶地垫
20厚:2.5水泥砂浆找平层
100厚C15混凝土垫层
200厚3:7灰土垫层
素土夯实

防腐木材池边195X1200

Ⓐ 详图1:20

200厚3:7灰土垫层

50厚橡胶地垫
20厚:2.5水泥砂浆找平层
根据橡胶垫厂家要求开出排水槽流入相邻绿地
100厚C15素混凝土
200厚:灰土
素土夯实

平置白色卵石粒径

C25细石混凝土表面抹光

500X250X60红色花岗岩表面剁斧两遍
20厚:2.5干硬性水泥砂浆
150厚:灰土
素土夯实

Ⓒ 详图1:20

1:20

童叟乐园003

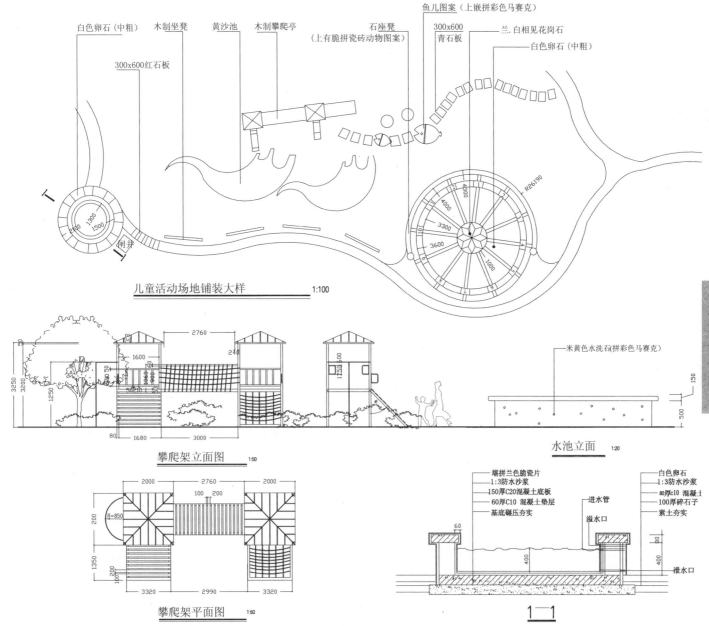

白色卵石(中粗)　木制坐凳　黄沙池　木制攀爬亭　　石座凳　　鱼儿图案(上嵌拼彩色马赛克)　　兰.白相见花岗石
　　　300x600红石板　　　　　　　　(上有脆拼瓷砖动物图案)　300x600青石板　　白色卵石(中粗)

闸井

儿童活动场地铺装大样　　　1:100

米黄色水洗石(拼彩色马赛克)

攀爬架立面图　1:50

水池立面　1:20

攀爬架平面图　1:50

塔拼兰色脆瓷片
1:3防水沙浆
150厚C20混凝土底板
60厚C10混凝土垫层
基底碾压夯实

进水管
溢水口

白色卵石
1:3防水沙浆
80厚c10混凝土
100厚碎石子
素土夯实

泄水口

1—1

童叟乐园004

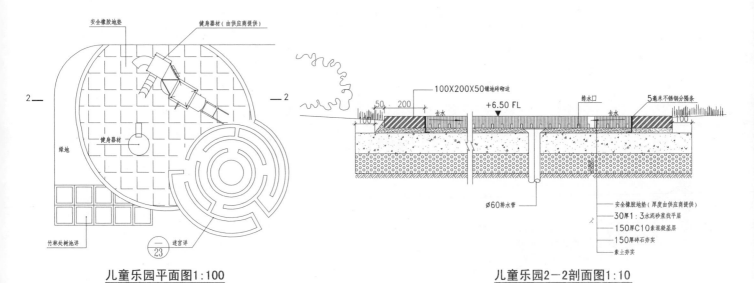

安全橡胶地垫　　健身器材(由供应商提供)

绿地

健身器材

竹林处树池详

迷宫详

儿童乐园平面图1:100

100X200X50铺地砖砌边　　排水口　　5毫米不锈钢分隔条
+6.50 FL

Ø60排水管

安全橡胶地垫(厚度由供应商提供)
30厚1:3水泥砂浆找平层
150厚C10素混凝基层
150厚碎石夯实
素土夯实

儿童乐园2—2剖面图1:10

童叟乐园005

童叟乐园

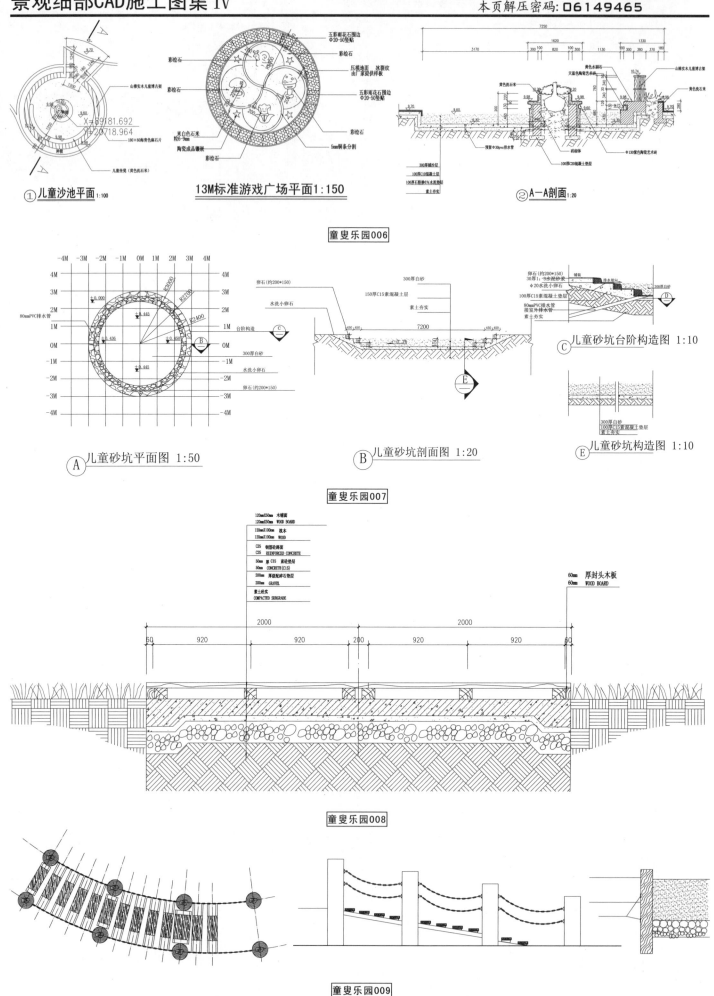

① 儿童沙池平面 1:100

13M标准游戏广场平面 1:150

② A—A剖面 1:20

童叟乐园006

Ⓐ 儿童砂坑平面图 1:50

Ⓑ 儿童砂坑剖面图 1:20

Ⓒ 儿童砂坑台阶构造图 1:10

Ⓔ 儿童砂坑构造图 1:10

童叟乐园007

童叟乐园008

童叟乐园009

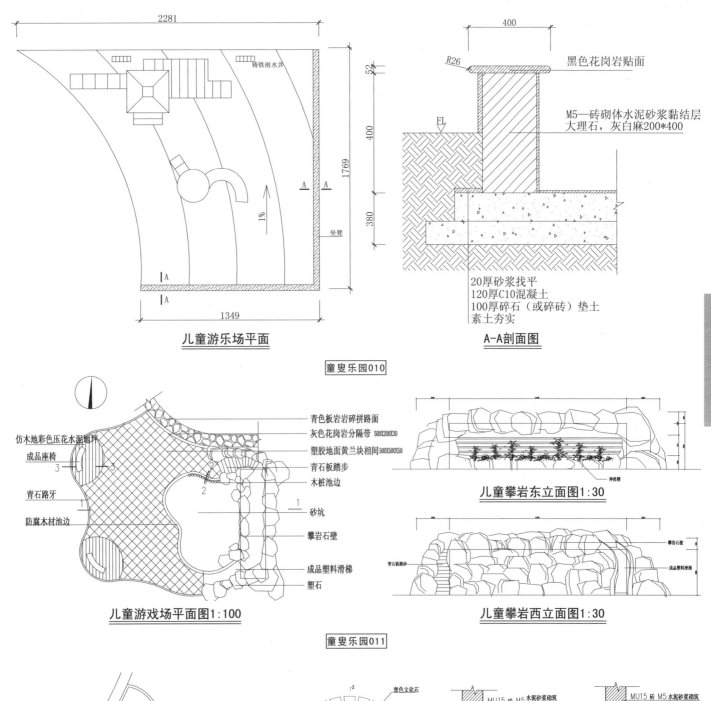

儿童游乐场平面

2281
1349
1769
52
400
380
1%

砖铁雨水井
坐凳
A A
A A

A-A剖面图

400
R26

黑色花岗岩贴面

FL

M5—砖砌体水泥砂浆黏结层
大理石，灰白麻200*400

20厚砂浆找平
120厚C10混凝土
100厚碎石（或碎砖）垫土
素土夯实

仿木地彩色压花水泥地坪
成品座椅
青石路牙
防腐木材池边

青色板岩碎拼路面
灰色花岗岩分隔带 500X200X30
塑胶地面黄兰块相间500X500X50
青石板踏步
木桩池边
砂坑
攀岩石壁
成品塑料滑梯
塑石

儿童游戏场平面图1:100

儿童攀岩东立面图1:30

种植槽

青石板踏步
攀岩石壁
成品塑料滑梯

儿童攀岩西立面图1:30

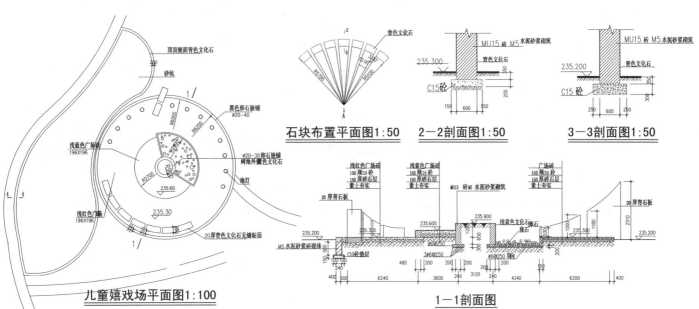

顶面侧面青色文化石
砂坑
黑色卵石嵌铺
∅20-40
浅蓝色广场砖
196X196
∅20-30卵石嵌铺
树池外镶色文化石
地灯
浅红色广场砖
196X196
20青色文化石无缝贴面

石块布置平面图1:50

青色文化石

MU15 砖 M5 水泥砂浆砌筑
青色文化石
235.300
C15 砼

2—2剖面图1:50

MU15 砖 M5 水泥砂浆砌筑
青色文化石
235.200
C15 砼

3—3剖面图1:50

儿童嬉戏场平面图1:100

浅红色广场砖
浅蓝色广场砖
广场砖
20厚青石板
浅黄色文化石卵石

1—1剖面图

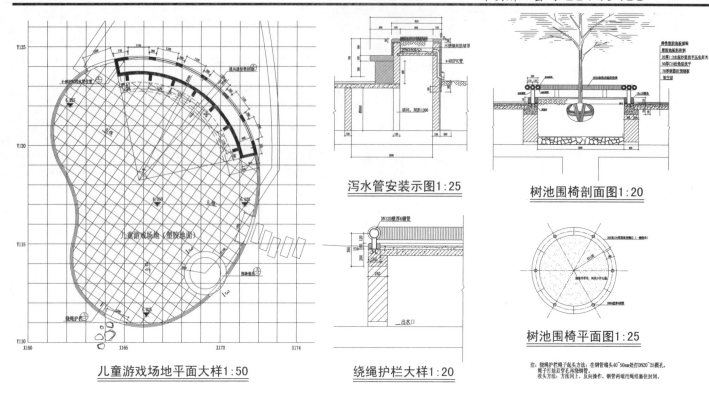

泻水管安装示图1:25

树池围椅剖面图1:20

绕绳护栏大样1:20

树池围椅平面图1:25

儿童游戏场地平面大样1:50

童叟乐园013

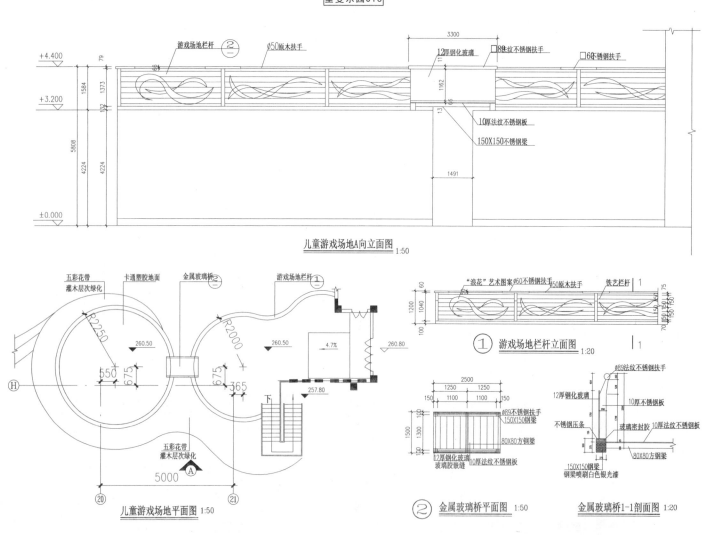

儿童游戏场地A向立面图 1:50

① 游戏场地栏杆立面图 1:20

儿童游戏场地平面图1:50

② 金属玻璃桥平面图 1:50

金属玻璃桥1-1剖面图1:20

童叟乐园014

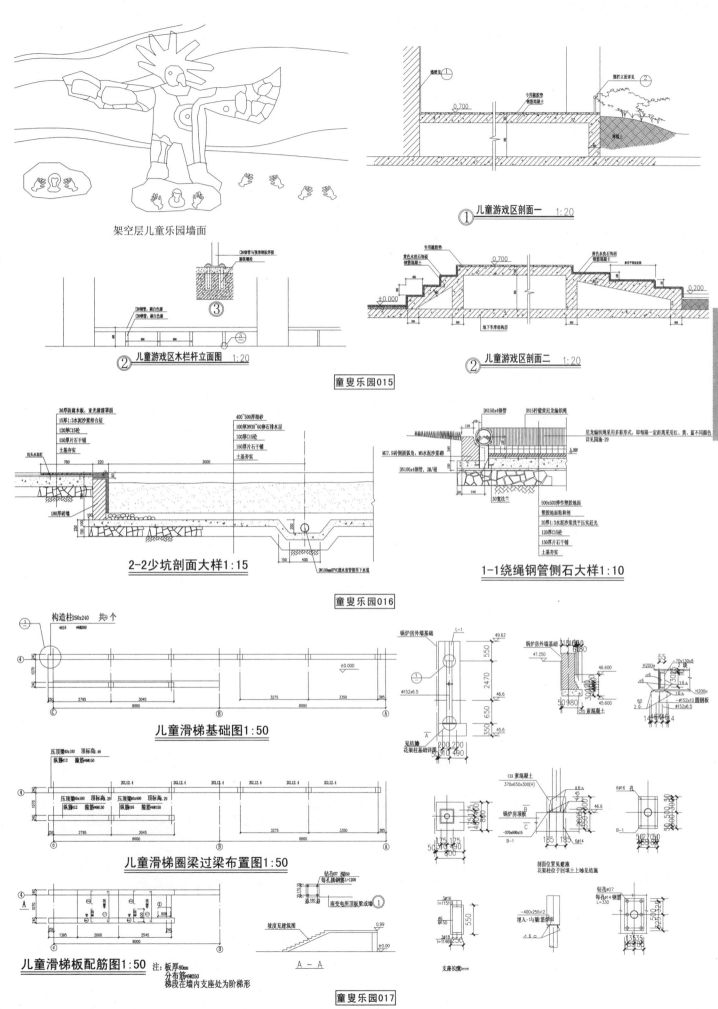

架空层儿童乐园墙面

③

② 儿童游戏区木栏杆立面图 1:20

① 儿童游戏区剖面一 1:20

② 儿童游戏区剖面二 1:20

童叟乐园015

2-2少坑剖面大样1:15

1-1绕绳钢管侧石大样1:10

童叟乐园016

构造柱250x240 共9个

儿童滑梯基础图1:50

儿童滑梯圈梁过梁布置图1:50

儿童滑梯板配筋图1:50

注：板厚80mm
分布筋φ6@250
梯段在墙内支座处为阶梯形

A-A

童叟乐园017

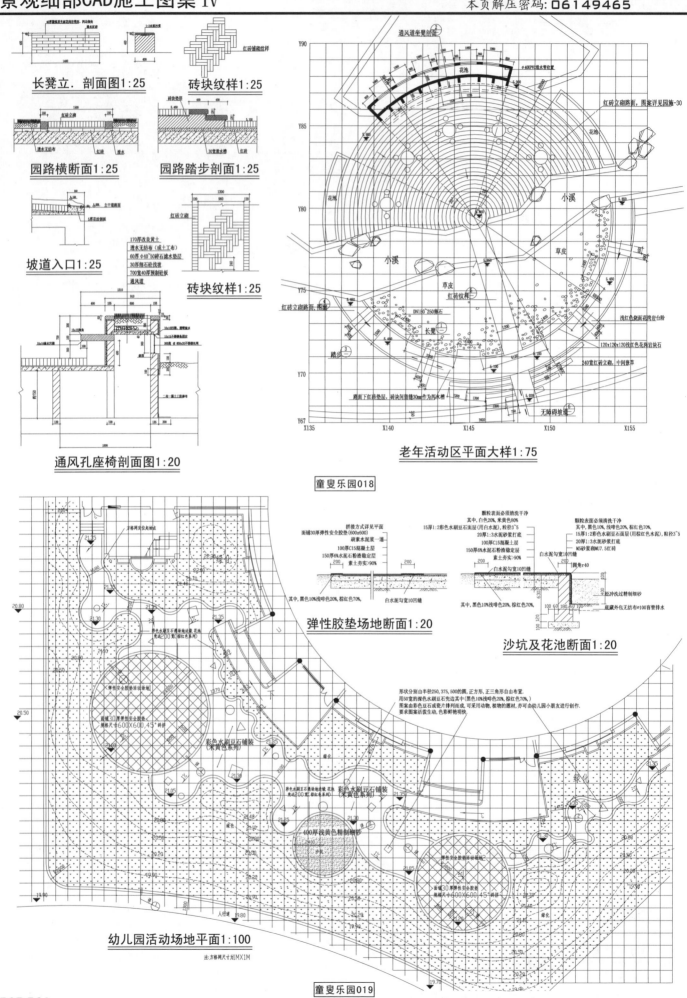

长凳立. 剖面图1:25

砖块纹样1:25

园路横断面1:25

园路踏步剖面1:25

坡道入口1:25

砖块纹样1:25

通风孔座椅剖面图1:20

老年活动区平面大样1:75

童叟乐园018

弹性胶垫场地断面1:20

沙坑及花池断面1:20

幼儿园活动场地平面1:100

童叟乐园019

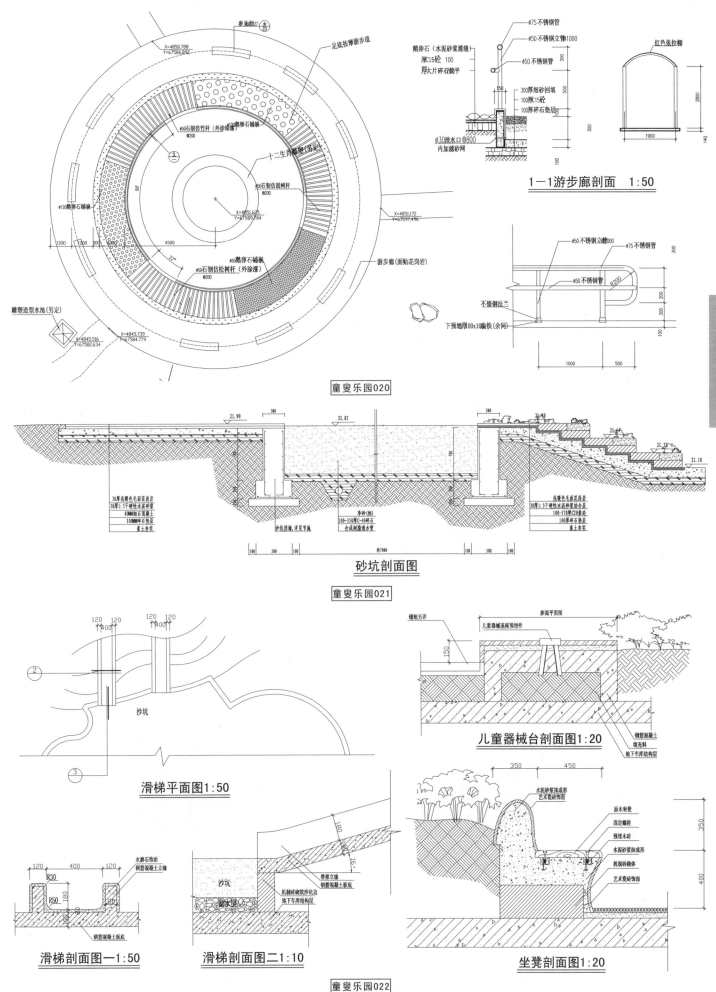

参见图27
25

X=4858.788
Y=67586.892

足底按摩谐步道

鹅卵石（水泥砂浆灌缝）
厚C15砼 100
厚大片碎石饱平

φ75不锈钢管
φ50不锈钢立管1000
φ50不锈钢管

红色张拉棚

300厚细砂回填
100厚C15砼
100厚碎石垫层

φ30泄水口@800
内加滤砂网

1—1游步廊剖面 1:50

2800

1900 140

#50石制仿竹杆（外涂绿漆）
@200

#120鹅卵石铺嵌

鹅卵石铺嵌
十二生肖雕塑（另定）

#50石制仿松杆
@200

X=4851.625
Y=67589.784

22°

4500

#50鹅卵石嵌
#50石制仿松树杆（外涂漆）
@200

X=4851.172
Y=67597.496

游步廊（面贴花岗岩）

φ50不锈钢立管1000
φ75不锈钢管

φ50不锈钢管

不锈钢法兰

下预埋厚100x10扁铁（余同）

1000 500

雕塑造型水池（另定）

X=4845.516
Y=67582.634

X=4845.739
Y=67584.779

童叟乐园020

21.90 300 21.87 300

30厚洗鹅色毛面花岗岩
30厚1:3干硬性水泥砂浆
80MM细石混凝土
100MM碎石层
素土夯实

沙坑挡墙，详见节点

净砂（加）
100-350厚C-40碎石
合成树脂渗水管

洗鹅色毛面花岗岩
30厚1:3干硬性水泥砂浆结合层
100-170厚C20素砼
100厚碎石层
素土夯实

21.10

100 500 100 约7000 100 500 100

砂坑剖面图

童叟乐园021

120 120 120 120

2

沙坑

3

滑梯平面图1:50

铺地另详
参阅平面图

儿童器械基座预埋件

150

钢筋混凝土
填充料
地下车库结构层

儿童器械台剖面图1:20

水磨石饰面
钢筋混凝土立缘

120 400 120

R30
R50 180

钢筋混凝土板底

滑梯剖面图一1:50

180

沙坑
泥水层

滑梯立缘
钢筋混凝土底
机制砖砌筑沙坑边
地下车库结构层

滑梯剖面图二1:10

350 450

水泥砂浆抹成形
艺术瓷砖饰面

原木坐凳
固定螺栓
预埋木砖
水泥砂浆抹成形
机制砖砌体
艺术瓷砖饰面

350

400

坐凳剖面图1:20

童叟乐园022

童叟乐园

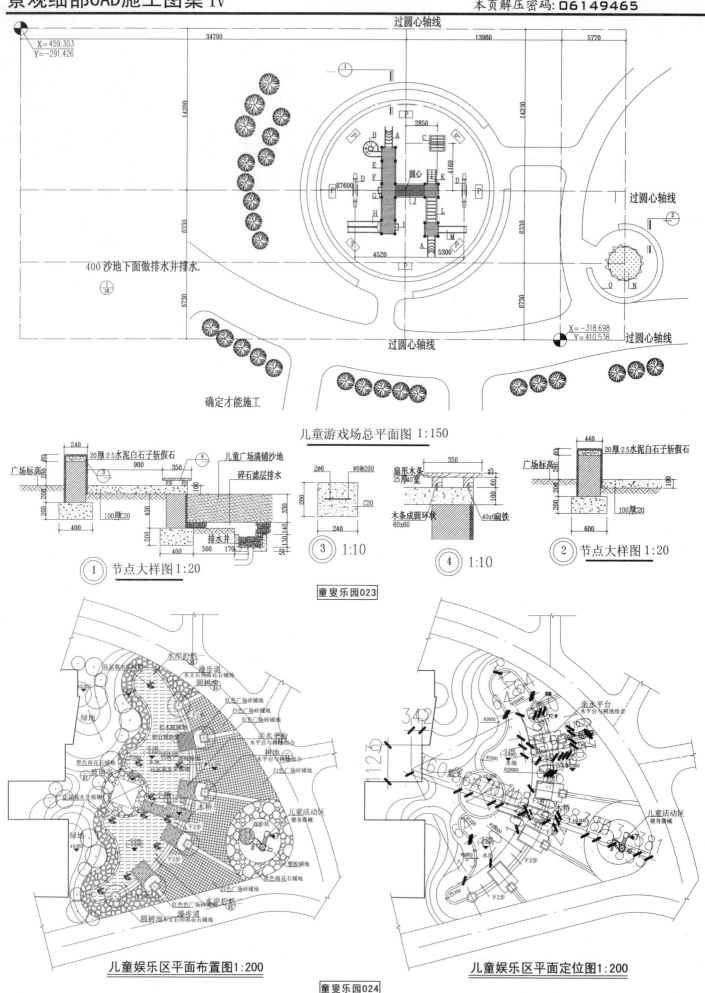

过圆心轴线

X=459.303
Y=-291.426

34790

13980   5770

过圆心轴线

2850

B A   C

E   C   K

圆心

R7600   F   D   K   D

G   L

H   M

4520   5300

过圆心轴线

X=-318.698
Y=410.538

过圆心轴线

400 沙地下面做排水井排水.

确定才能施工

儿童游戏场总平面图 1:150

童叟乐园023

240

20厚2.5水泥白石子斩假石

广场标高

900   350

100

3

4

儿童广场满铺沙地

碎石滤层排水

400   排水井

400   500   170

100厚C20

① 节点大样图 1:20

2ø6

ø6@200

200

240

C20

③ 1:10

350

扇形木条
25厚40宽

木条成圆环状
60x60

40x6扁铁

④ 1:10

440

20厚2.5水泥白石子斩假石

广场标高

100

600

100厚C20

② 节点大样图 1:20

儿童娱乐区平面布置图1:200

儿童娱乐区平面定位图1:200

童叟乐园024

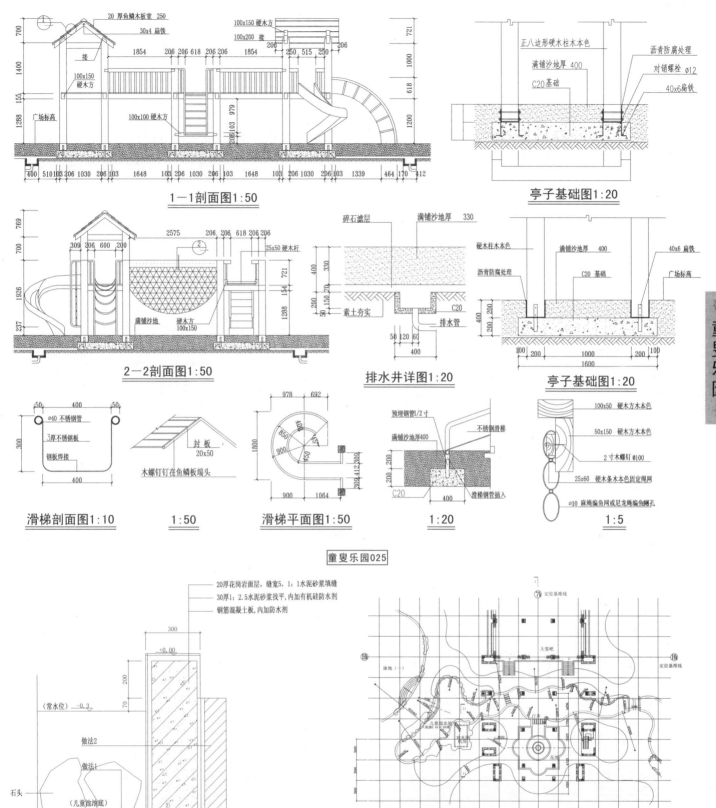

20厚鱼鳞木板宽 250
30x4 扁铁
100x150硬木方
100x200 接

接

1854 206 206 618 206 206 1854 206 250 515 250

100x150
硬木方

广场标高

100x100 硬木方

400 510 103 206 1030 206 103 1648 103 206 1030 206 103 1648 103 206 1030 206 103 1339 464 170 412

1—1剖面图1:50

正八边形硬木柱木本色
满铺沙地厚 400
C20基础

沥青防腐处理
对销螺栓 ⌀12
40x6扁铁

亭子基础图1:20

2575 206 206 618 206 206
309 206 600 200
25x50硬木杆

满铺沙地
硬木方
100x150

2—2剖面图1:50

碎石滤层 满铺沙地厚 330
素土夯实
C20
排水管

排水井详图1:20

硬木柱木本色
满铺沙地厚 400
沥青防腐处理
C20 基础

40x6 扁铁
广场标高

100 200 1000 200 100
1600

亭子基础图1:20

⌀40 不锈钢管
3厚不锈钢板
钢板焊接

滑梯剖面图1:10

封板
20x50
木螺钉钉在鱼鳞板端头

1:50

978 692
850
400

900 1064

滑梯平面图1:50

预埋钢管1/2寸
满铺沙地厚400
C20

不锈钢滑梯
滑梯钢管插入

1:20

100x50 硬木方木本色
50x150 硬木方木本色
2寸木螺钉@100
25x60 硬木条木本色固定绳网
⌀10 麻绳编鱼网或尼龙绳编鱼网孔

1:5

童叟乐园025

20厚花岗岩面层,缝宽5,1:1水泥砂浆填缝
30厚1:2.5水泥砂浆找平,内加有机硅防水剂
钢筋混凝土板,内加防水剂

300

+0.00
(常水位) -0.3
做法2
做法1
石头
(儿童池池底)

100

儿童池结构1:10

定位基准线
大堂吧
泳池(一)
儿童戏水池
定位基准线

儿童戏水池定位平面1:150

1—1剖面图1:100

戏水池机房

11—11剖面图1:100

童叟乐园026　　　童叟乐园027

童叟乐园

本页解压密码:06149465

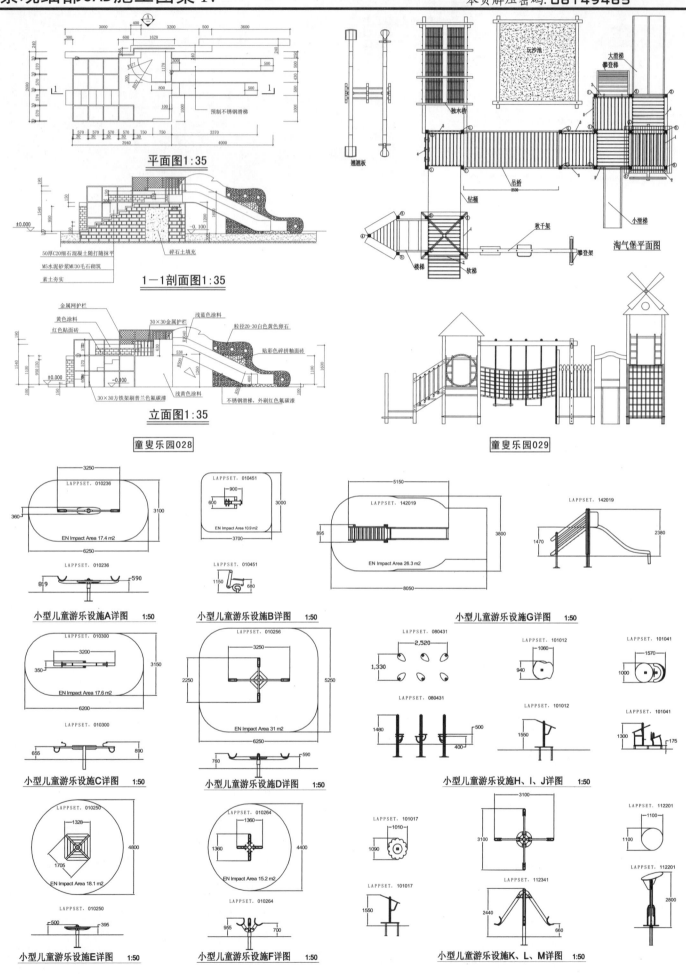

平面图1:35

预制不锈钢滑梯

1—1剖面图1:35

50厚C20细石混凝土随打随抹平
M5水泥砂浆MB30毛石砌筑
素土夯实

碎石土填充

立面图1:35

金属网护栏
黄色涂料
红色贴面砖
30×30金属护栏
浅蓝色涂料
粒径20-30白色黄色卵石
贴彩色碎拼釉面砖
不锈钢滑梯,外刷红色氟碳漆
30×30方铁架刷普兰色氟碳漆
浅黄色涂料

童叟乐园028

玩沙池
大滑梯
攀登梯
跳水桥
翘翘板
吊桥
钻桶
秋千架
楼梯
软梯
攀登架
小滑梯
淘气堡平面图

童叟乐园029

小型儿童游乐设施A详图 1:50
LAPPSET. 010236
3250
3100
360
6250
EN Impact Area 17.4 m2
819 590

小型儿童游乐设施B详图 1:50
LAPPSET. 010451
900
600
3000
3700
EN Impact Area 10.9 m2
1150 680

小型儿童游乐设施G详图 1:50
LAPPSET. 142019
5150
895
3800
8050
EN Impact Area 26.3 m2
LAPPSET. 142019
1470
2380

小型儿童游乐设施C详图 1:50
LAPPSET. 010300
3200
3150
350
6200
EN Impact Area 17.6 m2
655 890

小型儿童游乐设施D详图 1:50
LAPPSET. 010256
3250
2250
5250
6250
EN Impact Area 31 m2
760 590

小型儿童游乐设施H、I、J详图 1:50
LAPPSET. 080431
2,520
1,330
LAPPSET. 080431
1480
500
400
LAPPSET. 101012
1060
940
LAPPSET. 101012
1550
LAPPSET. 101041
1570
1000
LAPPSET. 101041
1300
175

小型儿童游乐设施E详图 1:50
LAPPSET. 010250
1328
4800
1705
EN Impact Area 18.1 m2
LAPPSET. 010250
500 395

小型儿童游乐设施F详图 1:50
LAPPSET. 010264
1360
1360
4400
EN Impact Area 15.2 m2
LAPPSET. 010264
955 700

小型儿童游乐设施K、L、M详图 1:50
LAPPSET. 101017
1010
1090
LAPPSET. 101017
1550
LAPPSET. 112341
3100
3100
2440
660
LAPPSET. 112201
1100
1100
LAPPSET. 112201
2800

童叟乐园030

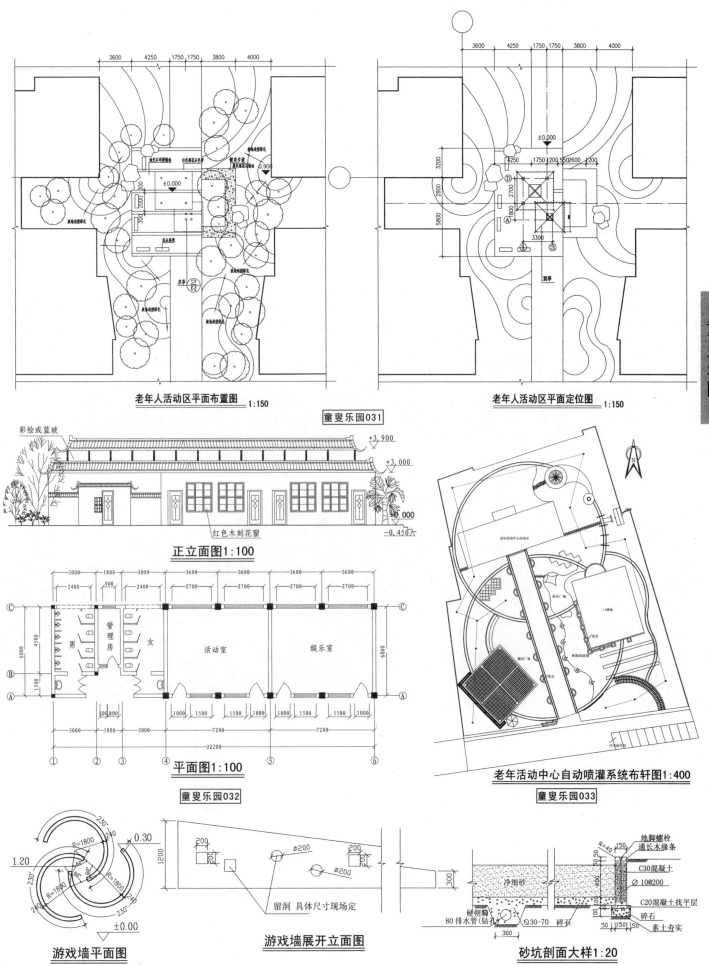

老年人活动区平面布置图 1:150

老年人活动区平面定位图 1:150

童叟乐园031

彩绘或蓝玻

正立面图1:100

红色木刻花窗

管理房

男　女

活动室　　娱乐室

平面图1:100

童叟乐园032

老年活动中心自动喷灌系统布轩图1:400

童叟乐园033

游戏墙平面图

留洞 具体尺寸现场定

游戏墙展开立面图

地脚螺栓
通长木缘条
C30混凝土
Ø10@200
C20混凝土找平层
碎石
素土夯实
净细砂
硬朔料
80排水管(钻孔)
Ø30~70 碎石

砂坑剖面大样1:20

童叟乐园034

体育健身

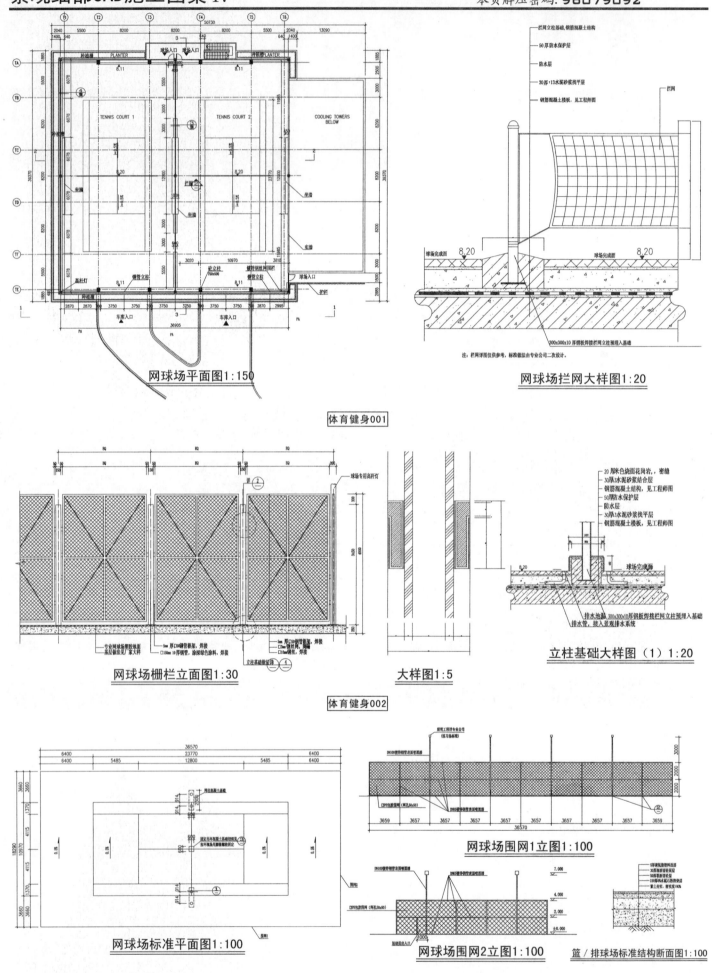

网球场平面图1:150

网球场拦网大样图1:20

体育健身001

网球场栅栏立面图1:30

大样图1:5

立柱基础大样图（1）1:20

体育健身002

网球场标准平面图1:100

网球场围网1立图1:100

网球场围网2立图1:100

篮/排球场标准结构断面图1:100

体育健身003

068-069

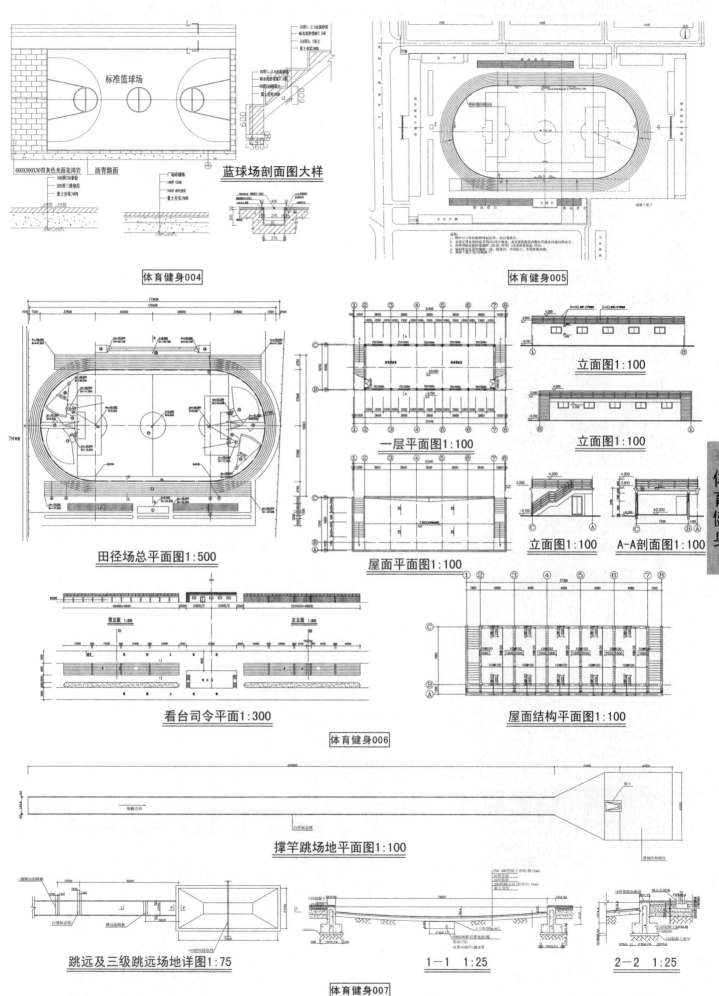

标准篮球场

沥青路面

600X300X30青灰色光面花岗岩

蓝球场剖面图大样

体育健身004

体育健身005

田径场总平面图1:500

一层平面图1:100

屋面平面图1:100

立面图1:100

立面图1:100

立面图1:100

A-A剖面图1:100

看台司令平面1:300

屋面结构平面图1:100

体育健身006

体育健身

撑竿跳场地平面图1:100

跳远及三级跳远场地详图1:75

1—1 1:25

2—2 1:25

体育健身007

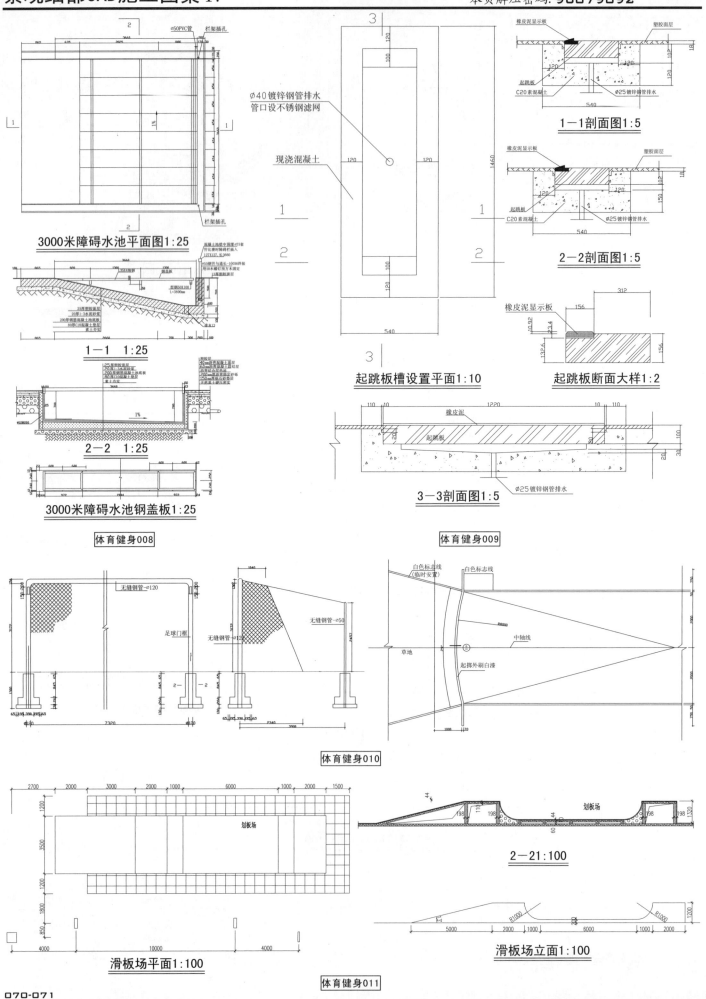

3000米障碍水池平面图1:25

1—1 1:25

2—2 1:25

3000米障碍水池钢盖板1:25

体育健身008

∅40镀锌钢管排水
管口设不锈钢滤网

现浇混凝土

起跳板槽设置平面1:10

1—1剖面图1:5

2—2剖面图1:5

起跳板断面大样1:2

3—3剖面图1:5

体育健身009

体育健身010

滑板场平面1:100

2—21:100

滑板场立面1:100

体育健身011

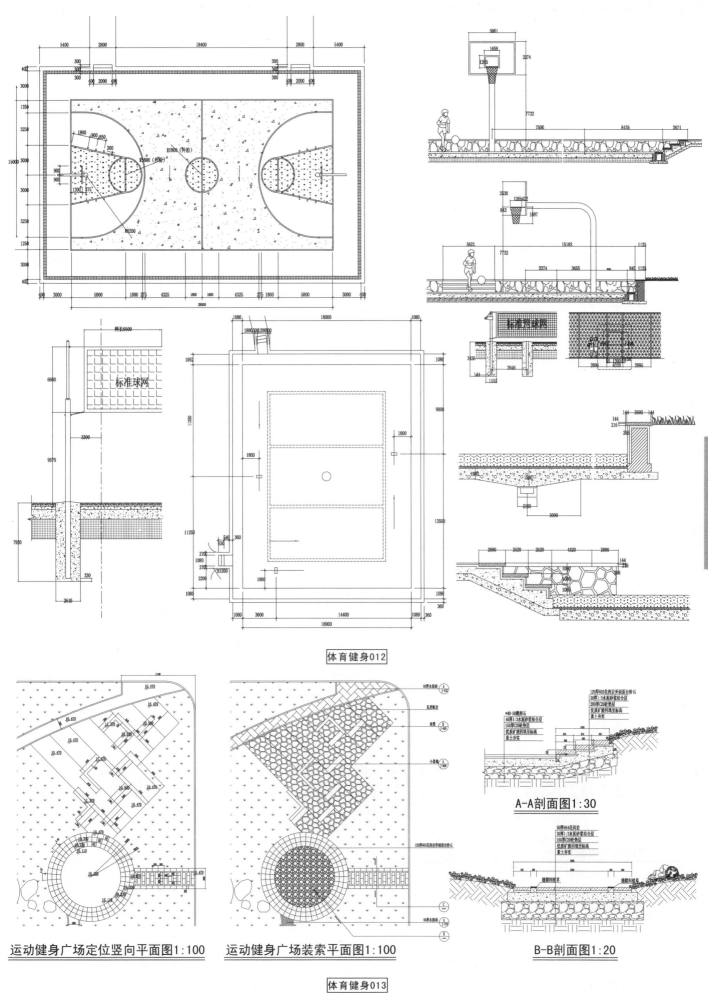

标准球网

标准球网

体育健身012

A-A剖面图1:30

B-B剖面图1:20

运动健身广场定位竖向平面图1:100　　运动健身广场装索平面图1:100

体育健身013

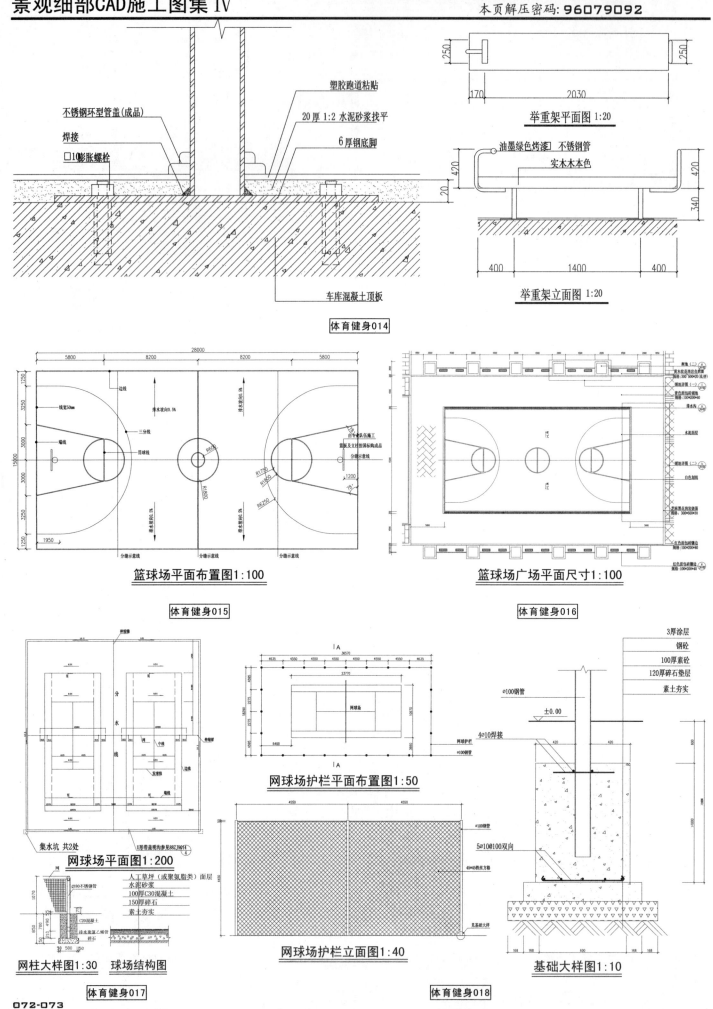

不锈钢环型管盖(成品)

焊接

□10膨胀螺栓

塑胶跑道粘贴

20厚 1:2 水泥砂浆找平

6厚钢底脚

车库混凝土顶板

举重架平面图 1:20

油墨绿色烤漆 不锈钢管

实木木本色

举重架立面图 1:20

体育健身014

篮球场平面布置图 1:100

篮球场广场平面尺寸 1:100

体育健身015

体育健身016

网球场平面图 1:200

网柱大样图 1:30   球场结构图

人工草坪（或聚氨脂类）面层
水泥砂浆
100厚C30混凝土
150厚碎石
素土夯实

网球场护栏平面布置图 1:50

网球场护栏立面图 1:40

3厚涂层
钢砼
100厚素砼
120厚碎石垫层
素土夯实

基础大样图 1:10

体育健身017

体育健身018

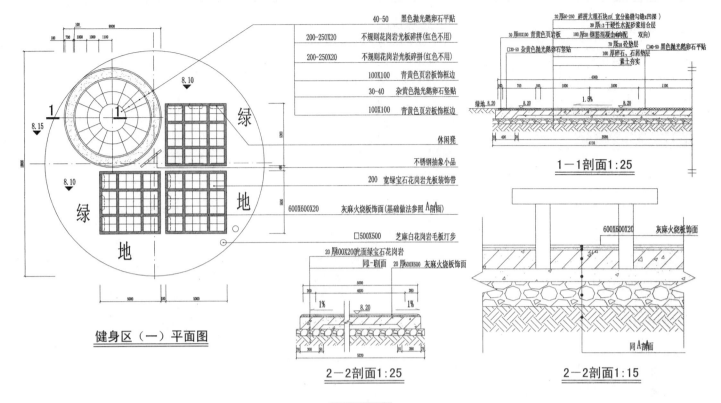

40-50 黑色抛光鹅卵石平贴

200-250X20 不规则花岗岩光板碎拼(红色不用)

200-250X20 不规则花岗岩光板碎拼(红色不用)

100X100 青黄色页岩板饰框边

30-40 杂黄色抛光鹅卵石竖贴

100X100 青黄色页岩板饰框边

休闲凳

不锈钢抽象小品

200 宽绿宝石花岗岩光板装饰带

600X600X20 灰麻火烧板饰面(基础做法参照A剖面)

□500X500 芝麻白花岗岩平板毛板汀步

健身区（一）平面图

1—1剖面1:25

2—2剖面1:25

2—2剖面1:15

体育健身019

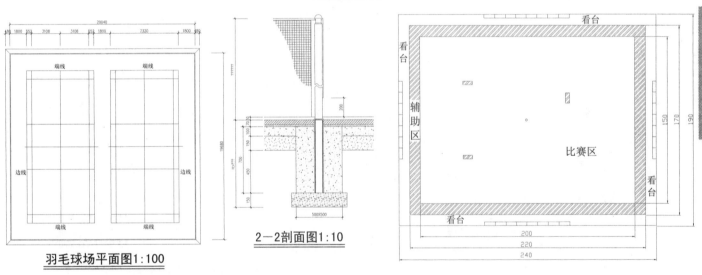

羽毛球场平面图1:100

体育健身020

2—2剖面图1:10

看台

比赛区

辅助区

看台

看台

看台

体育健身021

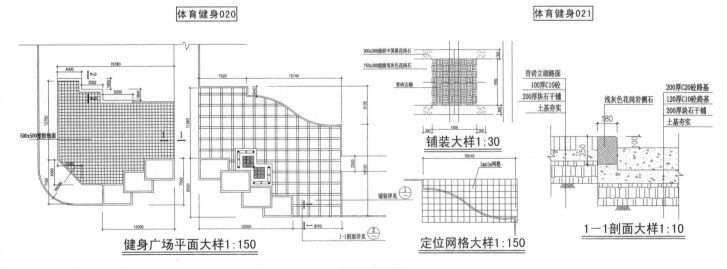

健身广场平面大样1:150

铺装大样1:30

定位网格大样1:150

1—1剖面大样1:10

体育健身022

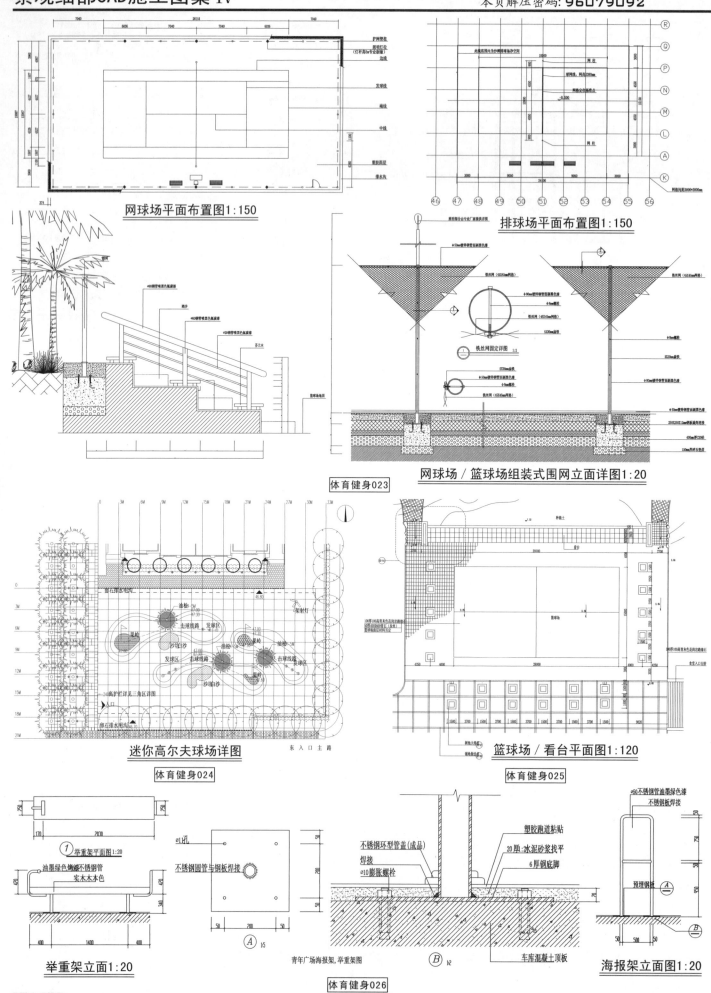

网球场平面布置图1:150

排球场平面布置图1:150

体育健身023

网球场／篮球场组装式围网立面详图1:20

迷你高尔夫球场详图

体育健身024

篮球场／看台平面图1:120

体育健身025

① 举重架平面图1:20

举重架立面1:20

青年广场海报架,举重架图

体育健身026

海报架立面图1:20

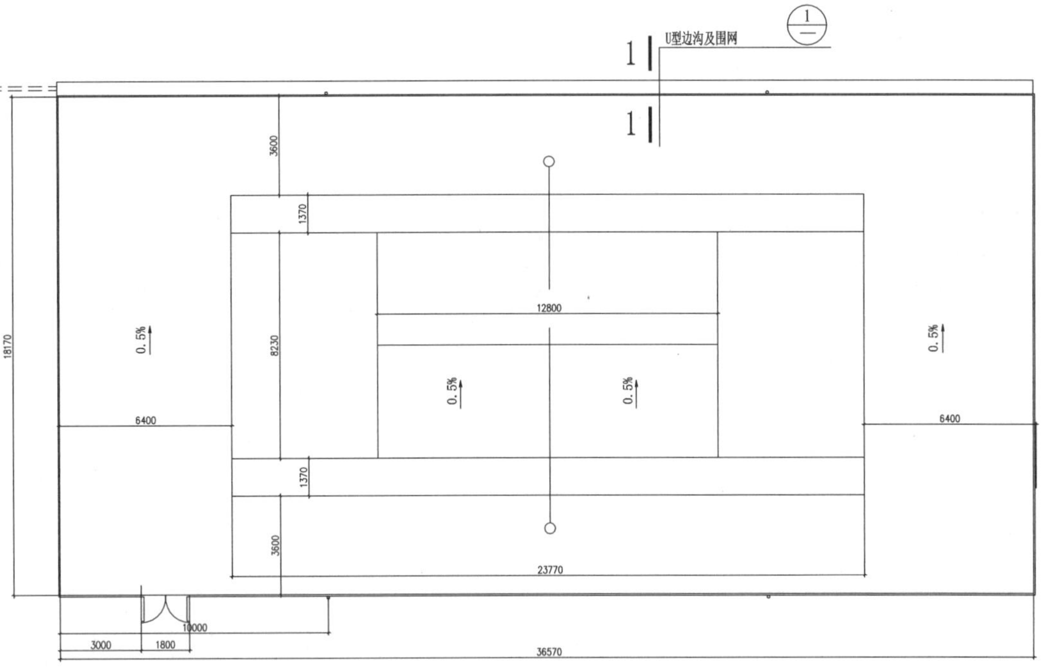

DN150PPR管排入河道中

1

U型边沟及围网

1

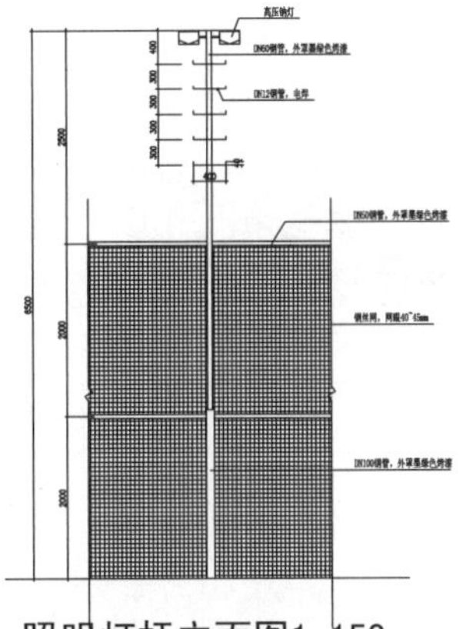

照明灯杆立面图1:150

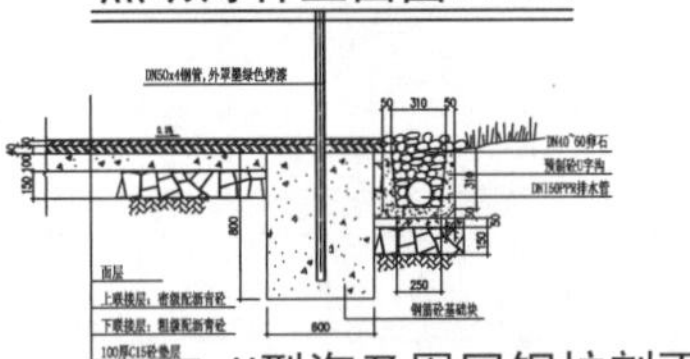

U型淘及围网钢柱剖面图1:30

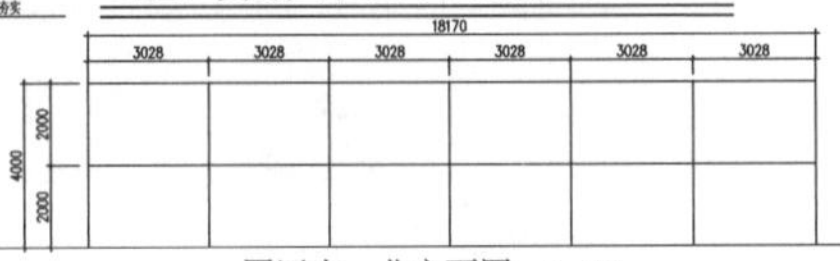

网球场平面图 1:100

围网南、北立面图 1:75

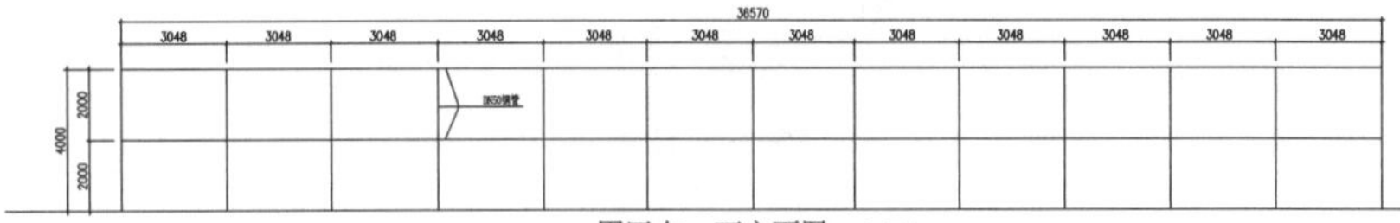

围网东、西立面图 1:75

网球场绿地定位图1:250

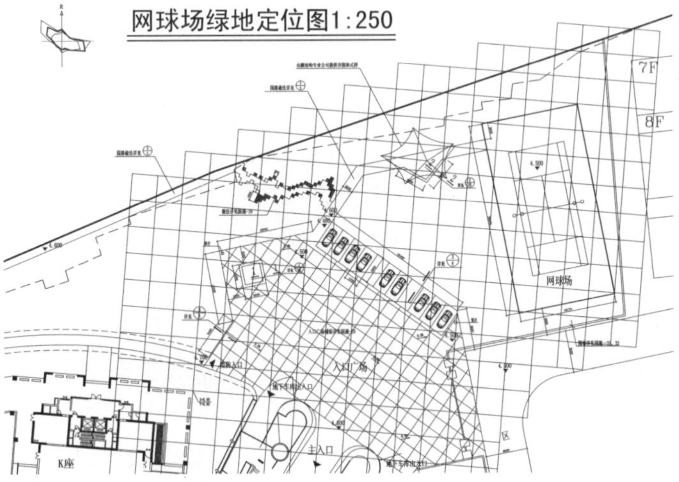

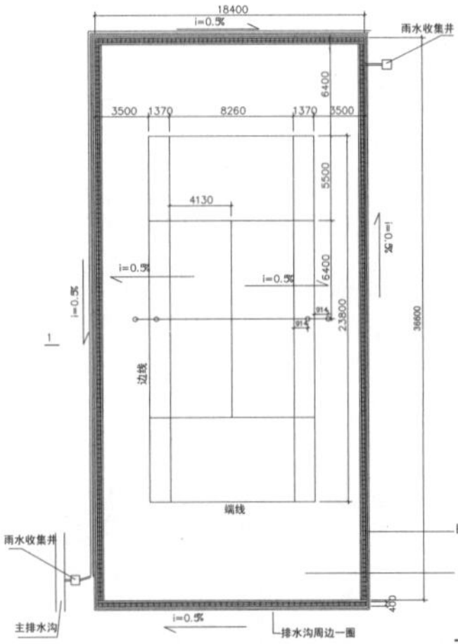

网球场平面1:150

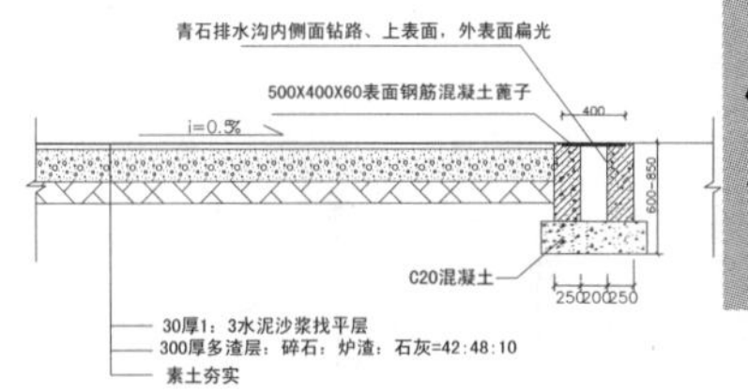

青石排水沟内侧面钻路、上表面，外表面扁光

500X400X60表面钢筋混凝土篦子

30厚1:3水泥沙浆找平层
300厚多渣层：碎石：炉渣：石灰=42:48:10
素土夯实

1—1剖面1:25

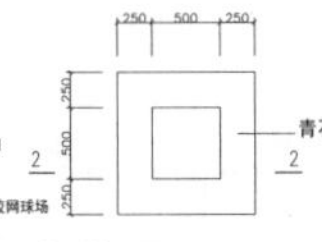

C20钢筋混凝土盖板（配φ8@150)

青石

青石

C20混凝土

雨水井平面1:25

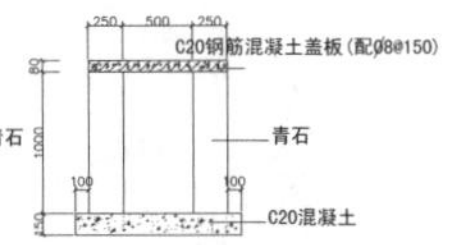

2—2剖面1:25

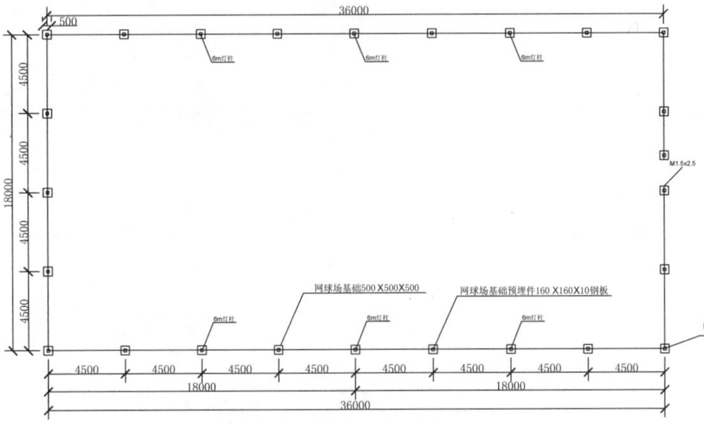

网球场基础平面布置图1:100

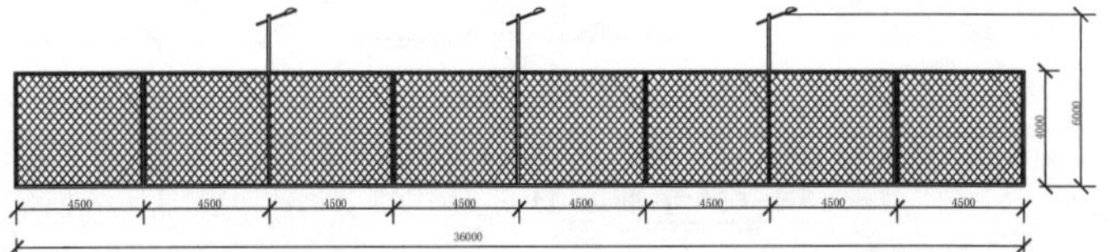

围网南立面图1:100

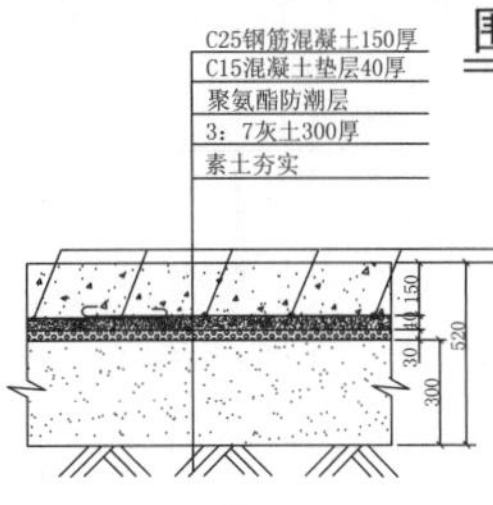

C25钢筋混凝土150厚
C15混凝土垫层40厚
聚氨酯防潮层
3：7灰土300厚
素土夯实

网球场篮球场地剖面图

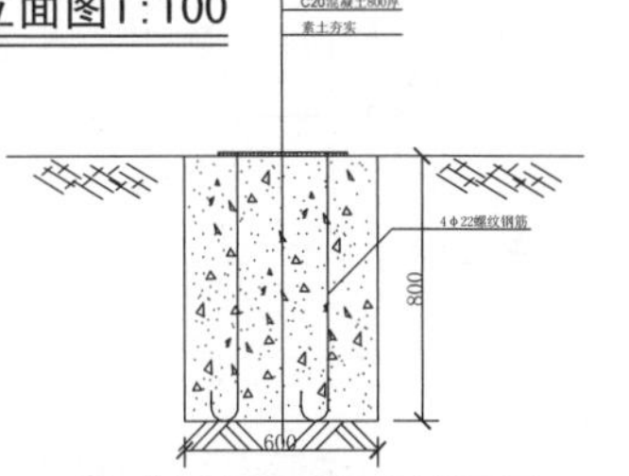

400X400X10钢板
C20混凝土400厚
素土夯实

4φ22螺纹钢筋

网球场围网基础剖面图

体育健身

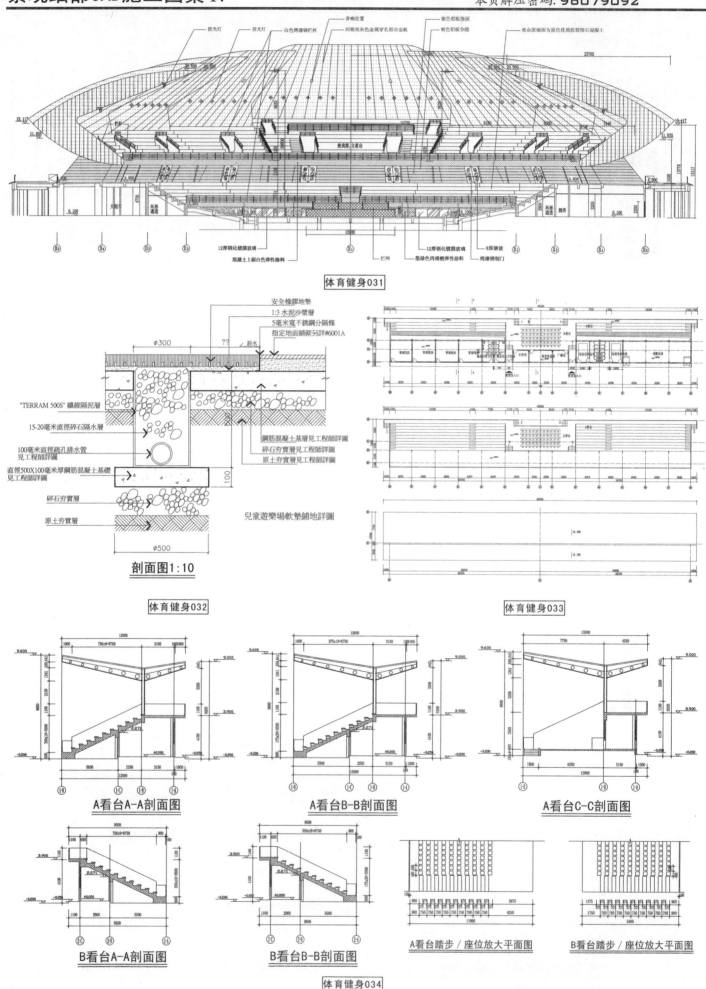

体育健身031

剖面图1:10

兒童遊樂場軟墊鋪地詳圖

体育健身032

体育健身033

A看台A-A剖面图

A看台B-B剖面图

A看台C-C剖面图

B看台A-A剖面图

B看台B-B剖面图

A看台踏步／座位放大平面图

B看台踏步／座位放大平面图

体育健身034

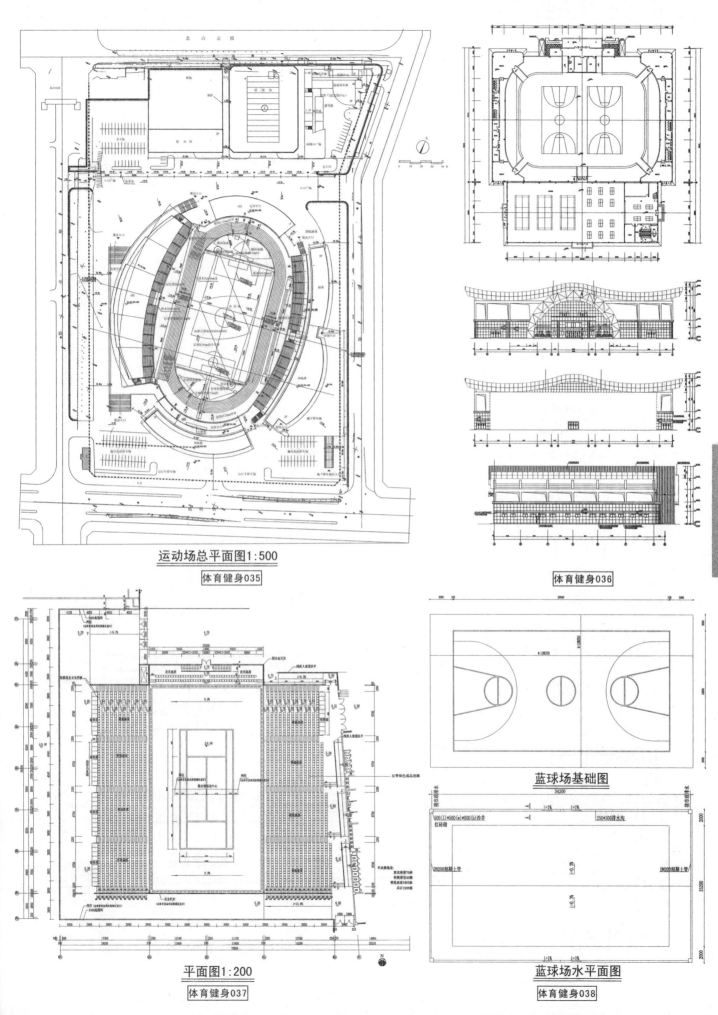

运动场总平面图1:500

体育健身035

体育健身036

平面图1:200

体育健身037

蓝球场基础图

蓝球场水平面图

体育健身038

体育健身

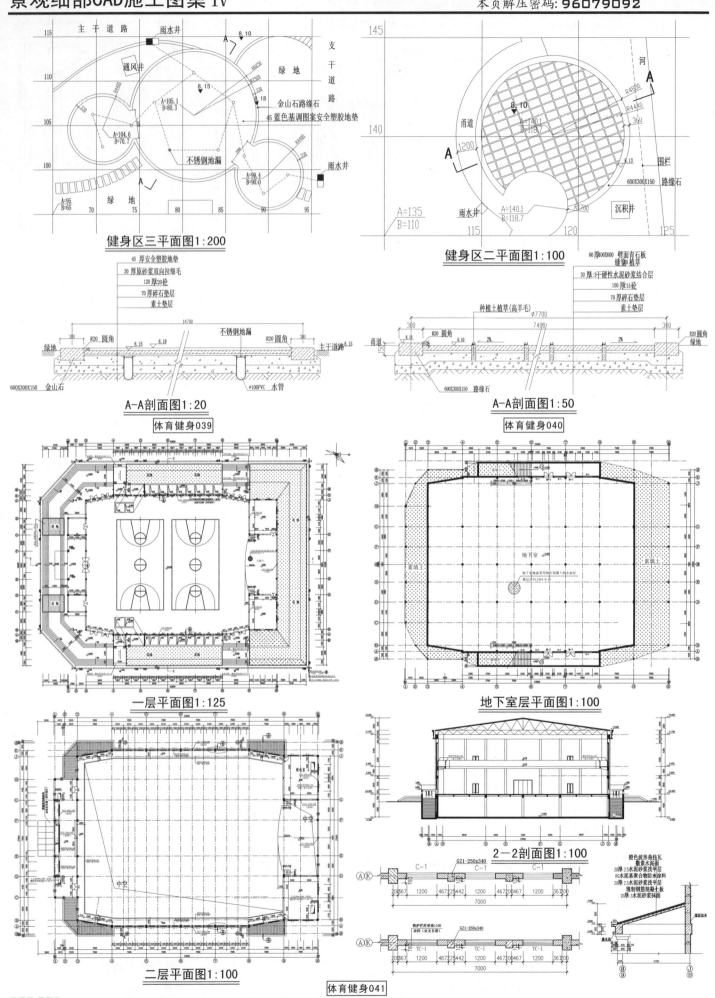

健身区三平面图1:200

健身区二平面图1:100

A—A剖面图1:20

体育健身039

A—A剖面图1:50

体育健身040

一层平面图1:125

地下室层平面图1:100

二层平面图1:100

2—2剖面图1:100

体育健身041

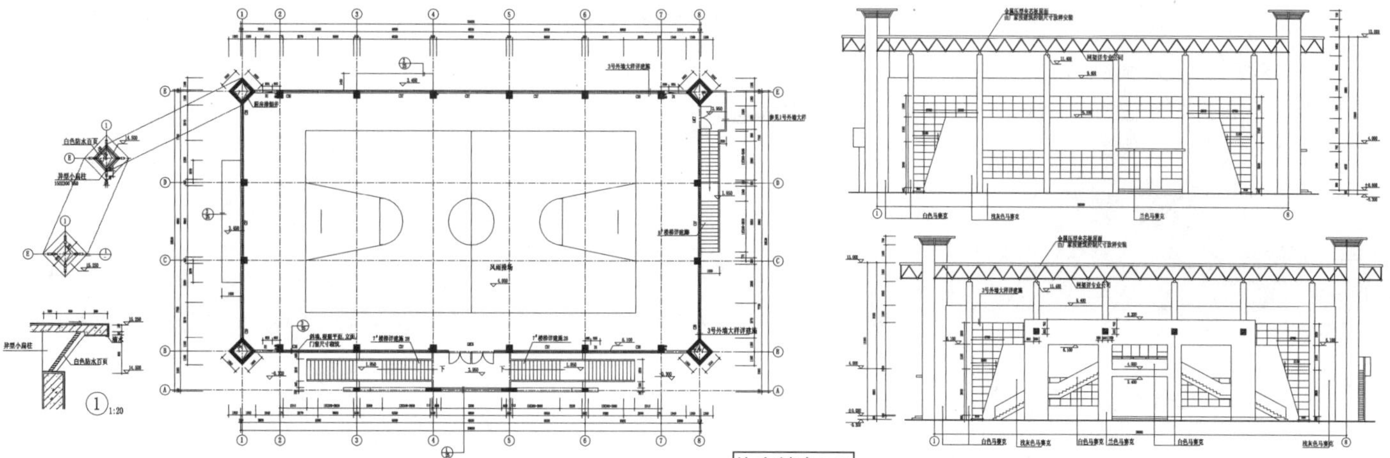
风雨操场
白色防水百页
1:20

体育健身042

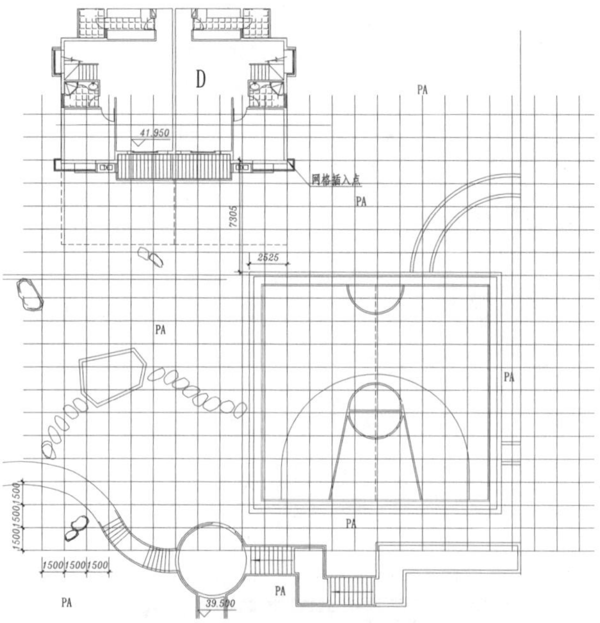
D
PA
41.950
网格插入点
7305
2525
39.500

体育健身043

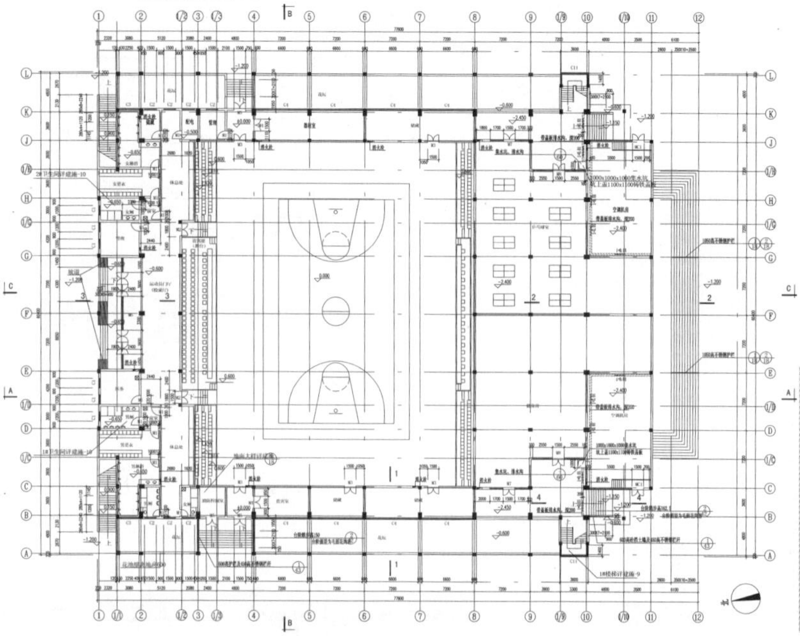

体育健身044

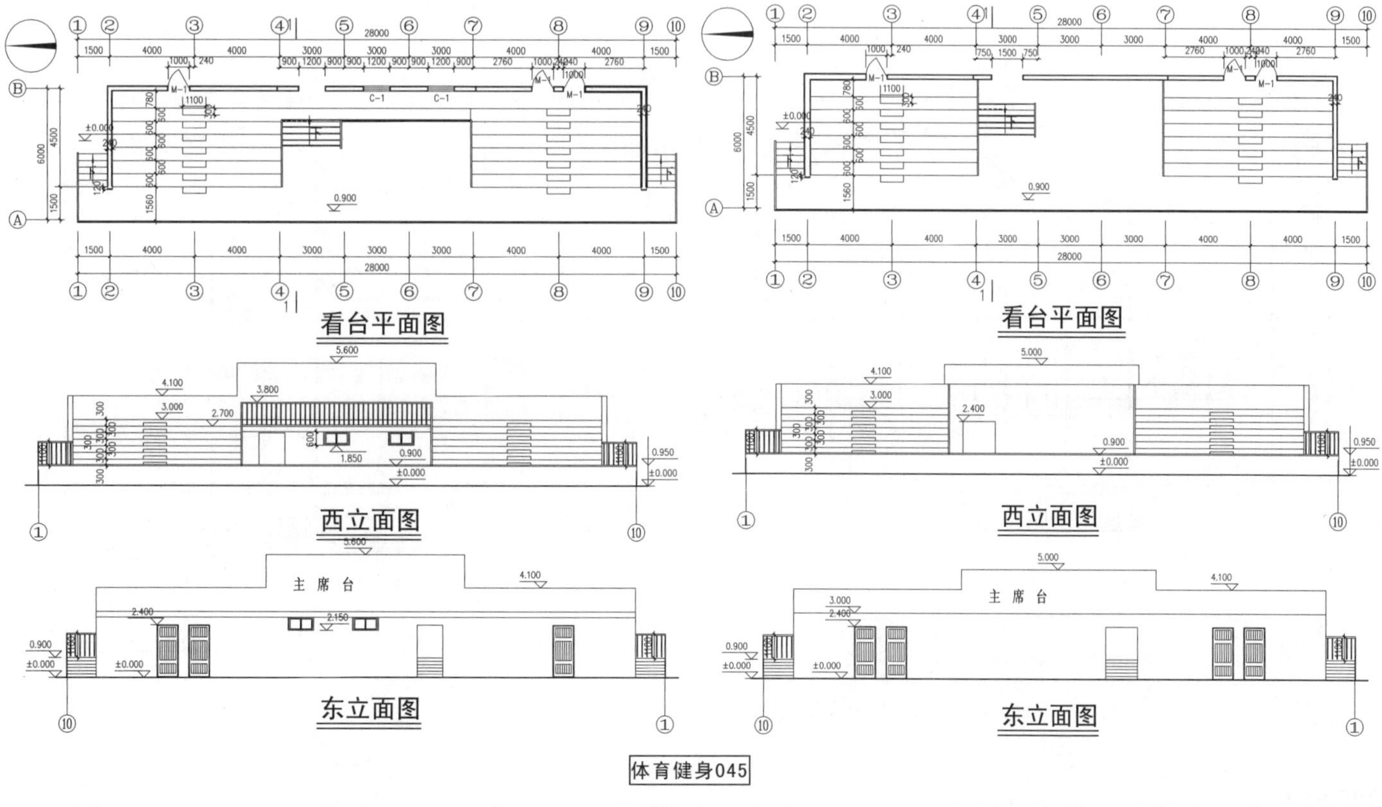
看台平面图
看台平面图
西立面图
西立面图
主席台
东立面图
主席台
东立面图

体育健身045

本页解压密码: 96079092

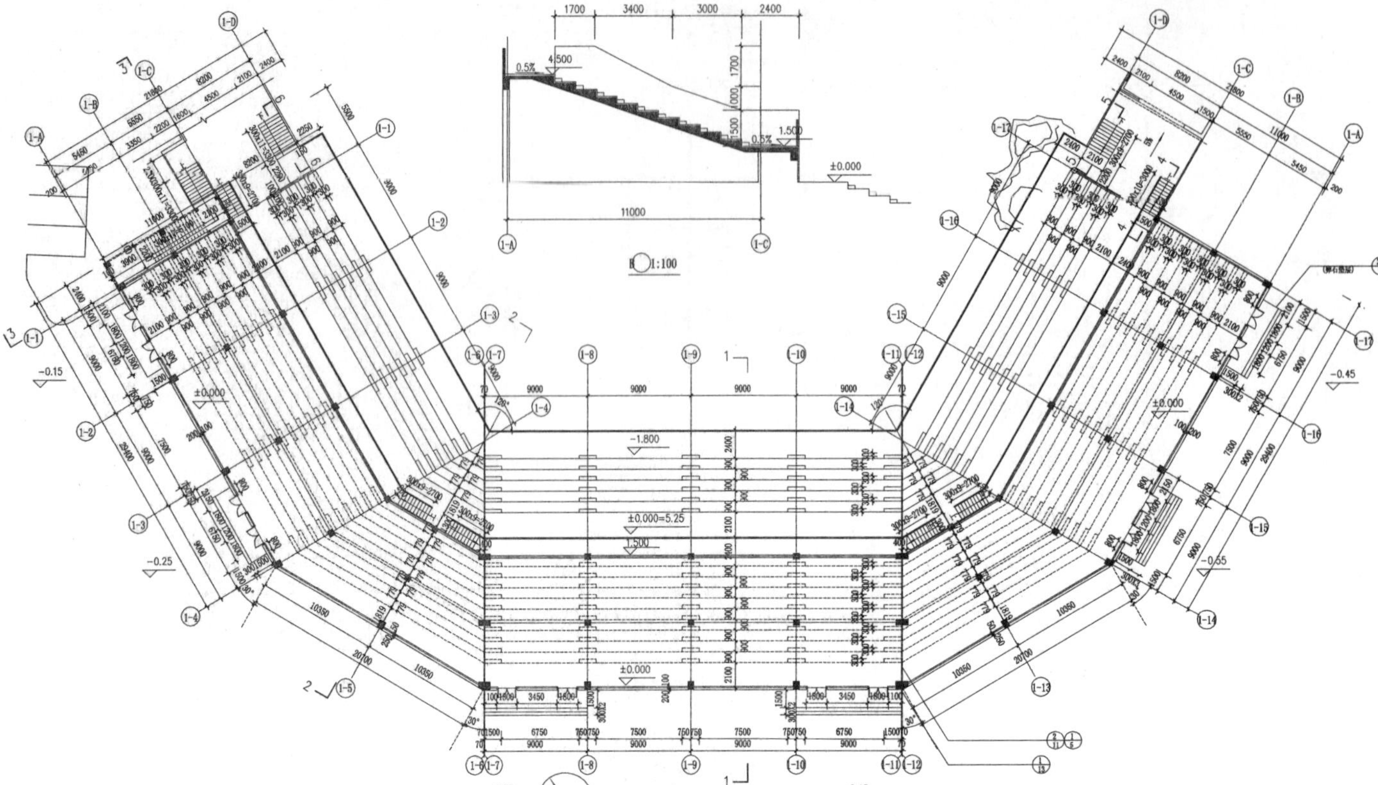

看台平面图1:200

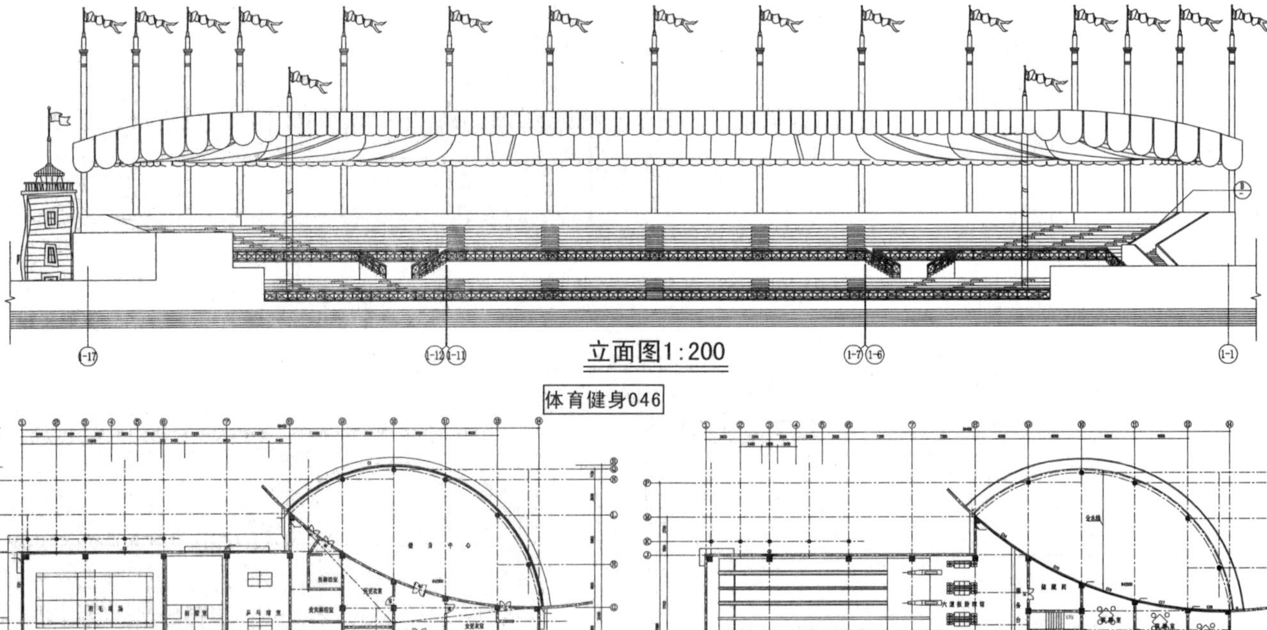

立面图1:200

体育健身046

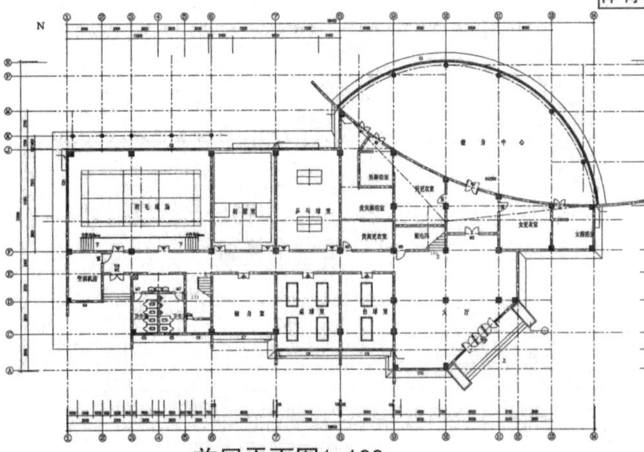

首层平面图1:100

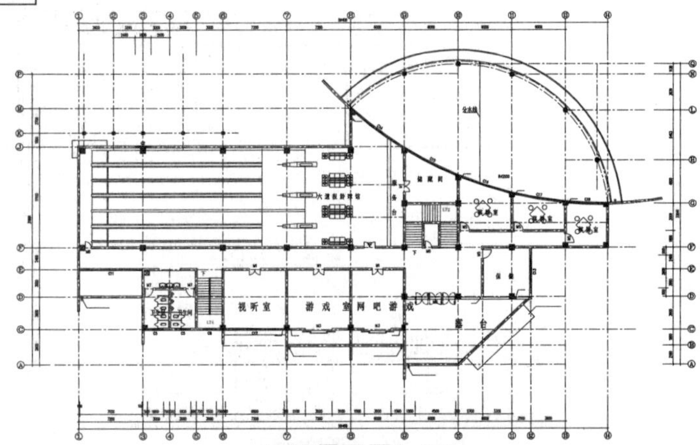

二层平面图1:100

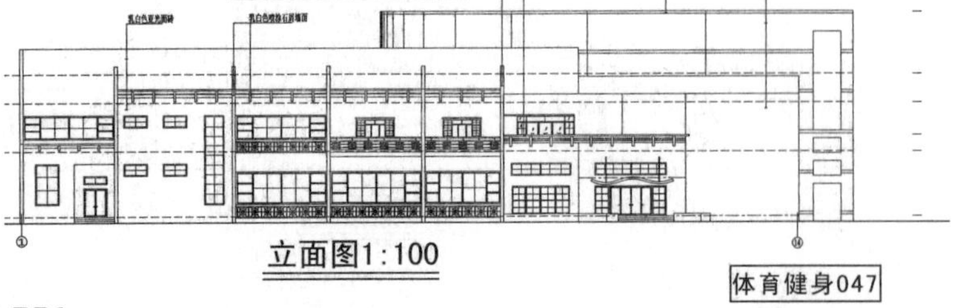

立面图1:100

立面图1:100

体育健身047

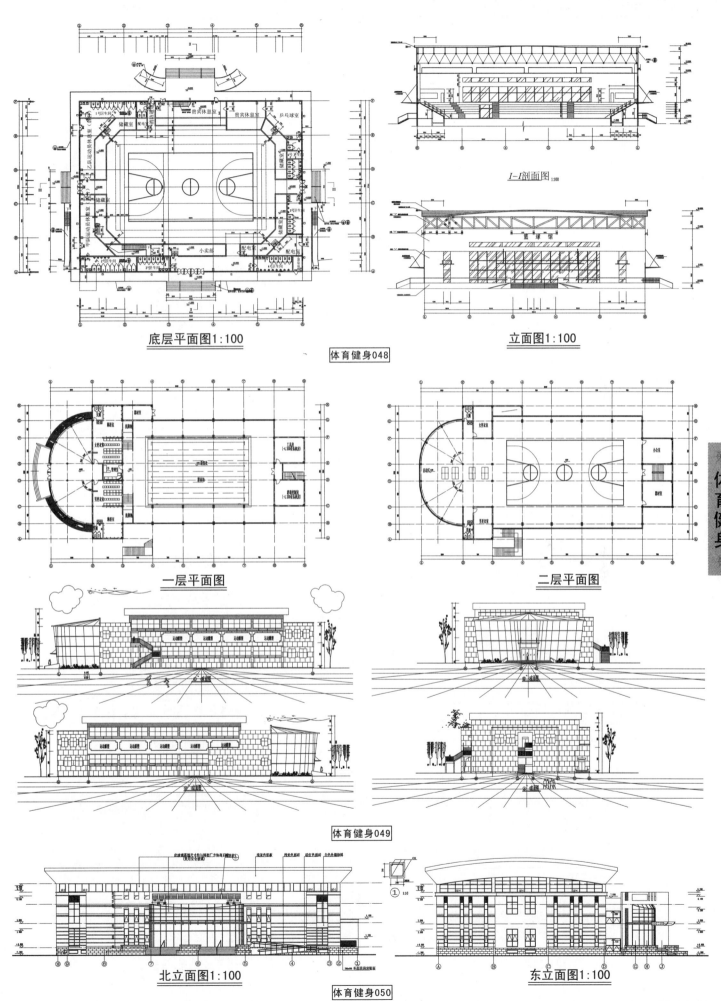

底层平面图1:100

体育健身048

*I—I*剖面图1:100

立面图1:100

一层平面图

二层平面图

体育健身049

北立面图1:100

东立面图1:100

体育健身050

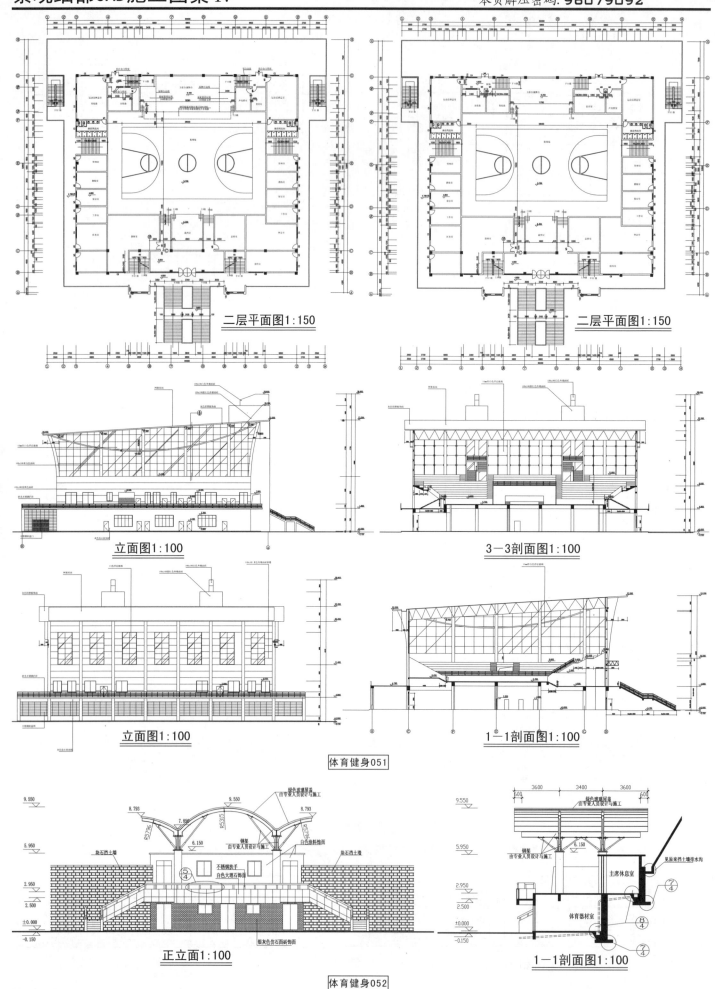

二层平面图1:150

二层平面图1:150

立面图1:100

3—3剖面图1:100

立面图1:100

1—1剖面图1:100

体育健身051

正立面1:100

1—1剖面图1:100

体育健身052

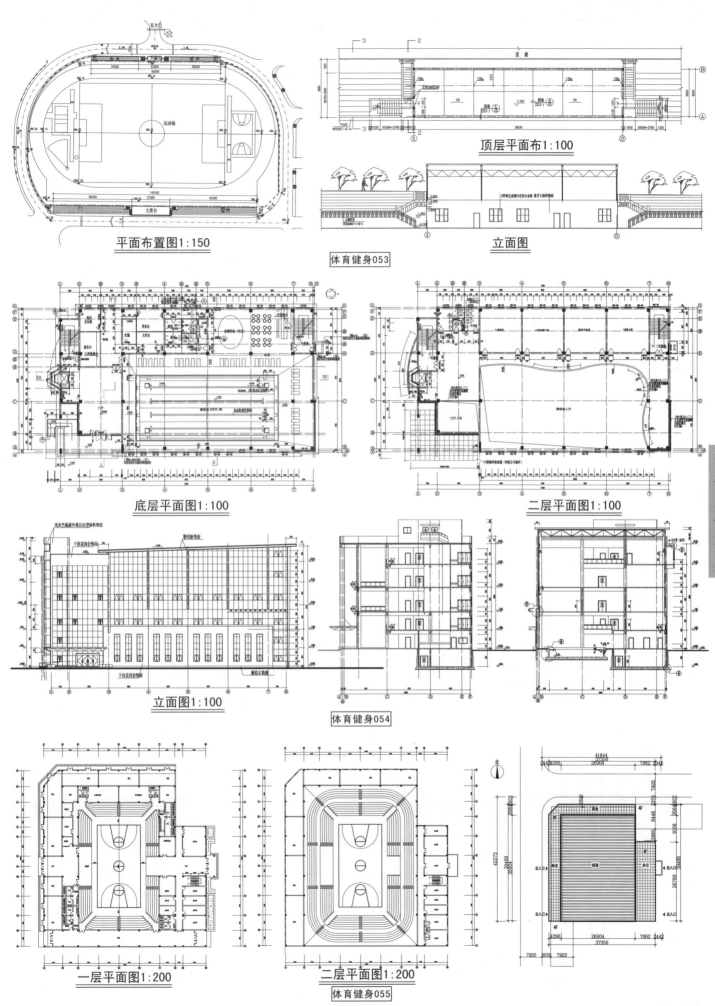

平面布置图1:150

顶层平面布1:100

立面图

体育健身053

底层平面图1:100

二层平面图1:100

立面图1:100

体育健身054

一层平面图1:200

二层平面图1:200

体育健身055

体育健身

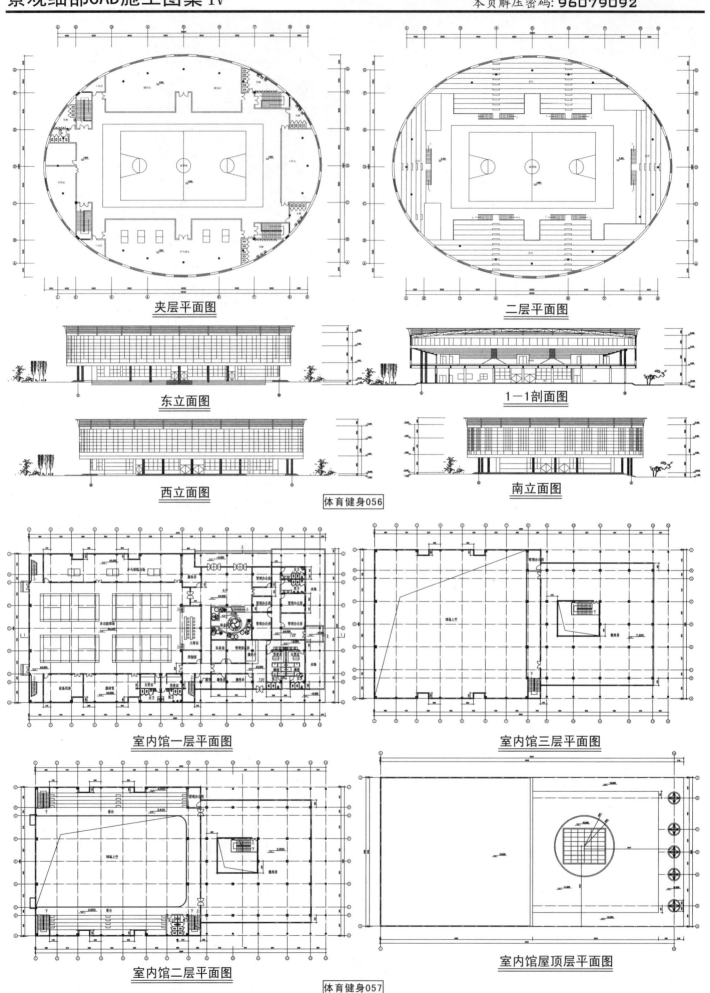

夹层平面图

二层平面图

东立面图

1—1剖面图

西立面图

体育健身056

南立面图

室内馆一层平面图

室内馆三层平面图

室内馆二层平面图

室内馆屋顶层平面图

体育健身057

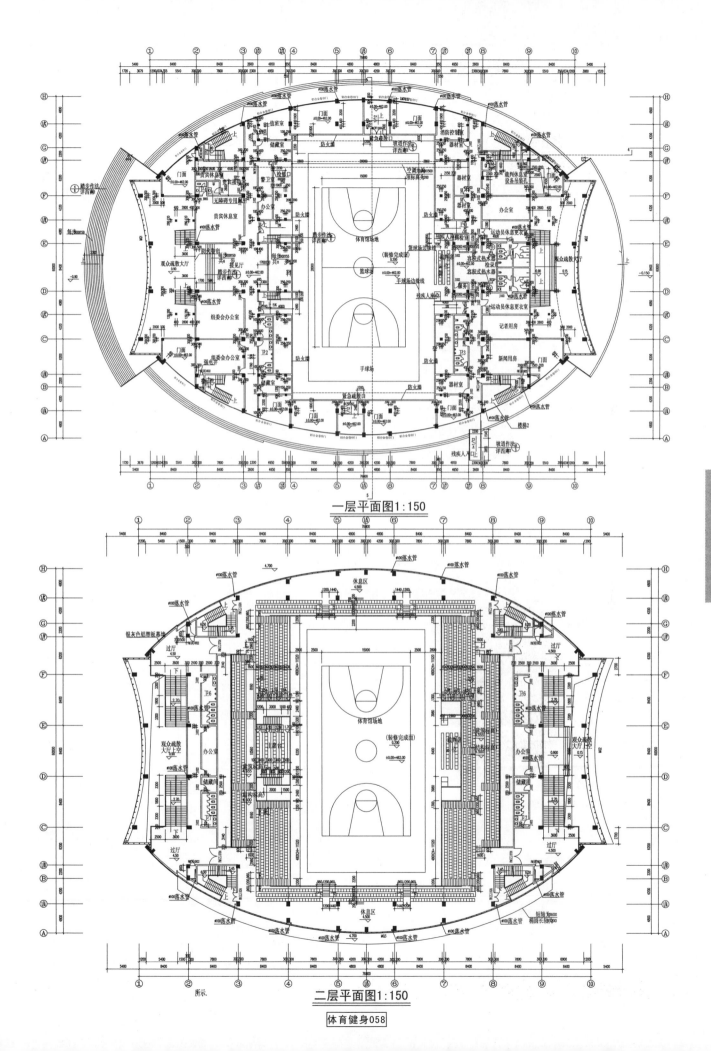

一层平面图1:150

二层平面图1:150

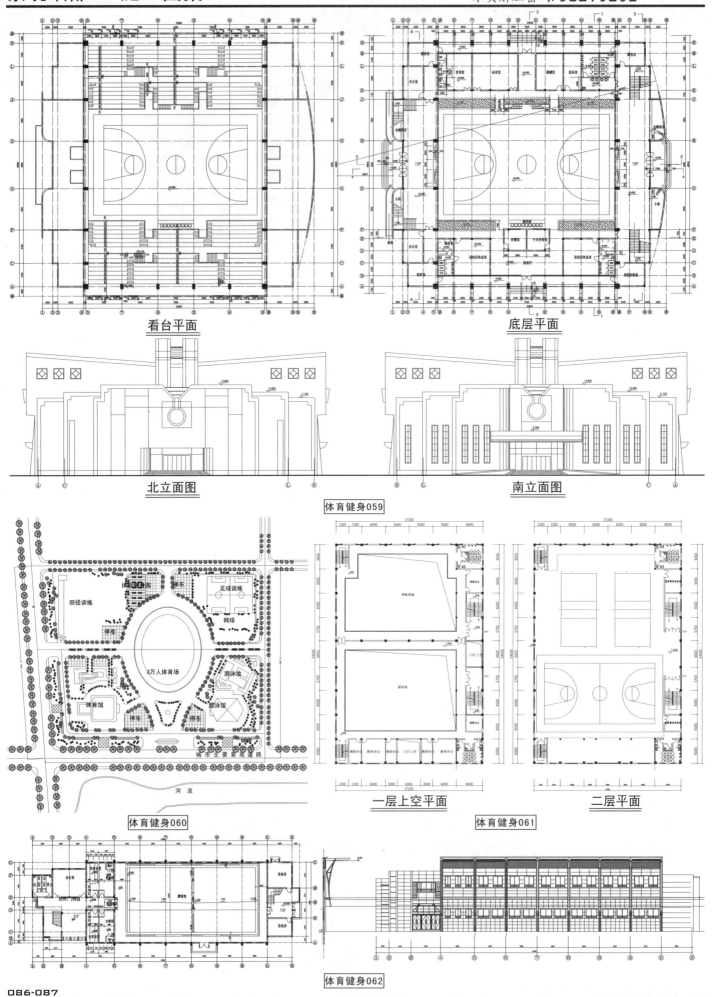

看台平面

底层平面

北立面图

南立面图

体育健身059

田径训练

足球训练

网球

3万人体育场

游泳池

游泳馆

体育馆

城市主要景观道路

河流

体育健身060

一层上空平面

体育场地

游泳池

二层平面

体育健身061

设备房

游泳池

体育健身062

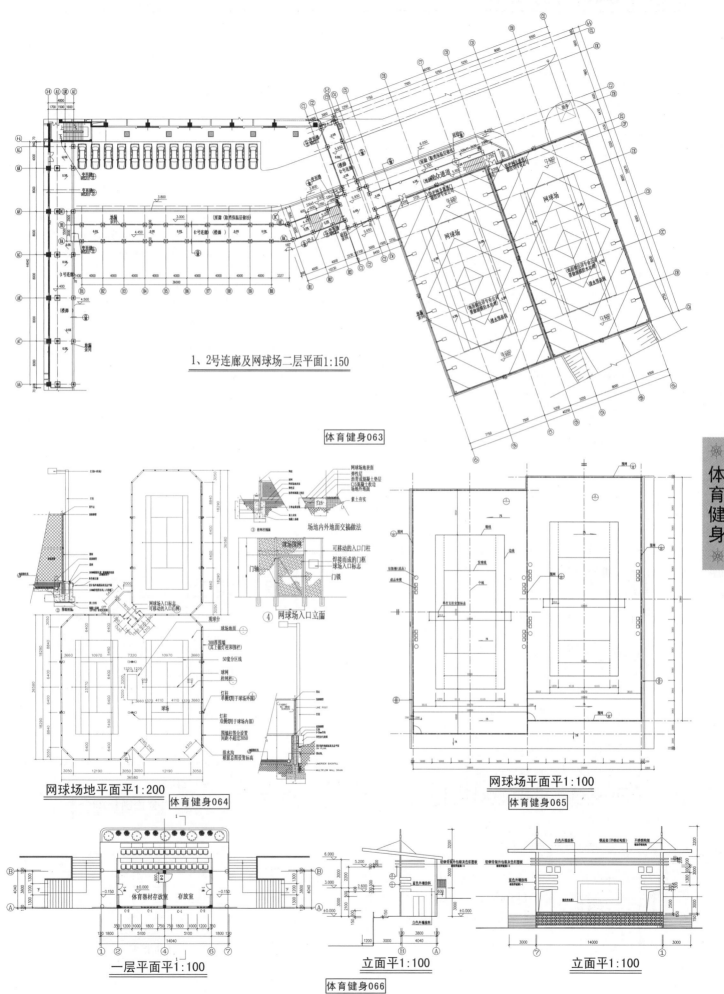

1、2号连廊及网球场二层平面1:150

体育健身063

网球场地平面平1:200

体育健身064

④ 网球场入口立面

网球场平面平1:100

体育健身065

场地内外地面交接做法

可移动的入口门柱
焊接面成的门框
门框场入口标志
门锁
门轴

一层平面平1:100

体育器材存放室   存放室

立面平1:100

立面平1:100

体育健身066

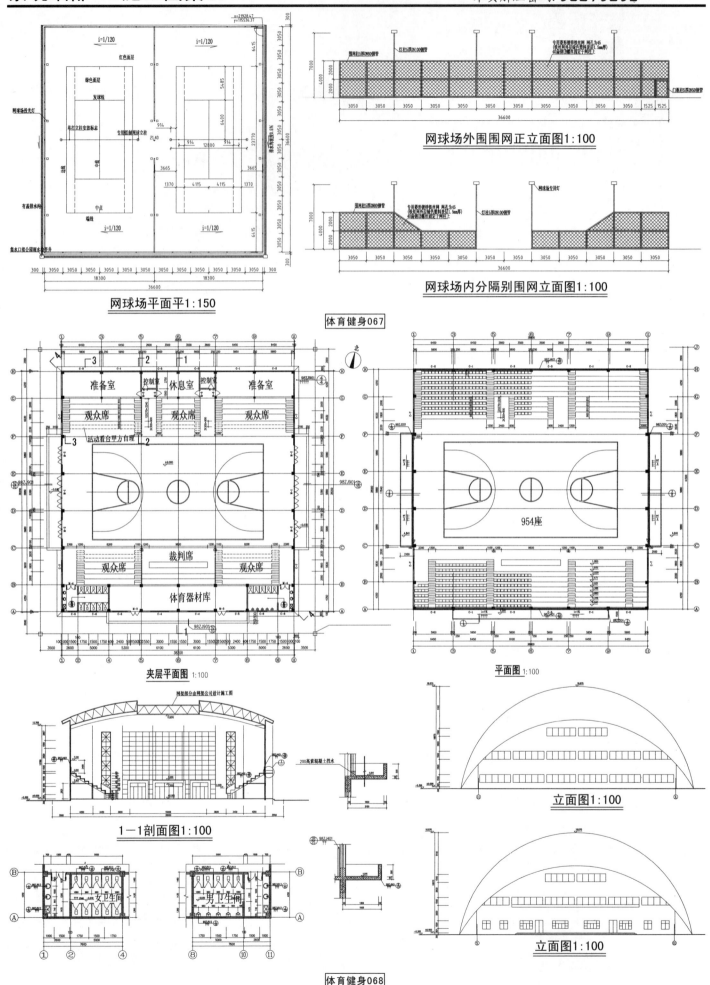

网球场平面平1:150

网球场外围围网正立面图1:100

网球场内分隔别围网立面图1:100

体育健身067

夹层平面图 1:100

平面图 1:100

1—1剖面图1:100

立面图1:100

立面图1:100

体育健身068

端线(单打后发球线)
双打边线
单打边线
球网(成品)
前发球线
右发球区
双打后发球线
中线
左发球区
左发球区
右发球区

① 羽毛球场平面图
SCALE 1:50

体育健身069

D500涵管外接市政排水系统(假设)
升降台
新增排水沟
人造草足球场
75M*48M
600mm*400mm沉砂井2, 共1个
原排水沟
排球场
铅球区
R20000
600mm*400mm沉砂井1, 共7个
入口
看台
辅助区
图书馆
13mm厚透气式跑道
150mmC25砼
150mm水泥石屑稳定层
挖除煤渣淘外运基土碾压密实
50mm长人造草
150mmC25砼
150mm水泥石屑稳定层
基土平整碾压密实
砂池
25mm厚胶板
起跑板
C15砼现浇垫层
20厚水PVC地板

66640
26000
26000
7320
7320
800
300
32354
67380
32266
132000

体育健身070

体育场平面图

体育健身071

北
若无边靠贴另一排球场
坡度度为 0.0%
边线
端线
篮球线
无障碍空地
变区

体育场平面图1:300

体育健身072

体育健身

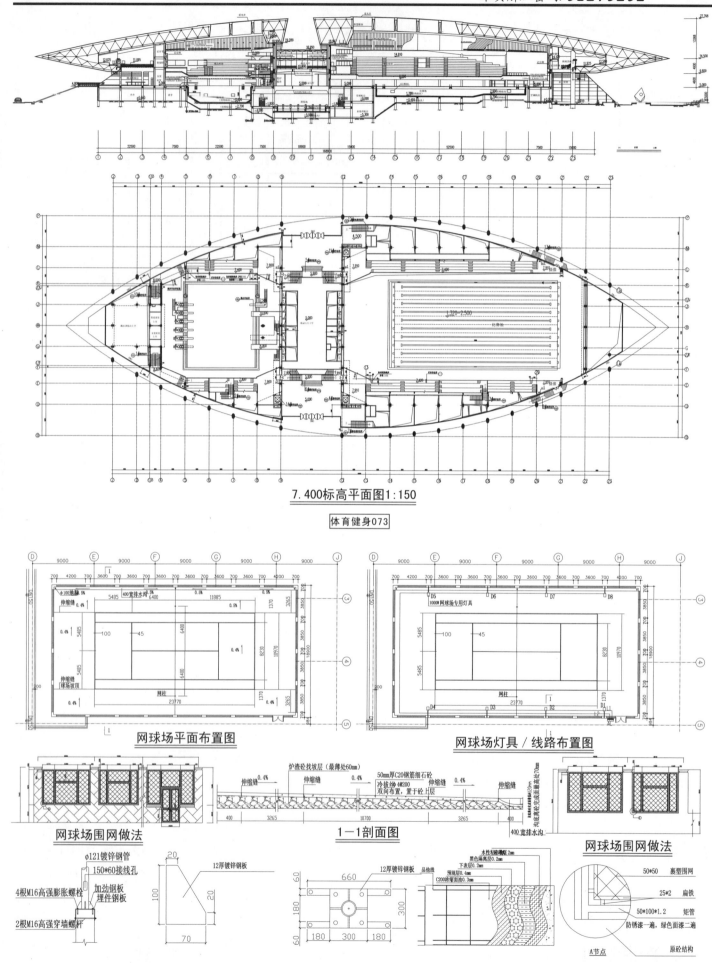

7.400标高平面图1:150

体育健身073

网球场平面布置图

网球场灯具／线路布置图

网球场围网做法

1—1剖面图

网球场围网做法

体育健身074

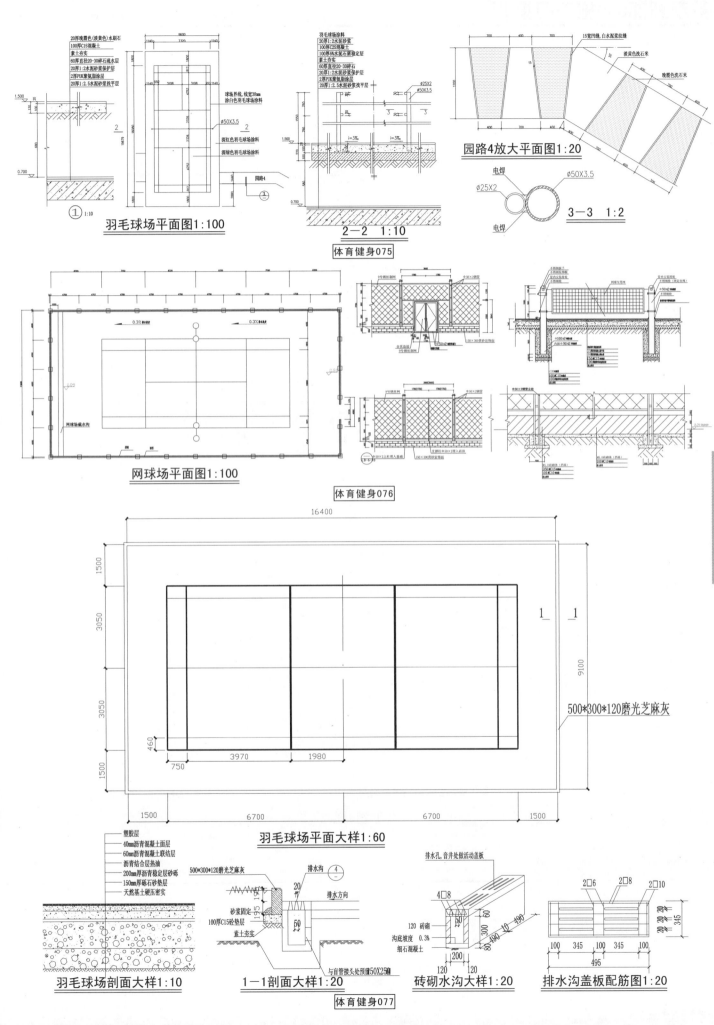

20厚绿色(淡黄色)水刷石
100厚C15混凝土
素土夯实
60厚直径20-30碎石藏水层
20厚1:2水泥砂浆保护层
2厚PUK聚氨酯涂层
20厚1:2.5水泥砂浆找平层

1.500
0.700

① 1:10

羽毛球场平面图1:100

球场界线,线宽38mm
涂白色羽毛球场涂料

深红色彩毛球场涂料
深绿色彩毛球场涂料

园路4

羽毛球场涂料
20厚1:2水泥砂浆
100厚C25混凝土
100厚6%水泥石屑稳定层
素土夯实
60厚直径20-30碎石
20厚1:2水泥砂浆保护层
2厚PUK聚氨酯涂层
20厚1:2.5水泥砂浆找平层

i=3% i=3%

Ø25X2
Ø50X3.5

2—2 1:10

体育健身075

园路4放大平面图1:20

15宽留缝,白水泥浆纹缝
浅黄色洗石米
晚磨色洗石米

电焊 Ø50X3.5
Ø25X2
电焊

3—3 1:2

网球场平面图1:100

网球场截水沟

0.3% 0.3%

体育健身076

16400

1500
3050
3050
1500

9100

1 1

500*300*120磨光芝麻灰

750 3970 1980

1500 6700 6700 1500

羽毛球场平面大样1:60

塑胶层
40mm沥青混凝土面层
60mm沥青混凝土联结层
沥青结合层热油
200厚新沥青稳定层砂砾
150mm厚碎石砂垫层
天然基土硬压密实

羽毛球场剖面大样1:10

500*300*120磨光芝麻灰
砂浆固定
100厚C15砼垫层
素土夯实

排水沟
4

排水方向

50

与盲管接头处预留50X25槽

1—1剖面大样1:20

体育健身077

排水孔,音井处做活动盖板

4□8
砖砌
沟底坡度 0.3%
细石混凝土
200

砖砌水沟大样1:20

2□6 2□8 2□10

100 345 100 345 100
495

排水沟盖板配筋图1:20

体育健身

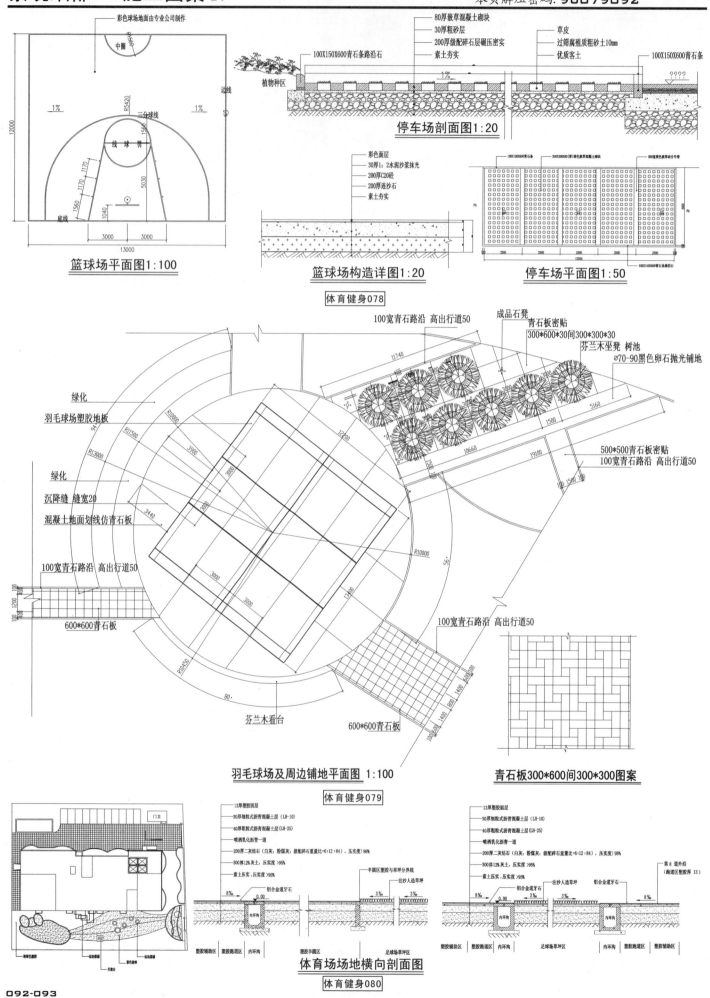

篮球场平面图1:100

停车场剖面图1:20

篮球场构造详图1:20

停车场平面图1:50

体育健身078

羽毛球场及周边铺地平面图 1:100

青石板300*600间300*300图案

体育健身079

体育场场地横向剖面图

体育健身080

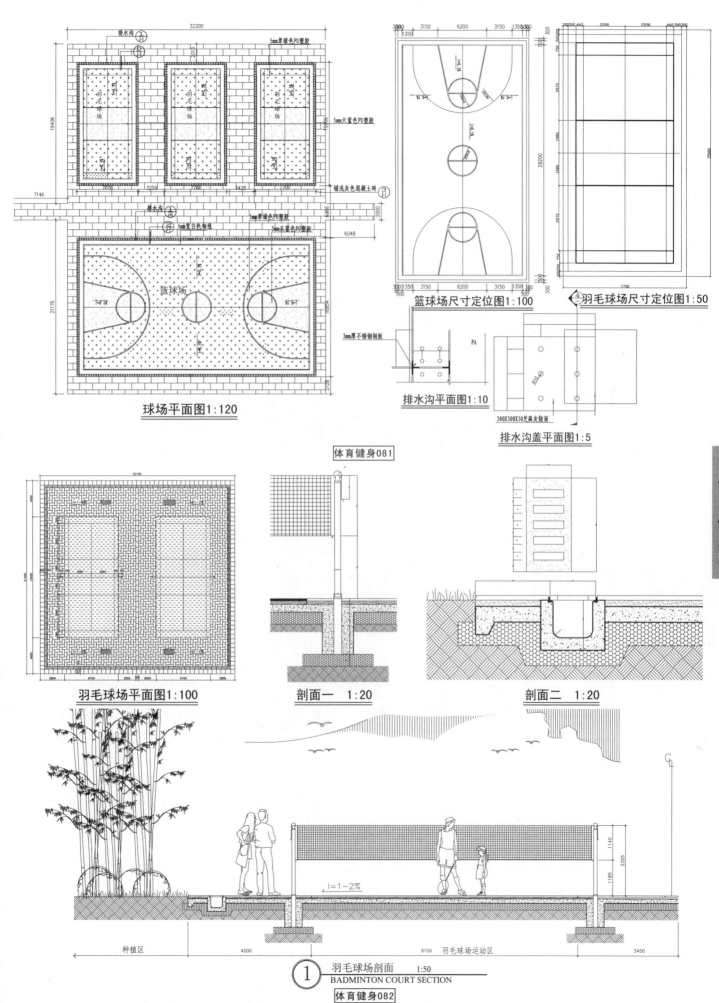

球场平面图1:120

5mm草绿色PU塑胶

5mm天蓝色PU塑胶

铺浅灰色混凝土砖

排水沟

5mm草绿色PU塑胶

5mm置白色饰线

5mm天蓝色PU塑胶

排水沟

篮球场

羽毛球场

篮球场尺寸定位图1:100

羽毛球场尺寸定位图1:50

3mm厚不锈钢钢板

PA

排水沟平面图1:10

300X300X30芝麻灰烧面

排水沟盖平面图1:5

体育健身081

羽毛球场平面图1:100

剖面一 1:20

剖面二 1:20

种植区

4200

9150 羽毛球场运动区

3450

① 羽毛球场剖面 1:50
BADMINTON COURT SECTION

I=1-2%

园桥汀步

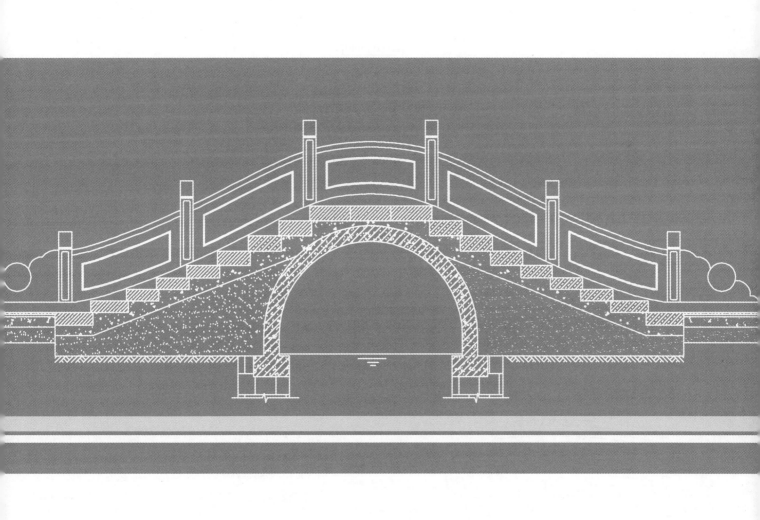

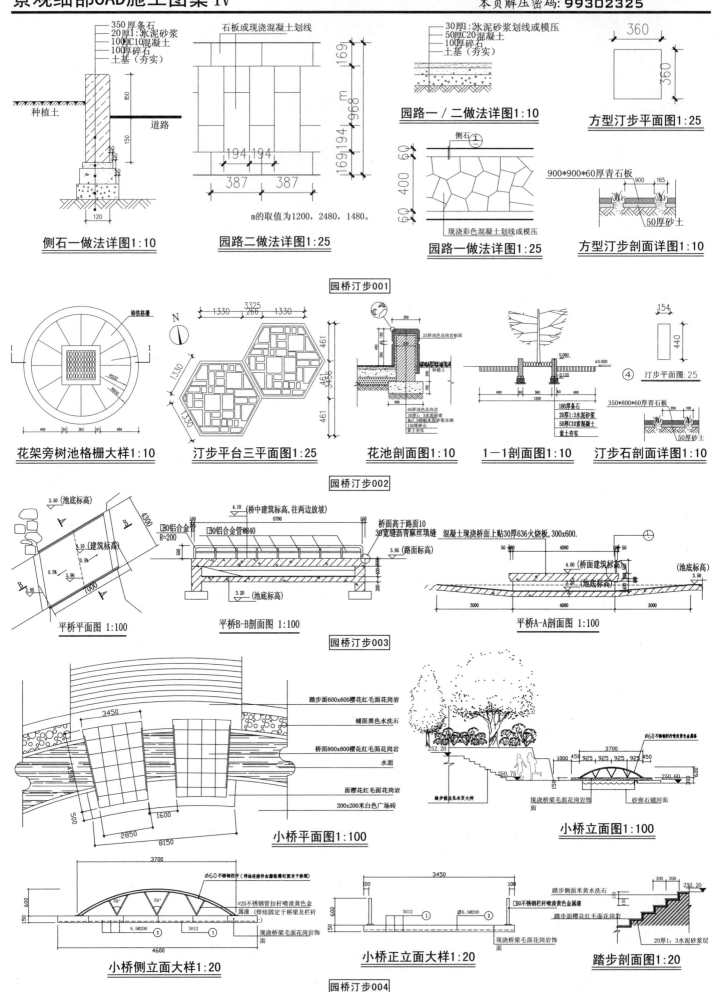

侧石一做法详图1:10

园路二做法详图1:25

m的取值为1200，2480，1480。

园路一/二做法详图1:10

园路一做法详图1:25

方型汀步平面图1:25

方型汀步剖面详图1:10

园桥汀步001

花架旁树池格栅大样1:10

汀步平台三平面图1:25

花池剖面图1:10

1—1剖面图1:10

汀步石剖面详图1:10

园桥汀步002

平桥平面图 1:100

平桥B-B剖面图 1:100

平桥A-A剖面图 1:100

园桥汀步003

小桥平面图1:100

小桥立面图1:100

小桥侧立面大样1:20

小桥正立面大样1:20

踏步剖面图1:20

园桥汀步004

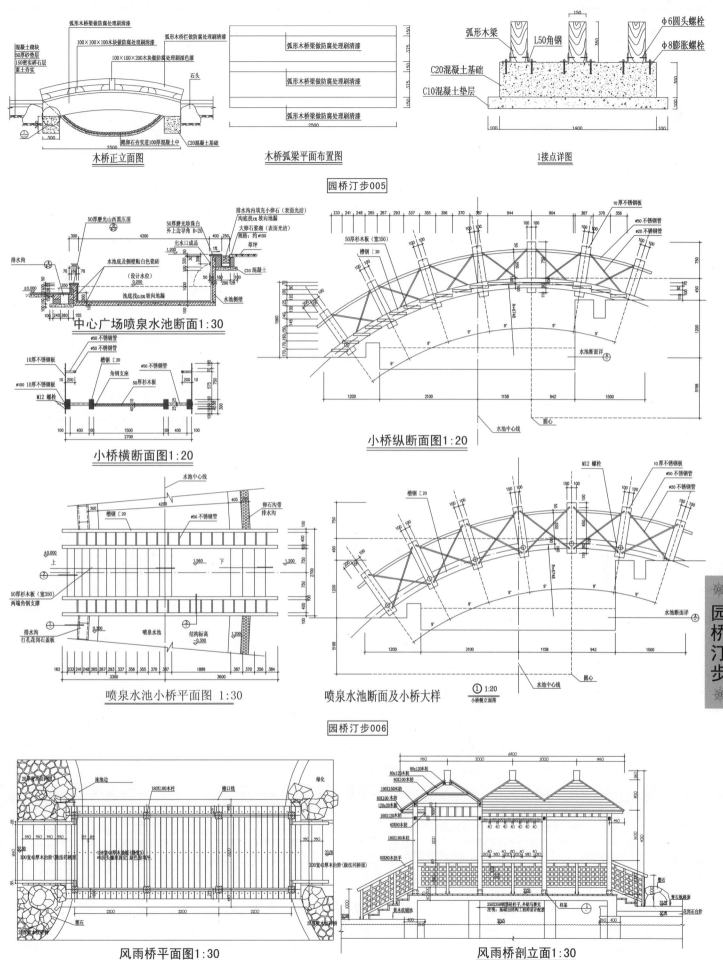

混凝土砌块
50厚砂垫层
150密实碎石层
素土夯实

弧形木桥梁做防腐处理刷清漆
100×100×100木块做防腐处理刷清漆
100×100×200木块做防腐处理刷深色漆
弧形木桥拦做防腐处理刷清漆
石头
300
鹅卵石夯实填进100厚混凝土中
C20混凝土基础

木桥正立面图

弧形木桥梁做防腐处理刷清漆
弧形木桥梁做防腐处理刷清漆
弧形木桥梁做防腐处理刷清漆
2500

木桥弧梁平面布置图

150
弧形木梁
L50角钢
Φ6圆头螺栓
Φ8膨胀螺栓
C20混凝土基础
C10混凝土垫层
100   1400   100

1接点详图

园桥汀步005

50厚磨光山西黑压顶
排水沟内填充小卵石(表面光洁)
沟底找坡1%坡向地漏
大卵石浆砌(表面光洁)
规格:约#100
草坪
300   4200   400
50厚磨光珍珠白
外上边缘角 R=20
出水口成品
排水沟
水池底及侧壁贴白色瓷砖
(设计水位)
池底找坡0.5%坡向地漏
±0.000
水池侧壁
C10混凝土

中心广场喷泉水池断面1:30

#50不锈钢管
#50不锈钢管
10厚不锈钢板
槽钢 [20
#50不锈钢管
角钢支座
50厚杉木板
#100 10厚不锈钢板
M12 螺栓
100   400   1500   400   100
2700

小桥横断面图1:20

50厚杉木板(宽350)
槽钢 [20
10厚不锈钢板
#50不锈钢管
#20不锈钢管
R=748
水池断面详
水池中心线
圆心

小桥纵断面图1:20

水池中心线
4200
400
槽钢 [20
卵石沟带
排水沟
#50不锈钢管
1.560
±0.000
上   下
50厚杉木板(宽350)
两端角钢支撑
排水沟
打孔花岗石盖板
喷泉水池
结构标高 -0.300
3300   3600

喷泉水池小桥平面图 1:30

槽钢 [20
M12 螺栓
10厚不锈钢板
#50不锈钢管
#20不锈钢管
R=748
水池断面详
水池中心线
圆心

喷泉水池断面及小桥大样

① 1:20
小桥侧立面图

园桥汀步006

泳池边
180X180木柱
墙口线
绿化
50宽40厚木地板(做法同剖面图)
中6钢头螺丝固定 黑色胶封口
300宽40厚木台阶(做法同剖面)
300宽40厚木台阶(做法同剖面)
2200   2200   2200

风雨桥平面图1:30

80x120木枋
80x100木枋
100X150木枋
60X100木枋
120X120木枋
100X120木枋
40X60木枋
180X180木柱
80X80木扶手
黄木纹铺地
350X350钢筋砼柱子,外贴马赛克
注明:基础由结构工程师设计配筋
柱基
青石板路面
花岗石台阶

风雨桥剖立面1:30

园桥汀步007

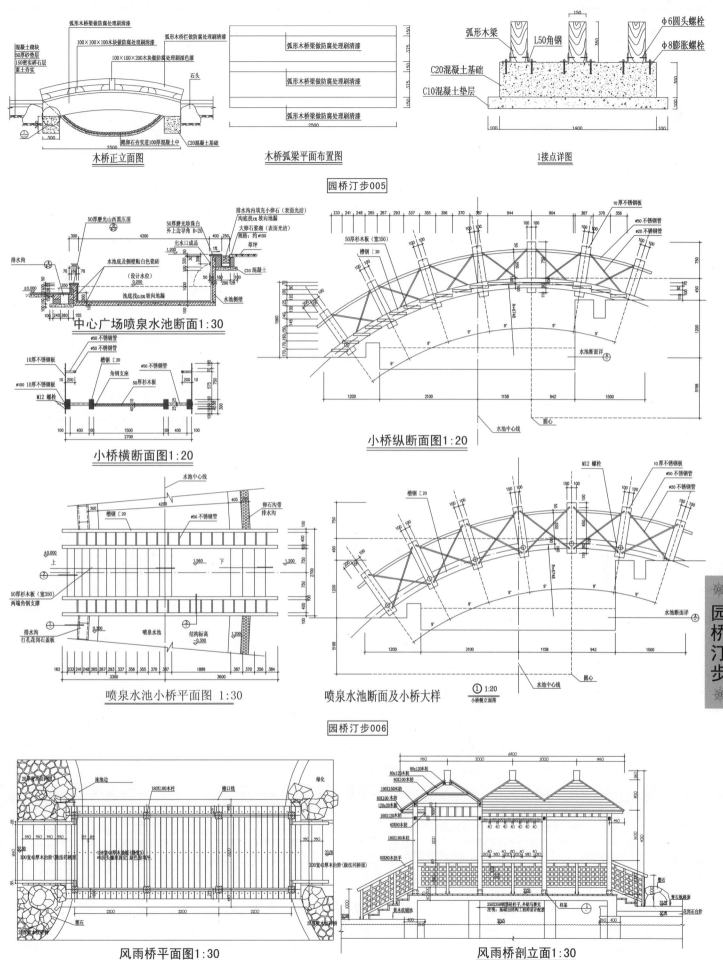
园
桥
汀
步

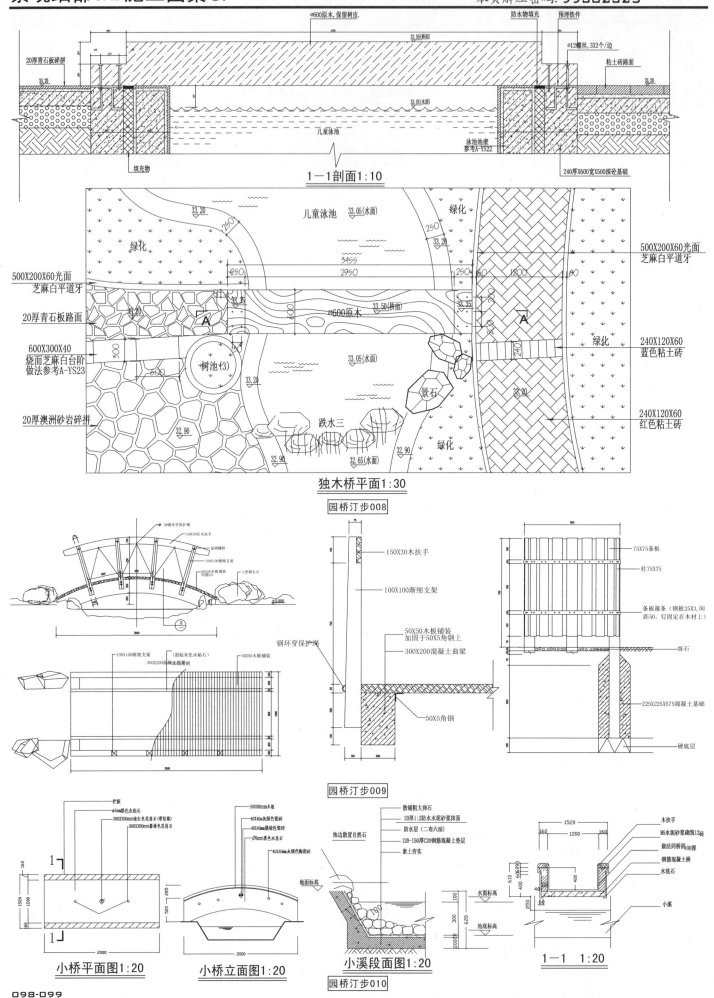

∅600原木, 保留树皮.

20厚青石板碎拼

泳池池壁参考A-YS22

防水物填充
预埋铁件
∅12螺丝,3X2个/边
粘土砖路面

填充物

儿童泳池

240厚X600宽X500深砼基础

1—1剖面1:10

儿童泳池 33.05(水面) 绿化

500X200X60光面
芝麻白平道牙

500X200X60光面
芝麻白平道牙

绿化

20厚青石板路面

240X120X60
蓝色粘土砖

600X300X40
烧面芝麻白台阶
做法参考A-YS23

树池(3)

∅600原木 33.50(桥面)

33.05(水面)

景石

240X120X60
红色粘土砖

20厚澳洲砂岩碎拼

跌水三

绿化

独木桥平面1:30

园桥汀步008

30钢环穿保护绳
150X30实木扶手
加固螺栓
100X100渐细支架
50X50木板铺装间缝10
天然桥头石

钢环穿保护绳

100X100渐细支架
(面贴米色水贴石)
300X200混凝土曲梁
50X50木板铺装

150X30木扶手

100X100渐细支架

50X50木板铺装
加固于50X5角钢上
300X200混凝土曲梁

50X5角钢

75X75条板
柱75X75

条板箍条(钢板25X3,间距50,钉固定在木材上)

烁石

225X225X575混凝土基础

硬底层

园桥汀步009

拦板
∅5mm圆色水洗石
300X300mm烧色花岗石(带纹路)
300X300mm墨绿色花岗石

160X80mm木板
40X40m灰绿色瓷砖
40X40m墨绿色瓷砖
∅5mm黑色水洗石
40X40m灰绿色陶瓷砖

散铺粗大卵石
20厚1:2防水水泥砂浆抹面
防水层(二布六油)
池边散置自然石
120-150厚C20钢筋混凝土垫层
素土夯实

木扶手
M5水泥砂浆砌筑12砖
做法同桥面100厚
钢筋混凝土桥
水洗石

地面标高

水面标高

水底标高

小溪

小桥平面图1:20

小桥立面图1:20

小溪段面图1:20

1—1 1:20

园桥汀步010

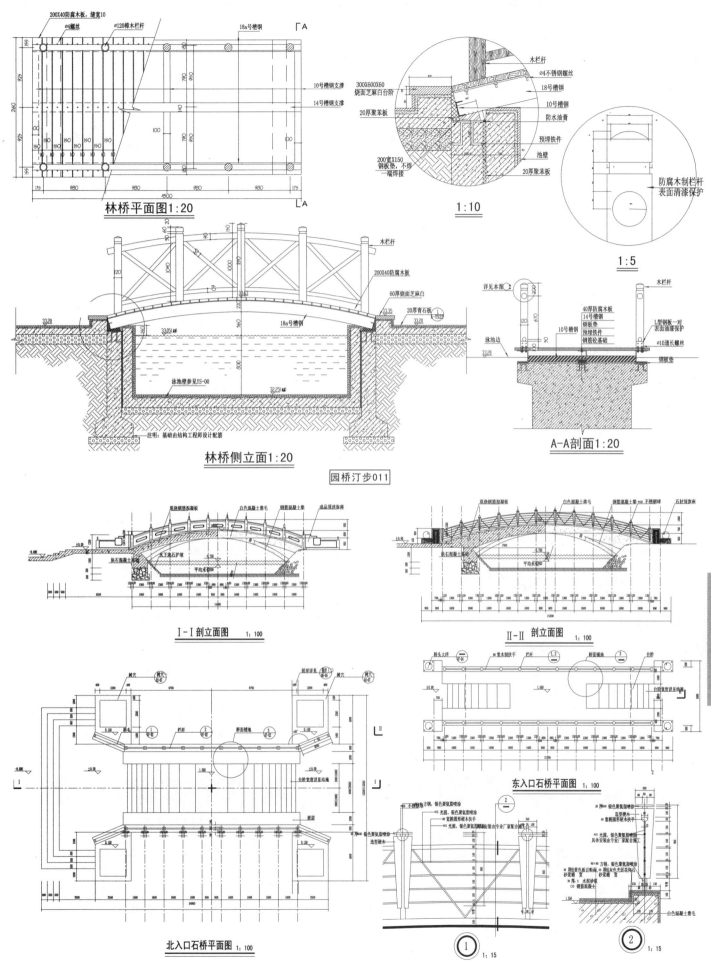

林桥平面图1:20

1:10

1:5
防腐木制栏杆
表面清漆保护

林桥侧立面1:20

A-A剖面1:20

园桥汀步011

I-I剖立面图 1:100

II-II剖立面图 1:100

东入口石桥平面图 1:100

北入口石桥平面图 1:100

① 1:15

② 1:15

园桥汀步012

园桥汀步

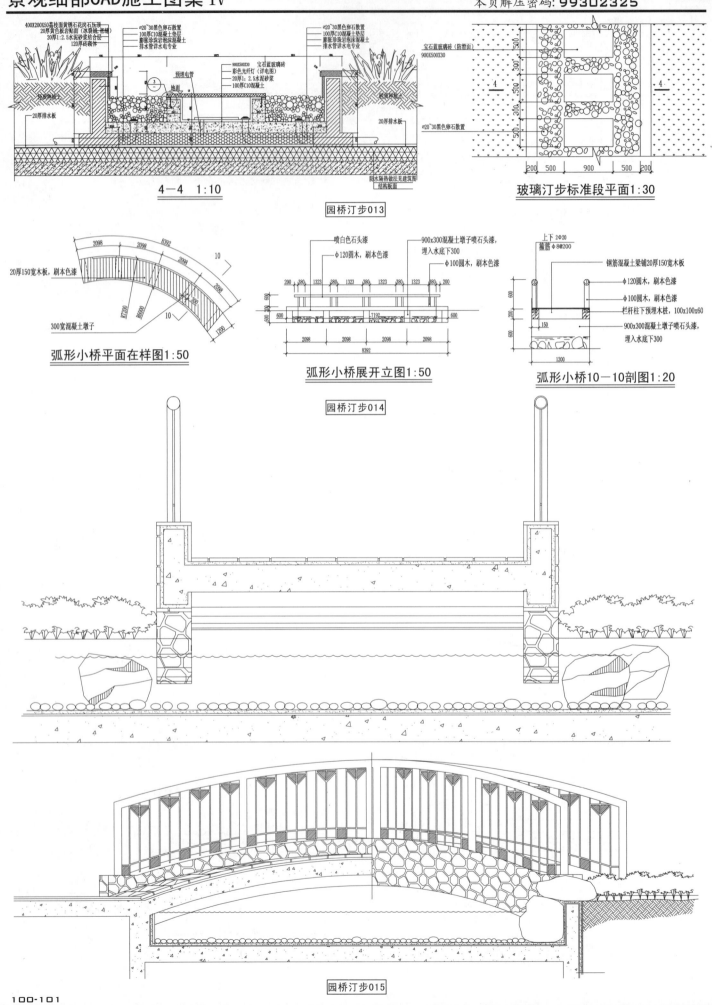

400X200X50荔枝面黄锈石花岗石压顶
20厚黄色板岩贴面(水泥砂浆勾缝、密缝)
20厚1:2.5水泥砂浆结合层
120厚砖砌体

φ20~30黑色卵石散置
100厚C10混凝土垫层
膨胀珍珠岩泡沫混凝土
排水管详水电专业

φ20~30黑色卵石散置
100厚C10混凝土垫层
膨胀珍珠岩泡沫混凝土
排水管详水电专业

宝石蓝玻璃砖(防滑面)
900X500X30

900X500X30 宝石蓝玻璃砖
彩色光纤灯(详电图)
20厚1:2.5水泥砂浆
100厚C10混凝土

预埋电管
地面

20厚排水板
20厚排水板

防水隔热做法见建筑图
结构板面

4—4 1:10

园桥汀步013

φ20~30黑色卵石散置

玻璃汀步标准段平面1:30

20厚150宽木板,刷本色漆

300宽混凝土墩子

弧形小桥平面在样图1:50

喷白色石头漆
φ120圆木,刷本色漆
900x300混凝土墩子喷石头漆,埋入水底下300
φ100圆木,刷本色漆

弧形小桥展开立图1:50

上下 2φ20
箍筋 φ8@200

钢筋混凝土梁铺20厚150宽木板
φ120圆木,刷本色漆
φ100圆木,刷本色漆
栏杆柱下预埋木桩,100x100x60
900x300混凝土墩子喷石头漆,埋入水底下300

弧形小桥10—10剖图1:20

园桥汀步014

园桥汀步015

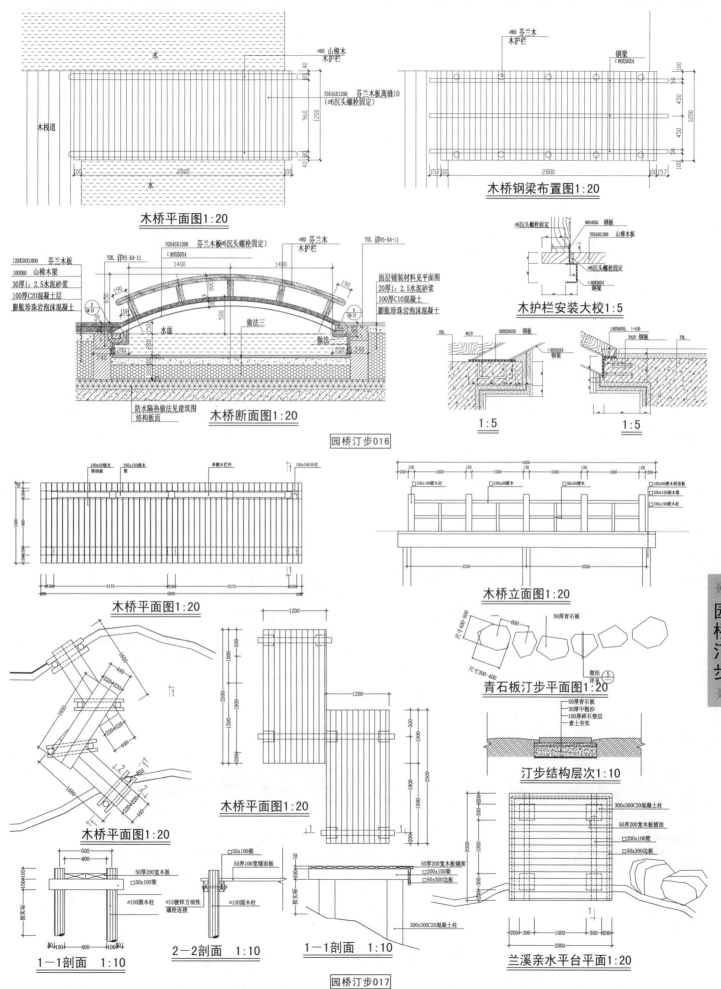

水

∅80 山樟木
木护栏

70X45X1200 芬兰木板离缝10
(∅6沉头螺栓固定)

木栈道

960
1200
80 40
40 80

100   2800   100

水

木桥平面图1:20

∅80 芬兰木
木护栏

钢梁
C 80X50X4

450
1200
450
50
50
100

157 100   2800   100 157

木桥钢梁布置图1:20

120X58X1800 芬兰木板
100X60 山樟木梁
30厚1：2.5水泥砂浆
100厚C20混凝土层
膨胀珍珠岩泡沫混凝土

YDL 详YS-X4-11

70X45X1200 芬兰木板∅6沉头螺栓固定）
C 80X50X4

1400   1400

∅80 芬兰木
木护栏

YDL 详YS-X4-11

面层铺装材料见平面图
20厚1：2.5水泥砂浆
100厚C10混凝土
膨胀珍珠岩泡沫混凝土

190   300   190

650
500

水面

做法三

做法一

3
X4-13

4
X4-13

防水隔热做法见建筑图
结构板面

木桥断面图1:20

∅6沉头螺栓固定

90X40X5 钢板
70X45X1200 山樟木板

∅6沉头螺栓固定
C 80X50X4
钢梁

木护栏安装大样1:5

YDL
∅10
200X200X8 钢板
C 80X50X4
钢梁

1:5

1:5

园桥汀步016

100x50硬木
桥面板
250x150硬木
梁
单侧木栏杆
150x150木柱

100
1500
900

150 2175 150 2175 150
100

木桥平面图1:20

5000
200 120 1000 120 1000 120 1000 120 1000 120 200

100x100硬木柱
50x50硬木

100x50硬木桥面面板
250x150硬木梁
150x150硬木柱

2325   2325

木桥立面图1:20

600
50厚青石板

尺寸400-500

尺寸300-400

做法 5
详见

青石板汀步平面图1:20

50厚青石板
30厚中粗沙
100厚碎石垫层
素土夯实

汀步结构层次1:10

1650
440
220x220
220x220
440
1650
655
220x220

木桥平面图1:20

1200

500
1000
2500
1800
1500
2000

1200

500
1800
2500
1500
1000

木桥平面图1:20

300x300C20混凝土柱
50厚200宽木板铺面
200x100梁
50x300边板

200 300 1000 300 200
2000

兰溪亲水平台平面1:20

500
400
100 100 100

50厚200宽木板
50x100梁

∅100圆木柱

1-1剖面 1:10

50x100梁
50厚100宽木板面板

∅100圆木柱
∅15镀锌方颈铁
螺栓连接

2-2剖面 1:10

50
50

50厚200宽木板铺面
200x100梁
50x300边板

300x300C20混凝土柱

1-1剖面 1:10

园桥汀步017

园桥汀步

本页解压密码: 99302325

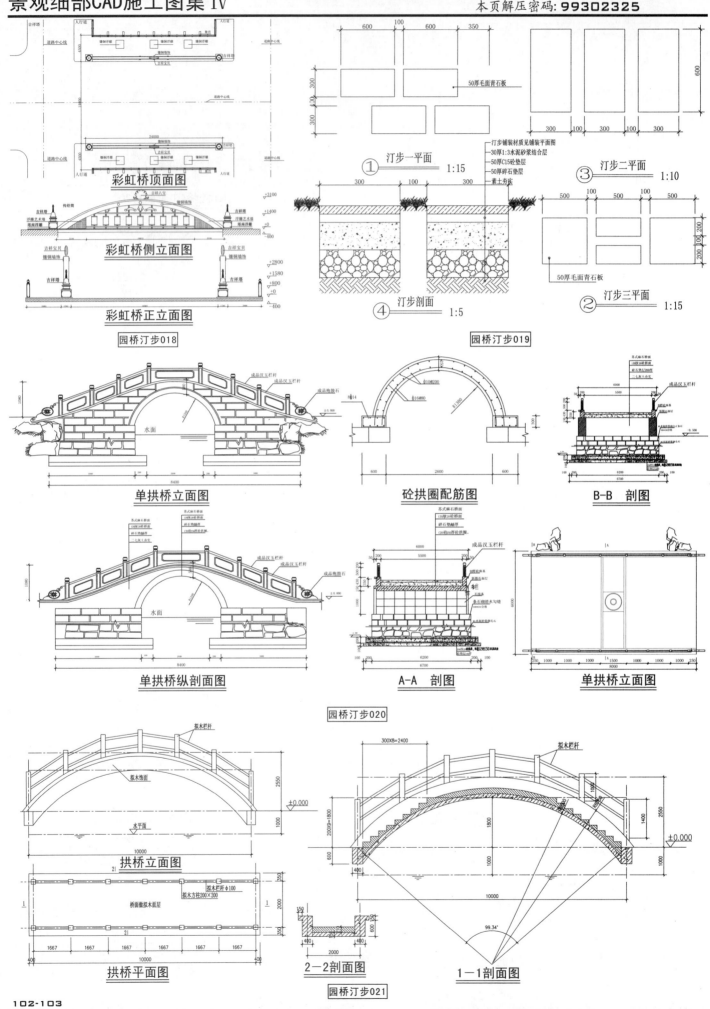

彩虹桥顶面图

彩虹桥侧立面图

彩虹桥正立面图

园桥汀步018

① 汀步一平面　1:15

③ 汀步二平面　1:10

50厚毛面青石板

汀步铺装材质见铺装平面图
30厚1:3水泥砂浆结合层
50厚C15砼垫层
50厚碎石垫层
素土夯实

④ 汀步剖面　1:5

② 汀步三平面　1:15

50厚毛面青石板

园桥汀步019

单拱桥立面图

砼拱圈配筋图

B-B 剖图

单拱桥纵剖面图

A-A 剖图

单拱桥立面图

园桥汀步020

拱桥立面图

拱桥平面图

2-2剖面图

1-1剖面图

园桥汀步021

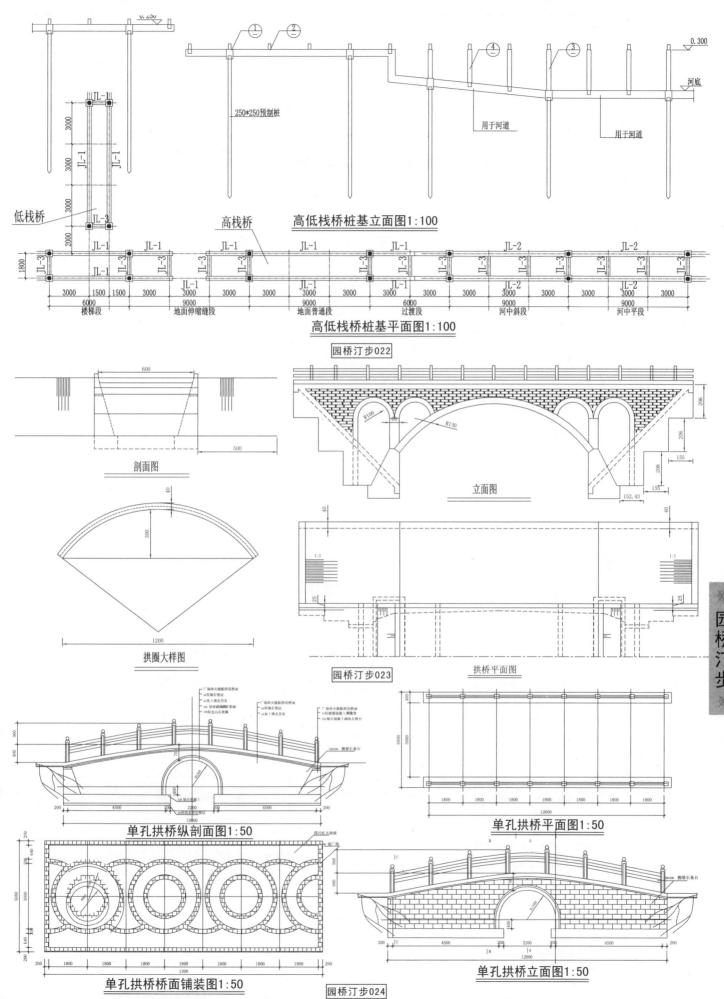

0.250

3000

3000

3000

2000

JL-1
JL-1

JL-3

低栈桥

250*250预制桩

高栈桥

④
③

用于河道

用于河道

0.300

河底

高低栈桥桩基立面图1:100

1800

JL-3 | JL-1 | JL-1 | JL-3 | JL-1 | JL-1 | JL-1 | JL-3 | JL-2 | JL-2

JL-3 JL-1 JL-1 JL-3 JL-3 JL-3 JL-3 JL-3 JL-3 JL-3 JL-3 JL-3 JL-3 JL-3

JL-1 JL-1 JL-1 JL-2 JL-2

3000 1500 1500 | 3000 | 3000 3000 | 3000 3000 | 3000 | 3000 3000 3000 | 3000 3000 3000

6000 | 9000 | 9000 | 6000 | 9000 | 9000

楼梯段 | 地面伸缩缝段 | 地面普通段 | 过渡段 | 河中斜段 | 河中平段

高低栈桥桩基平面图1:100

园桥汀步022

600

500

剖面图

40

3300

1200

拱圈大样图

R100

R130

206

206

208 155

155

152,43

立面图

40

40

1:1

1:1

25

25

拱桥平面图

园桥汀步023

460

6000 5080

12600

1800 1800 1800 1800 1800 1800 1800

单孔拱桥平面图1:50

960

900

广场砖火烧板拼花桥面
50厚细石垫层
30厚砖细细陶粉面层
100厚毛山石拱圈

广场砖火烧板拼花桥面
13厚细石垫层

广场砖火烧板拼花桥面
70厚粉细石拼花桥面
C20细石混凝土砌块石桥台

100×300侧塘石条石

200 4500 4500 200

2200

12000

单孔拱桥纵剖面图1:50

B A

C

C

960

900

四川红火烧板
50厚广场

R100

1800

200 C 4500 200 4500 200
B A
12000

单孔拱桥立面图1:50

200
209
640

5080

3000

640

200

200 1800 1800 1800 1800 1800 1800 200
1300

单孔拱桥桥面铺装图1:50

园桥汀步024

园
桥
汀
步

本页解压密码: **99302325**

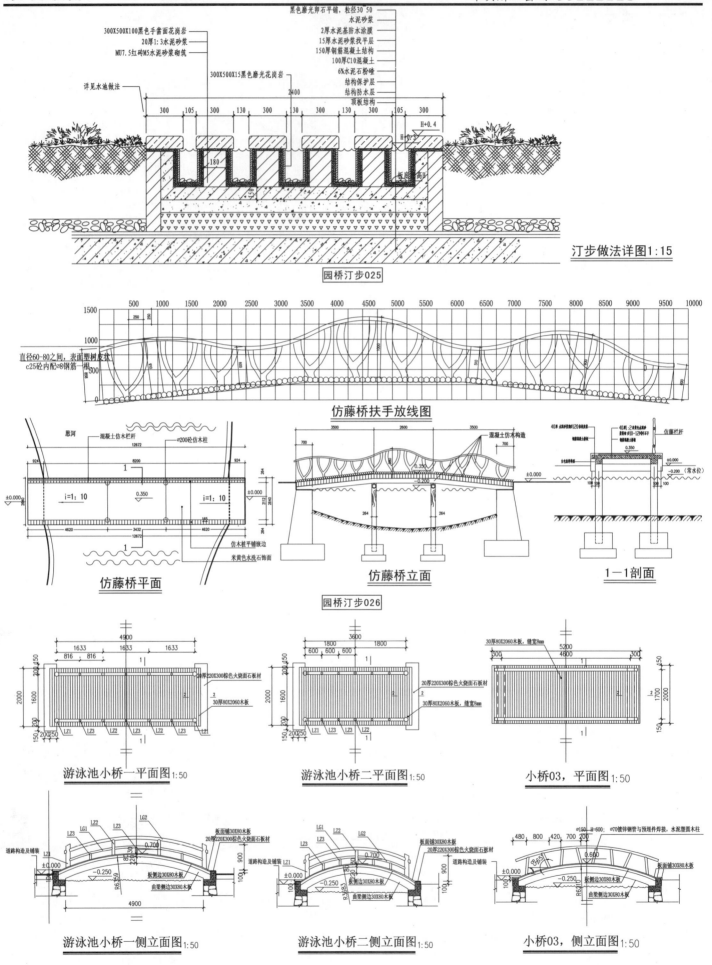

黑色磨光卵石平铺, 粒径30 50
水泥砂浆
2厚水泥基防水涂膜
15厚水泥砂浆找平层
150厚钢筋混凝土结构
100厚C10混凝土
6%水泥石粉嘬
结构保护层
结构防水层
顶板结构

300X500X100黑色手凿面花岗岩
20厚1:3水泥砂浆
MU7.5红砖M5水泥砂浆砌筑

300X500X15黑色磨光花岗岩

详见水池做法

汀步做法详图1:15

园桥汀步025

直径60-80之间, 表面塑树皮状
c25砼内配⌀8钢筋一根

仿藤桥扶手放线图

思河
混凝土仿木栏杆
⌀200砼仿木柱

仿木桩平铺嵌边
米黄色水洗石饰面

仿藤桥平面

混凝土仿木构造

仿藤桥立面

仿藤栏杆

1—1剖面

园桥汀步026

20厚220X300棕色火烧面石板材
30厚80X2060木板

游泳池小桥一平面图1:50

20厚220X300棕色火烧面石板材
30厚80X2060木板, 缝宽8mm

游泳池小桥二平面图1:50

30厚80X80木板, 缝宽8mm

小桥03, 平面图1:50

道路构造及铺装
板面铺30X80木板
20厚220X300棕色火烧面石板材
板侧边30X80木板
曲梁侧边30X80木板

游泳池小桥一侧立面图1:50

道路构造及铺装
板面铺30X80木板
20厚220X300棕色火烧面石板材
板侧边30X80木板
曲梁侧边30X80木板

游泳池小桥二侧立面图1:50

⌀70镀锌钢管与预埋件焊接, 水泥塑圆木柱
板面铺30X80木板

小桥03, 侧立面图1:50

园桥汀步027

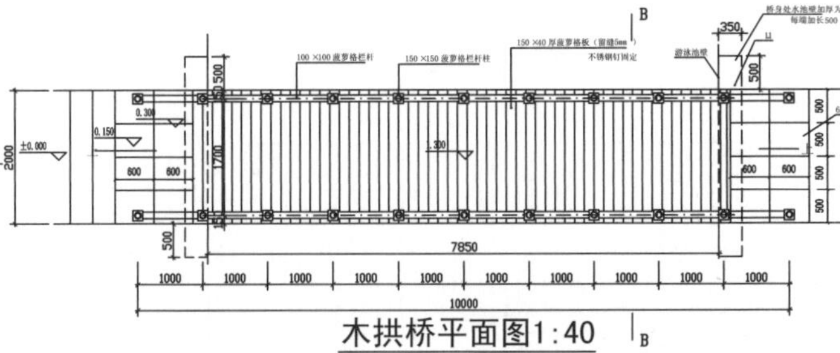

木拱桥平面图1:40

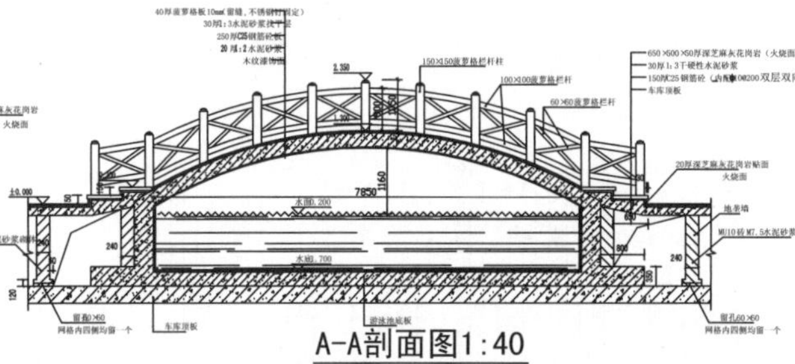

A-A剖面图1:40

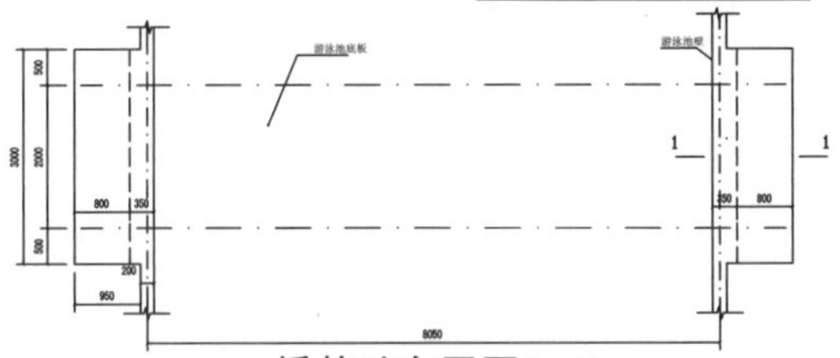

桥基础布置图1:40

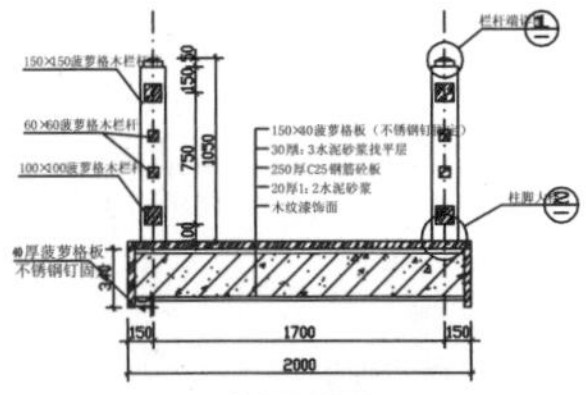

B-B剖面图1:40

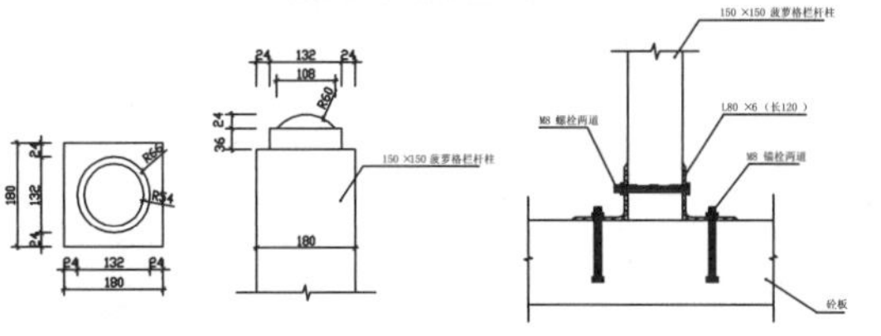

园桥汀步028

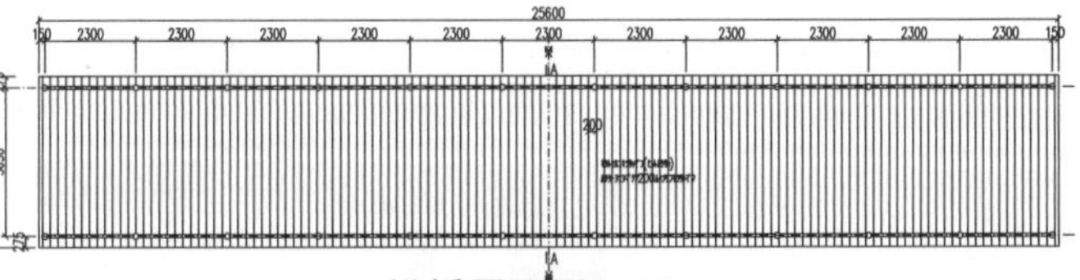

拱桥平面图1:50

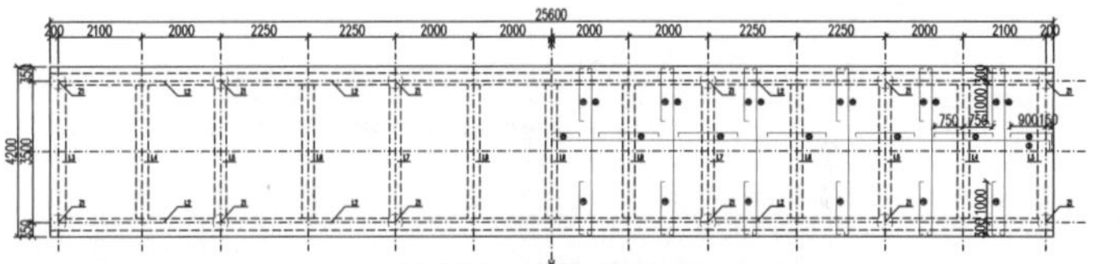

拱桥板结构平面图1:50

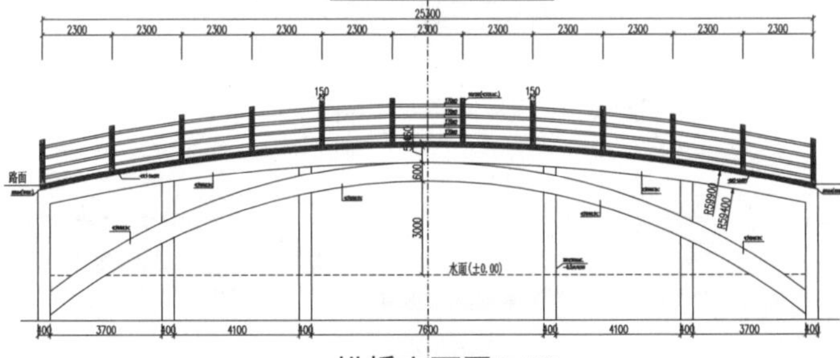

拱桥立面图1:50

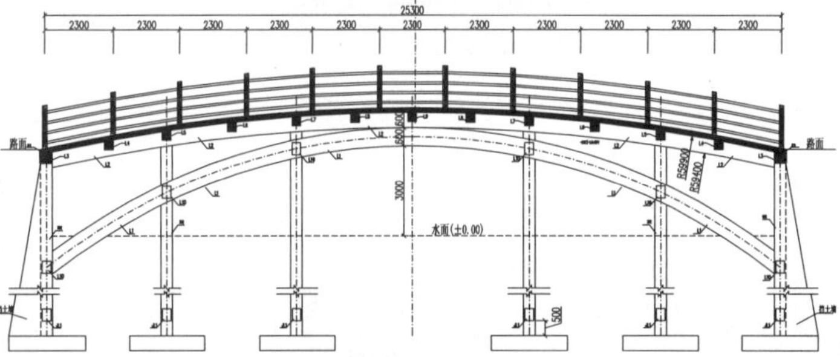

拱桥剖面图1:50

园桥汀步029

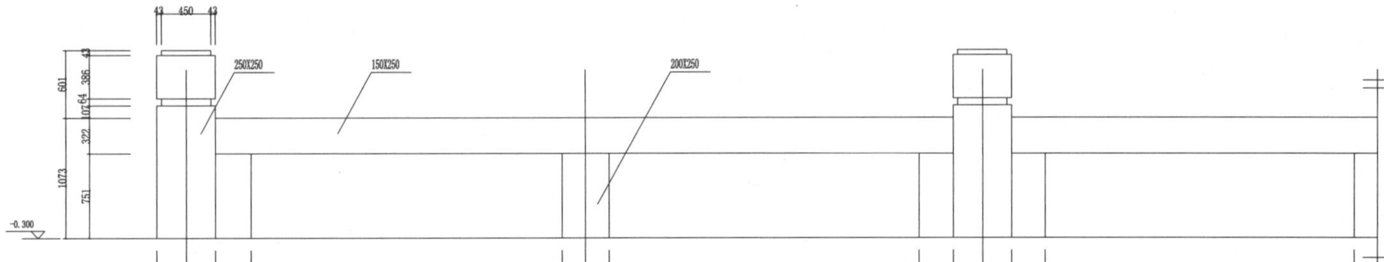

露台石栏杆大样1:20

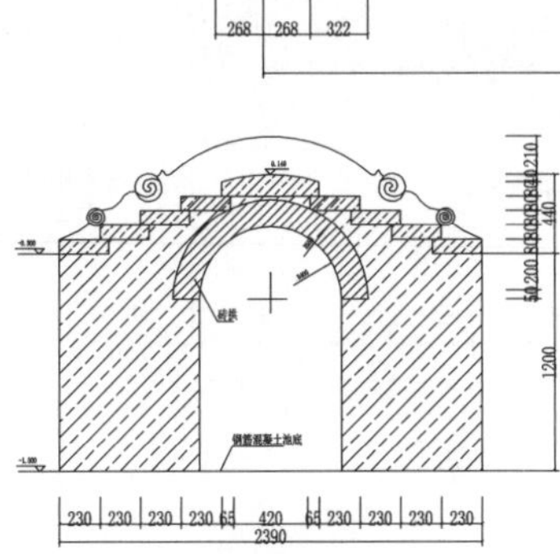

1—1剖面图1:10

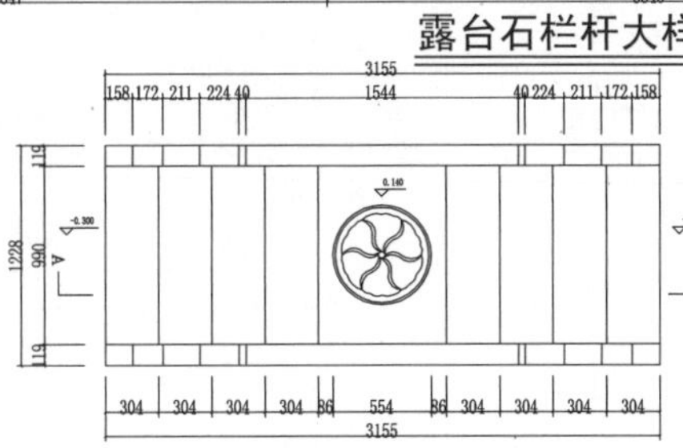

拱桥平面图1:10

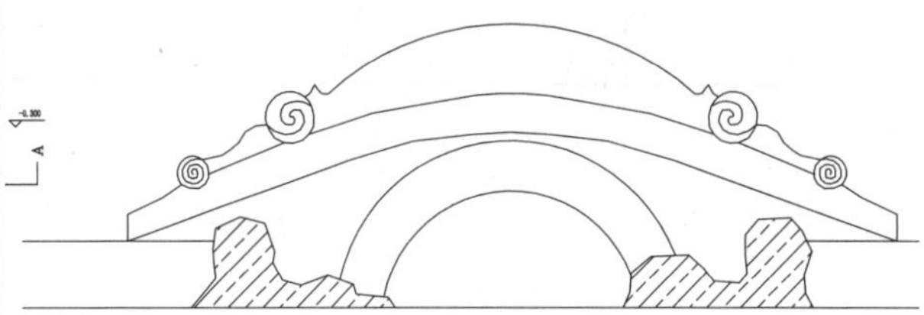

拱桥立面图1:10

园桥汀步030

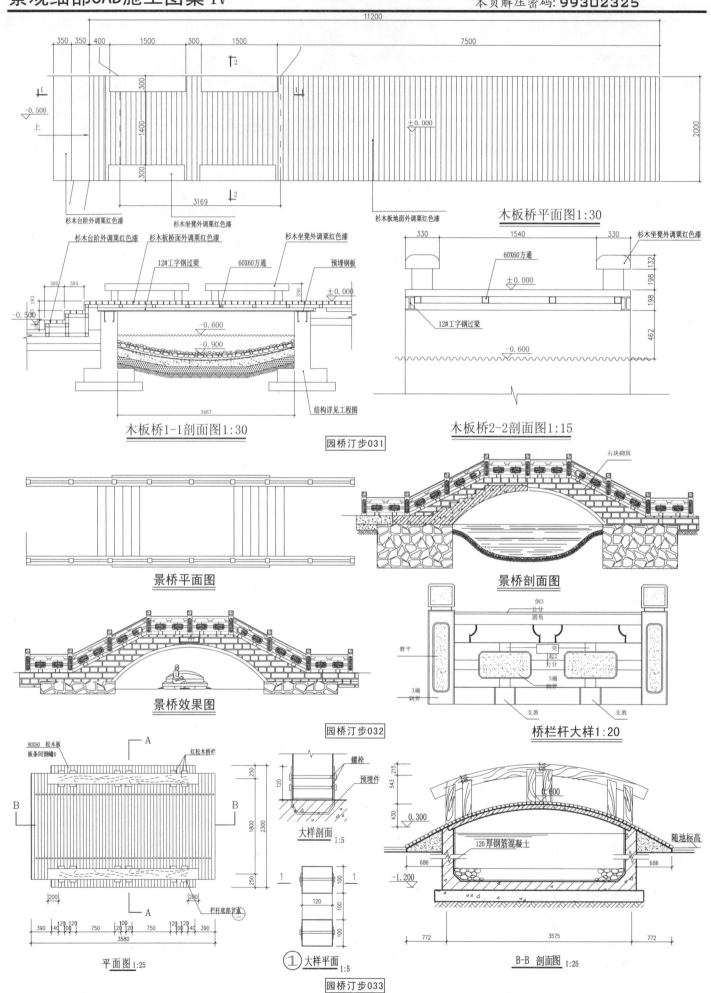

杉木台阶外调粟红色漆

杉木坐凳外调粟红色漆

杉木板地面外调粟红色漆

木板桥平面图 1:30

杉木坐凳外调粟红色漆

60X60方通

±0.000

12#工字钢过梁

-0.600

杉木台阶外调粟红色漆　杉木板桥面外调粟红色漆　杉木坐凳外调粟红色漆

12#工字钢过梁　60X60方通　预埋钢板

±0.000

-0.600
-0.900

结构详见工程图

木板桥1-1剖面图 1:30

园桥汀步031

木板桥2-2剖面图 1:15

石块砌筑

景桥平面图

景桥剖面图

景桥效果图

园桥汀步032

倒3公分圆角

磨平

突起2公分

3遍剁斧

3遍剁斧

支教　支教

桥栏杆大样 1:20

80X50 松木板
板条间留缝0

红松木桥栏

平面图 1:25

栏杆底部平面

螺栓

预埋件

大样剖面 1:5

① 大样平面 1:5

园桥汀步033

石块砌筑

-0.600

0.300

120厚钢筋混凝土

-1.200

随地标高

B-B 剖面图 1:25

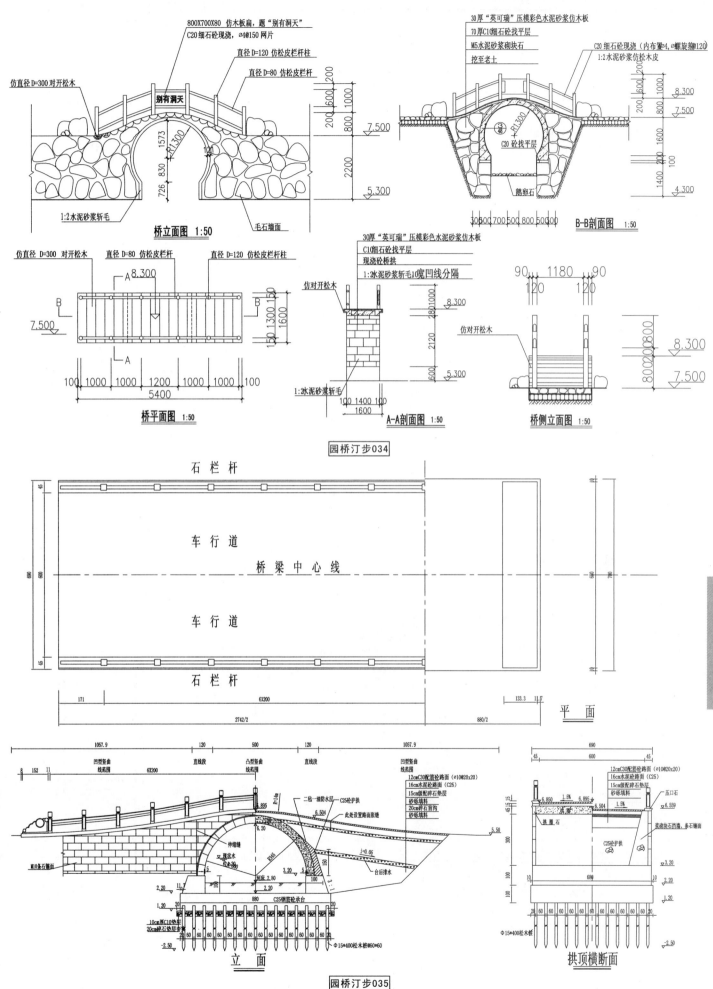

桥立面图 1:50

800X700X80 仿木板扁，题"别有洞天"
C20细石砼现浇，⌀4@150 网片
直径 D=120 仿松皮栏杆柱
直径 D=80 仿松皮栏杆
仿直径 D=300 对开松木
别有洞天
1573
R1300
830
726
1:2水泥砂浆斩毛
毛石墙面
200 600 1000
200 600 1000
800
7.500
2200
5.300

30厚"英可瑞"压模彩色水泥砂浆仿木板
70厚C10细石砼找平层
M5水泥砂浆砌块石
挖至老土
C20细石砼现浇（内布置⌀4,∅螺旋筋@120）
1:2水泥砂浆仿松木皮
R1300
C20砼找平层
鹅卵石
300 500 700 500 800 500000
200 600 1000
800 1600
200
1400
100
8.300
7.500
4.300

B-B剖面图 1:50

桥平面图 1:50

仿直径 D=300 对开松木
直径 D=80 仿松皮栏杆
直径 D=120 仿松皮栏杆柱
A 8.300
7.500
B
B
A
150 1300 150
1600
100 1000 1000 1200 1000 1000 100
5400

30厚"英可瑞"压模彩色水泥砂浆仿木板
C10细石砼找平层
现浇砼桥拱
1:2水泥砂浆斩毛10宽凹线分隔
仿对开松木
280 1000
2120
600
100 1400 100
1600
8.300
5.300

A-A剖面图 1:50

90 1180 90
120 120
仿对开松木
800 200 800
8.300
7.500

桥侧立面图 1:50

园桥汀步034

石栏杆
45
690 600
45
车 行 道
桥梁中心线
车 行 道
石栏杆
690 700
171 6X200 133.3 11.7
2742/2 880/2
平 面

1057.9 120 500 120 1057.9
凹型竖曲线范围 直线段 凸型竖曲线范围 直线段 凹型竖曲线范围
8 152 11 6X200
伸缩缝
反型拉水
伸缩缝
水位线 300
M10条石墙面
河床 2.80
2.20 2.20
880 C25钢筋砼承台
10cm厚C10垫层
20cm碎石垫层
Φ15*400松木桩60×60
-2.50

6.895
6.20
6.504
3.20
100
150
1=0.05
二毡一油防水层 C25护拱
此处设置路面底缝
台后排水
5.50

12cmC30配筋砼路面（Φ10@20x20）
16cm水泥砼路面（C25）
15cm级配碎石垫层
砂砾填料
20cm碎石盲沟
砂砾填料

立 面

690 600 45
45
浆砌块石挡墙、条石墙面
压口石
12cmC30配筋砼路面（Φ10@20x20）
16cm水泥砼路面（C25）
15cm级配碎石垫层
砂砾填料
6.850 1.5% 6.895
6.504 6.559
1.5%
靠置石
C25砼护拱
680
60 60 60 60 60 60 60 60 60
Φ15*400松木桩
45 15 15
300
100
3.20
2.20
1.20
-2.50

拱顶横断面

园桥汀步035

园桥汀步

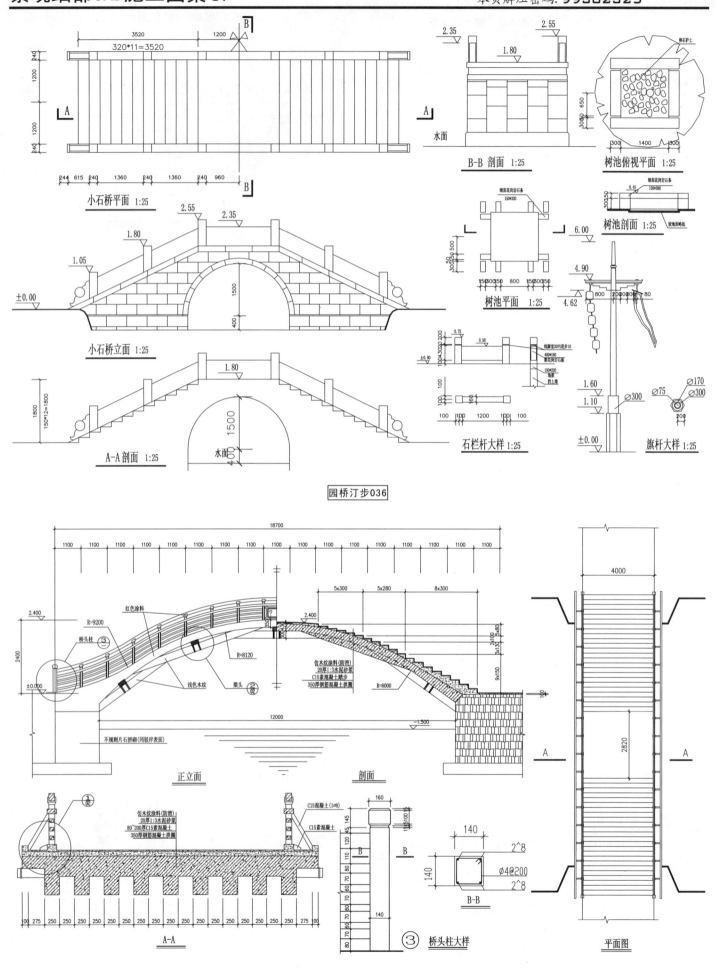

小石桥平面 1:25

小石桥立面 1:25

A-A 剖面 1:25

B-B 剖面 1:25

树池俯视平面 1:25

树池剖面 1:25

树池平面 1:25

石栏杆大样 1:25

旗杆大样 1:25

园桥汀步036

正立面

剖面

A-A

桥头柱大样

平面图

园桥汀步037

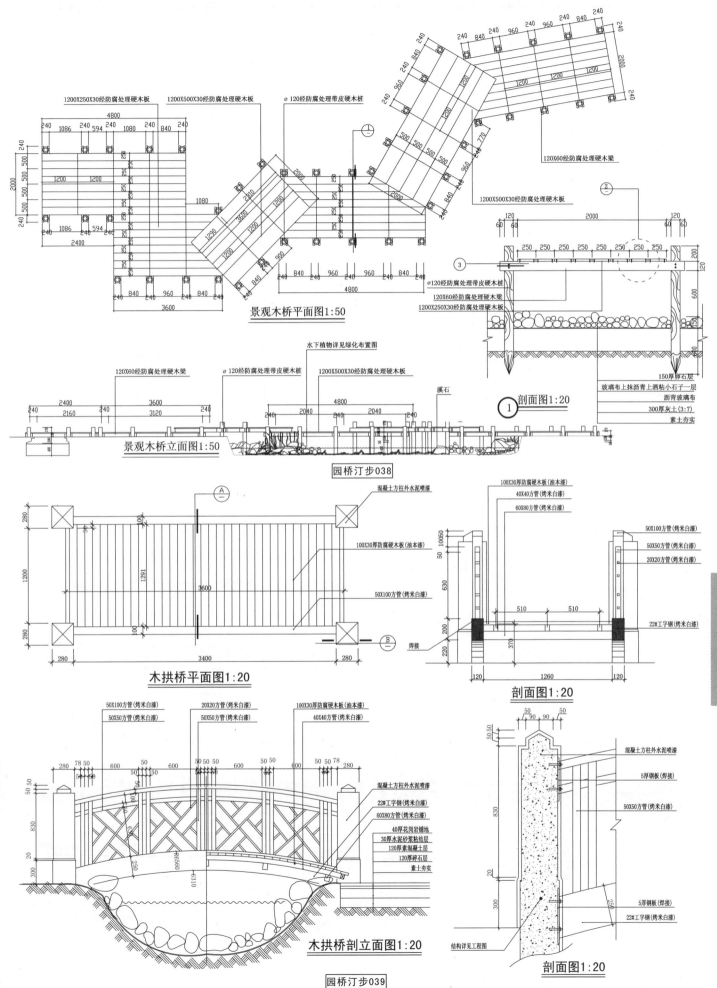

1200X250X30经腐处理硬木板　　1200X500X30经腐处理硬木板　　ø120经腐处理带皮硬木桩

120X60经腐处理硬木梁

1200X500X30经腐处理硬木板

景观木桥平面图1:50

剖面图1:20

150厚卵石层
玻璃布上抹沥青上洒粘小石子一层
沥青玻璃布
300厚灰土(3:7)
素土夯实

水下植物详见绿化布置图

120X60经腐处理硬木梁　　ø120经腐处理带皮硬木桩　　1200X500X30经腐处理硬木板

溪石

景观木桥立面图1:50

园桥汀步038

100X30厚防腐硬木板(油本漆)
40X40方管(烤米白漆)
60X80方管(烤米白漆)
50X100方管(烤米白漆)
50X50方管(烤米白漆)
20X20方管(烤米白漆)

22#工字钢(烤米白漆)
焊接

混凝土方柱外水泥喷漆
100X30厚防腐硬木板(油本漆)
50X100方管(烤米白漆)

木拱桥平面图1:20

剖面图1:20

50X100方管(烤米白漆)
50X50方管(烤米白漆)
20X20方管(烤米白漆)
50X50方管(烤米白漆)
100X30厚防腐硬木板(油本漆)
40X40方管(烤米白漆)

混凝土方柱外水泥喷漆
22#工字钢(烤米白漆)
60X80方管(烤米白漆)
40厚花岗岩铺地
30厚水泥砂浆粘结层
120厚混凝土层
120厚碎石层
素土夯实

木拱桥剖立面图1:20

混凝土方柱外水泥喷漆
5厚钢板(焊接)
50X50方管(烤米白漆)
5厚钢板(焊接)
22#工字钢(烤米白漆)

结构详见工程图

剖面图1:20

园桥汀步039

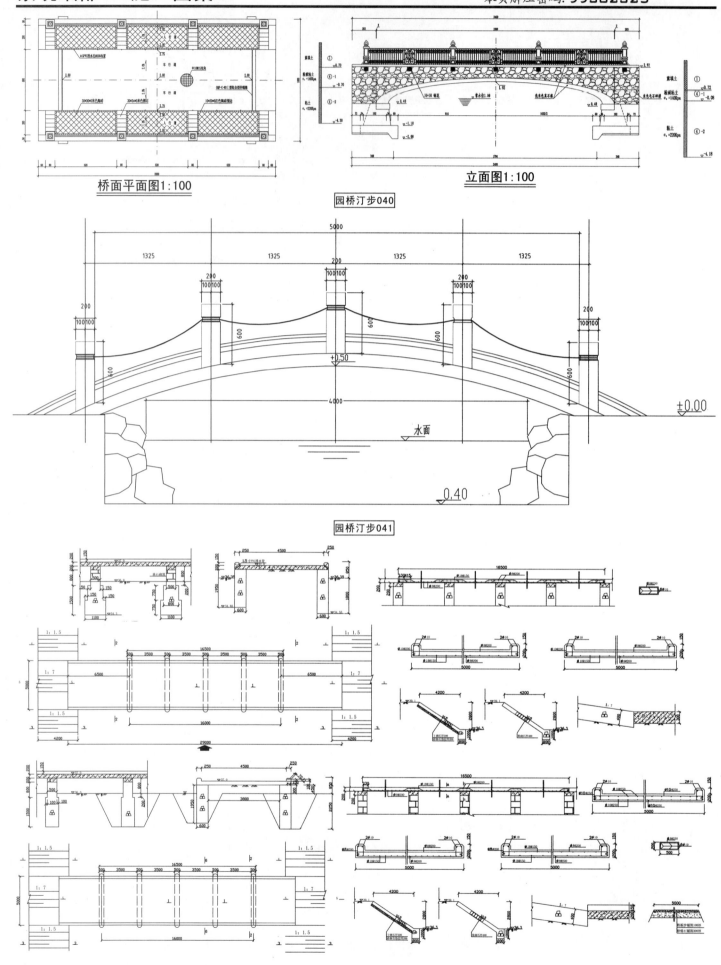

桥面平面图1:100

立面图1:100

园桥汀步040

园桥汀步041

园桥汀步042

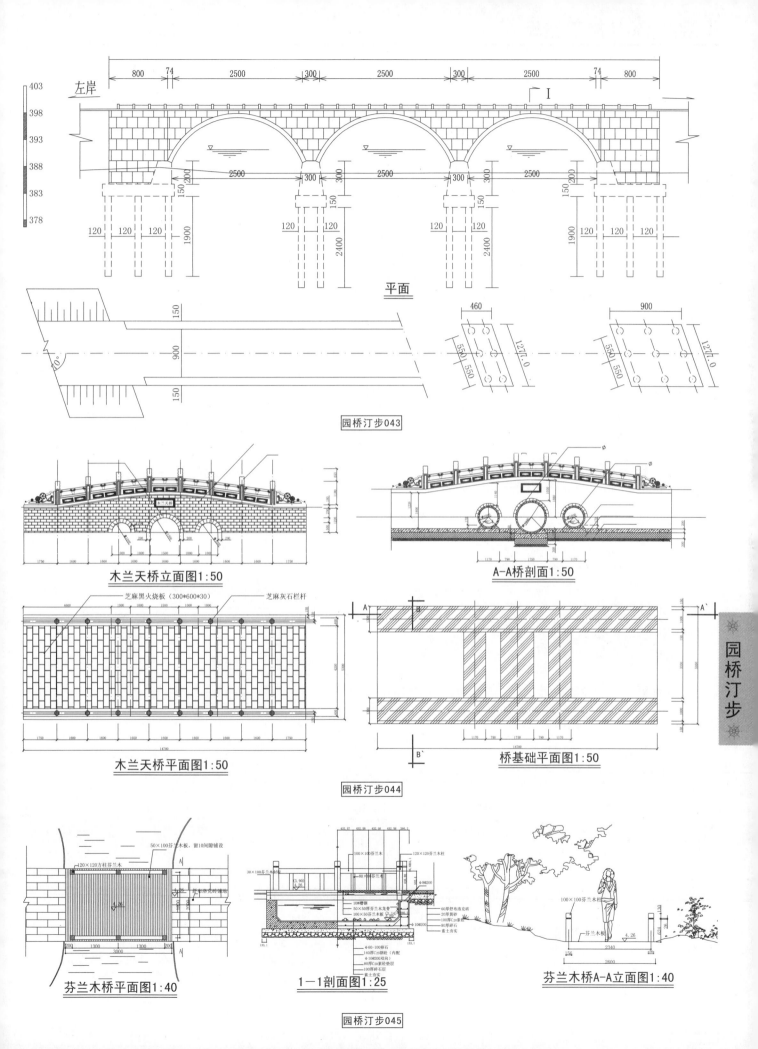

左岸

平面

园桥汀步043

木兰天桥立面图1:50

A-A桥剖面1:50

芝麻黑火烧板(300*600*30)　芝麻灰石栏杆

木兰天桥平面图1:50

桥基础平面图1:50

园桥汀步044

园桥
汀步

50×100芬兰木板,留10间隙铺设

120×120方柱芬兰木

芬兰木桥平面图1:40

1-1剖面图1:25

100×100芬兰木柱

芬兰木桥A-A立面图1:40

园桥汀步045

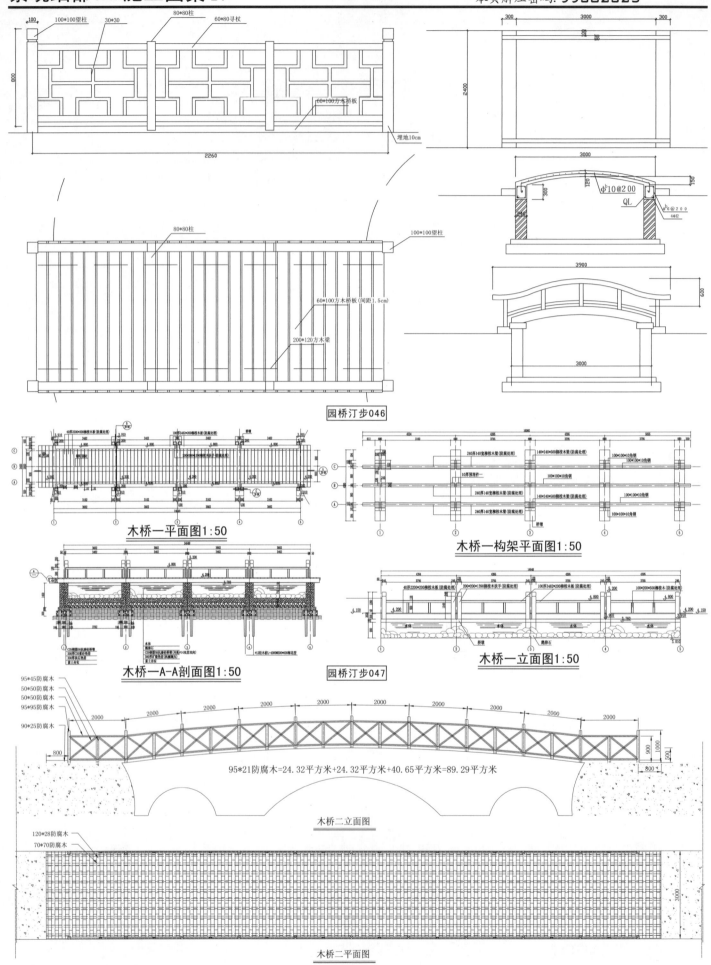

园桥汀步046

木桥一平面图1:50

木桥一构架平面图1:50

木桥一A-A剖面图1:50

园桥汀步047

木桥一立面图1:50

木桥二立面图

95*21防腐木=24.32平方米+24.32平方米+40.65平方米=89.29平方米

木桥二平面图

园桥汀步048

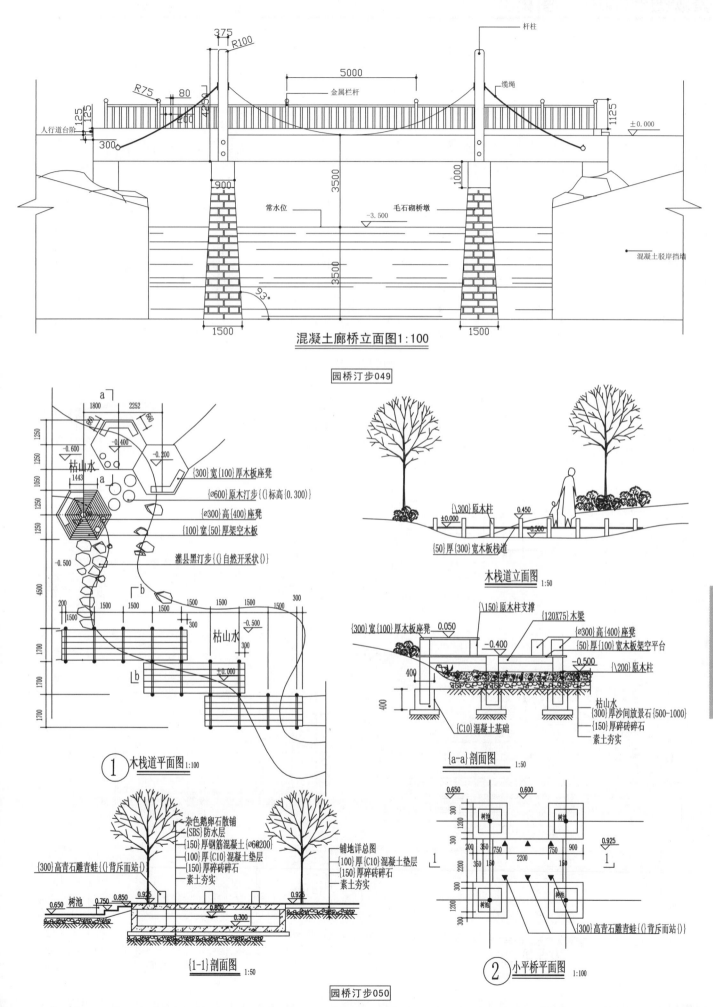

杆柱

375 R100
R75 80
人行道台阶 125 125
金属栏杆 5000
缆绳
1125
±0.000
300

900
常水位
毛石砌桥墩 -3.500
混凝土驳岸挡墙

3500
3500

93°
1500 1500

混凝土廊桥立面图1:100

园桥汀步049

a
1800 2252
1250
-0.600 -0.400
1250
1060 -0.200
枯山水
1250 1443
a
{300}宽{100}厚木板座凳
{∅600}原木汀步{()标高(0.300)}
{∅300}高{400}座凳
{100}宽{50}厚架空木板

-0.500
灌县黑汀步{()自然开采状()}

4500
b
200 1500 1500 1500 1500 300
1500
1500 1500 1500 1500 300
枯山水
1700 -0.500 300
300
1700 ±0.000
b

1700

① **木栈道平面图1:100**

{\300}原木柱
±0.000 0.450
-0.500
{50}厚{300}宽木板栈道

木栈道立面图 1:50

{300}宽{100}厚木板座凳 0.050 {\150}原木柱支撑 {120X75}木梁
-0.400 {∅300}高{400}座凳
{50}厚{100}宽木板架空平台
-0.500 {\200}原木柱
400
枯山水
{300}厚沙间放景石{500~1000}
400 {150}厚碎砖碎石
素土夯实
{C10}混凝土基础

{a-a}剖面图 1:50

0.650 0.600
树池 树池
300 1200
300
200 360 750 750 900
2200 150
360 150
0.925
300
树池 树池
1200
300
{300}高青石雕青蛙{()背斥而站()}

② **小平桥平面图** 1:100

杂色鹅卵石散铺
{SBS}防水层
{150}厚钢筋混凝土{∅6@200}
{100}厚{C10}混凝土垫层
{150}厚碎砖碎石
素土夯实
铺地详总图
{100}厚{C10}混凝土垫层
{150}厚碎砖碎石
素土夯实

{300}高青石雕青蛙{()背斥而站()}
0.650 0.750 0.850 0.925
树池
0.800 0.925
0.300
{1-1}剖面图 1:50

园桥汀步050

本页解压密码: 99302325

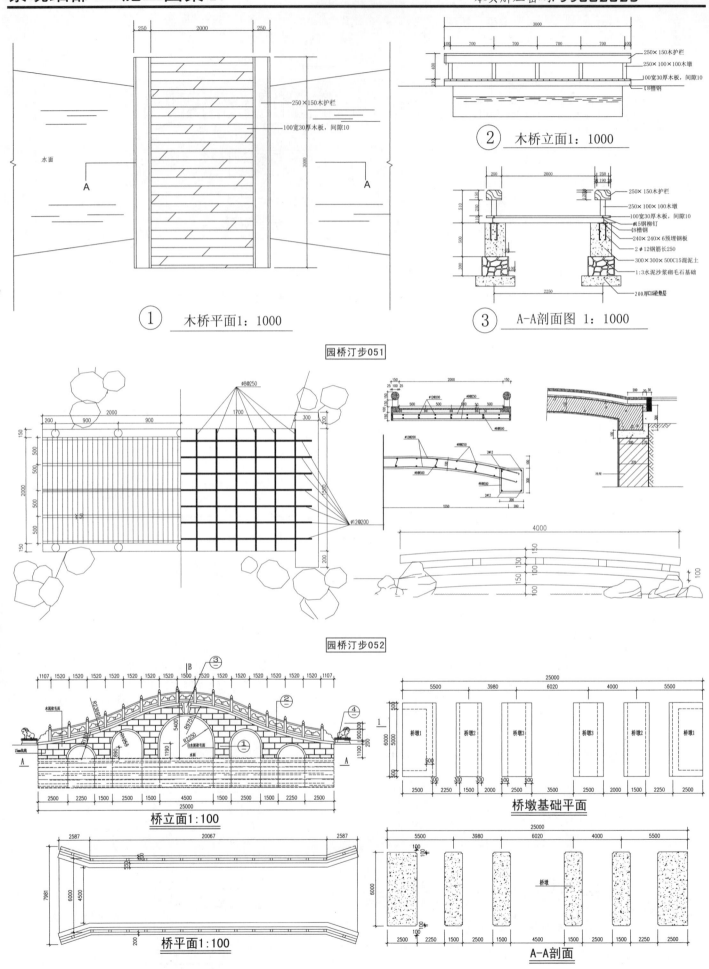

① 木桥平面1:1000

② 木桥立面1:1000

③ A—A剖面图 1:1000

园桥汀步051

园桥汀步052

桥立面1:100

桥平面1:100

桥墩基础平面

A—A剖面

园桥汀步053

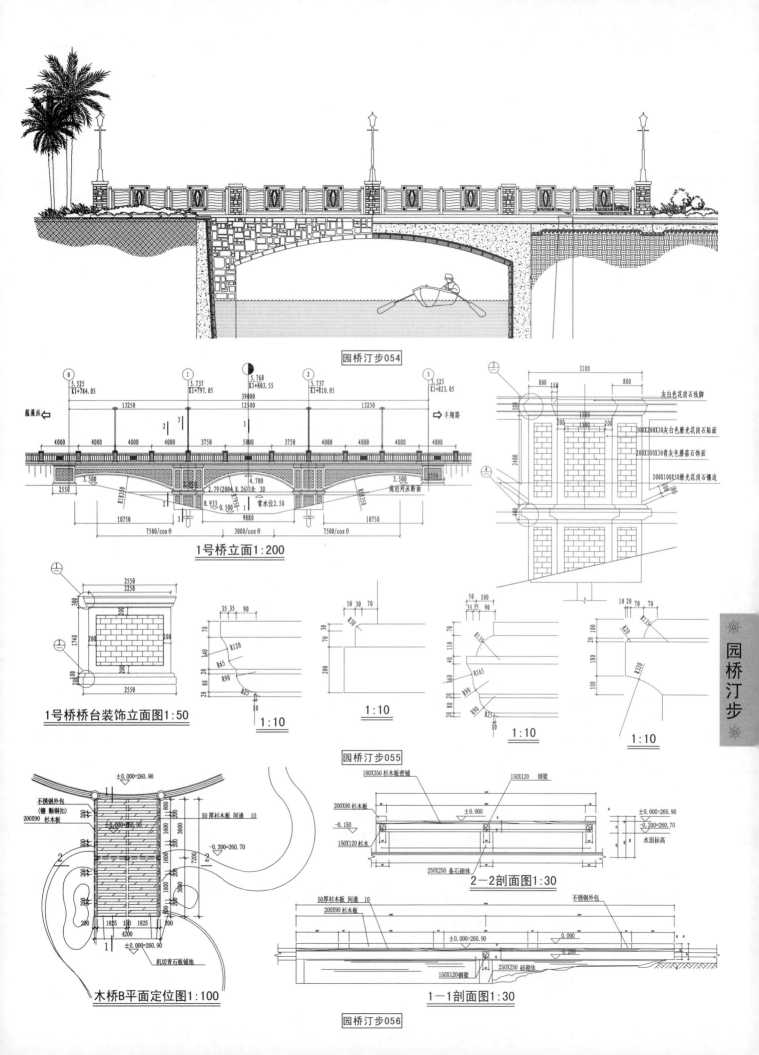

1号桥立面1:200

1号桥桥台装饰立面图1:50

1:10

1:10

1:10

1:10

灰白色花岗石线脚

300X200X30灰白色磨光花岗石贴面

200X100X30青灰色蘑菇石饰面

200X100X50磨光花岗石镶边

木桥B平面定位图1:100

不锈钢外包
(镶 颗铜扣)
200X90 杉木板

50厚杉木板 间逢 10

机切青石板铺地

180X350 杉木板密铺

150X120 钢梁

200X90 杉木板

150X120 杉木

250X250 条石砌体

2—2剖面图1:30

水面标高

50厚杉木板 间逢 10

200X90 杉木板

不锈钢外包

150X120钢梁

250X250 砖砌体

1—1剖面图1:30

园
桥
汀
步

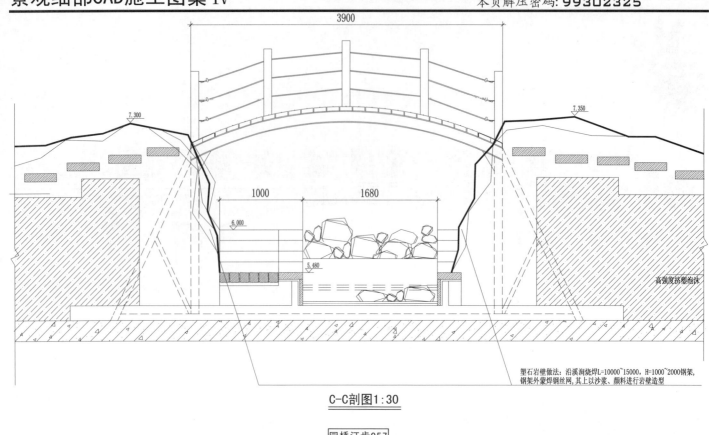

3900

7.300   7.350

1000   1680

6.000

5.480

高强度挤塑泡沫

塑石岩壁做法: 沿溪洞烧焊L=10000~15000, H=1000~2000钢架,
钢架外蒙焊钢丝网, 其上以沙浆、颜料进行岩壁造型

C—C剖图1:30

园桥汀步057

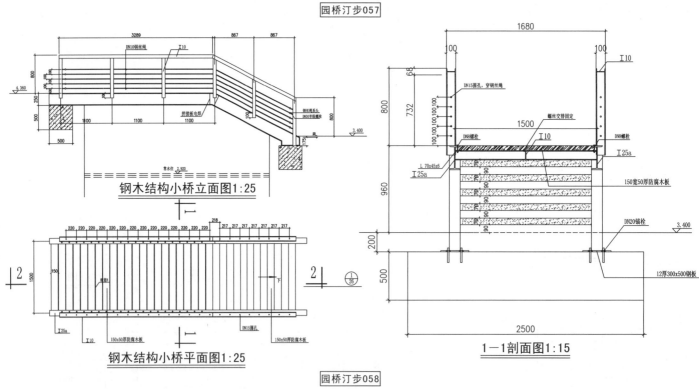

钢木结构小桥立面图1:25

3289   867   867

DN10钢丝绳   I10

4.360

常水位 2.920

钢木结构小桥平面图1:25

园桥汀步058

1680   100   100

800   732   I10

DN15圆孔, 穿钢丝绳

1500

螺丝交替固定

DN8螺栓   DN8螺栓

I25a   I10

L 70x45x6   I25a

150宽50厚防腐木板

960

DN20锚栓   3.400

200   500

12厚300x500钢板

2500

1—1剖面图1:15

I25a   I10   150x50厚防腐木板   DN15圆孔   150x50厚防腐木板

1500   150

园桥汀步059

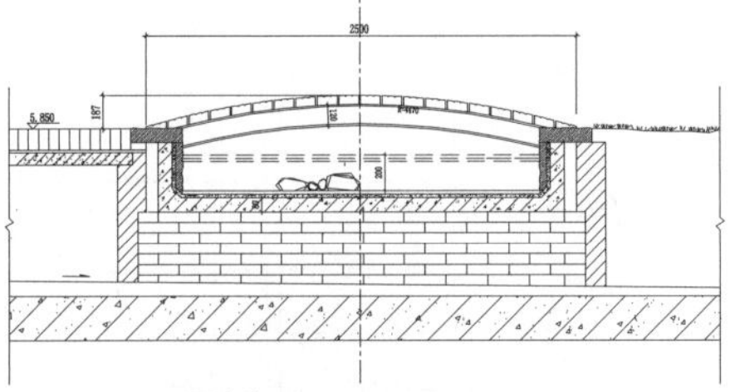

拱桥一A-A立面图1:20 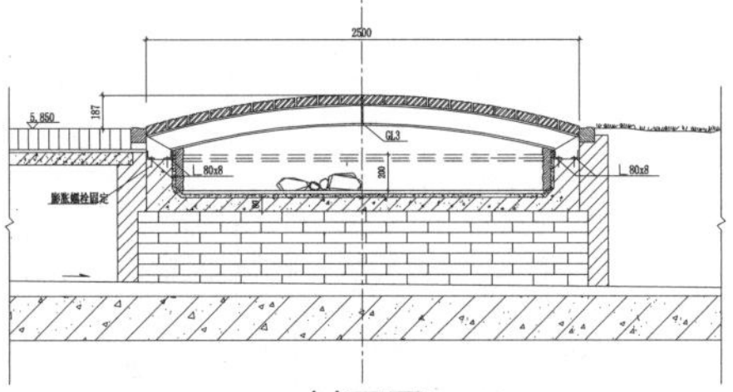   B-B剖面图1:20 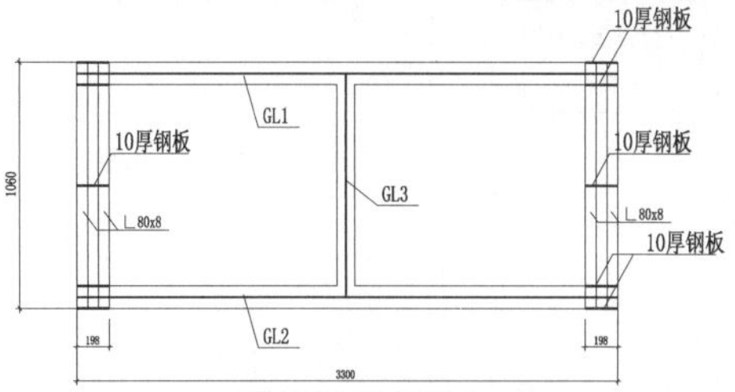   钢架结构平面1:20

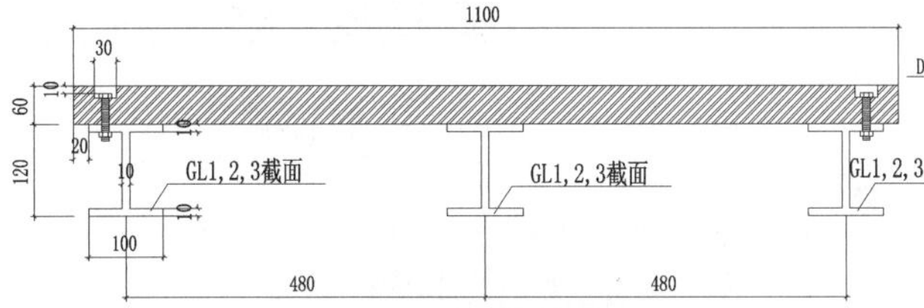

桥板与钢曲梁剖面大样1:5 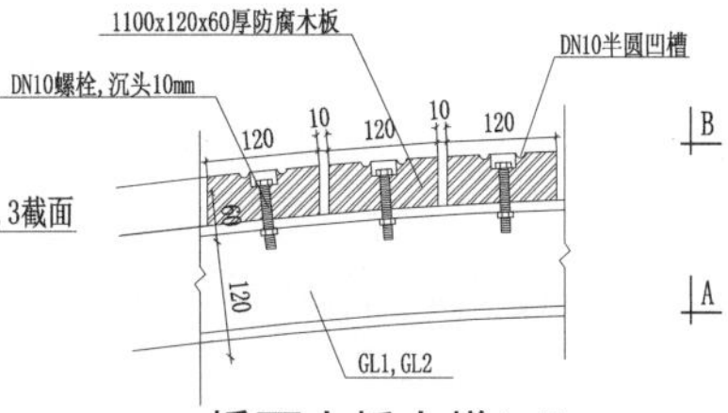   桥面大板大样1:5 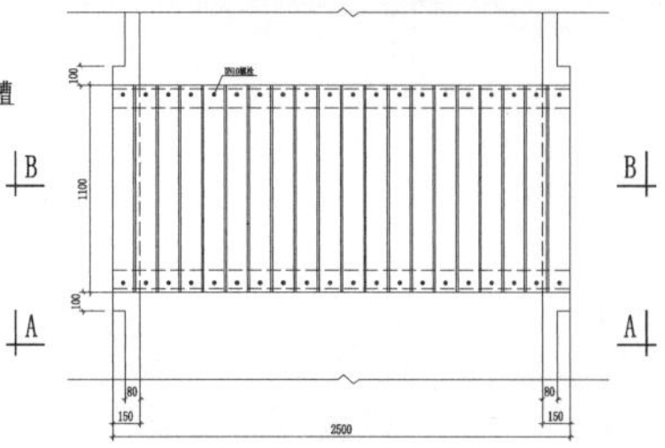   拱桥一俯视图1:20

园桥汀步060

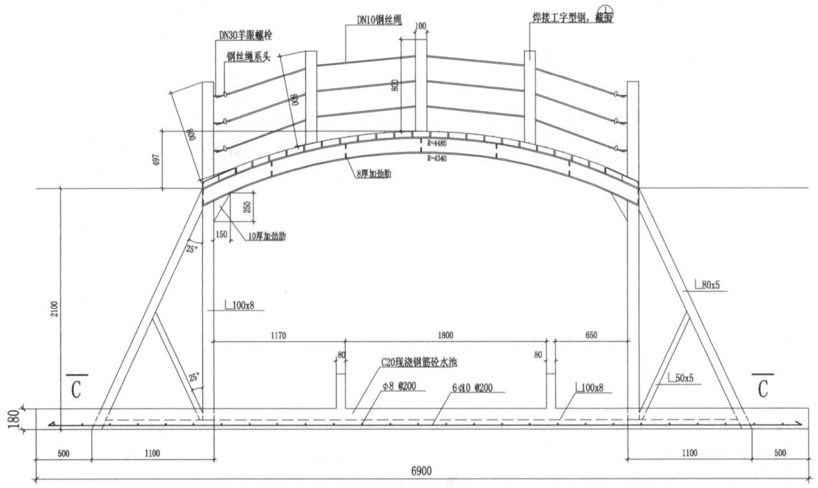

拱桥三立面图1:25 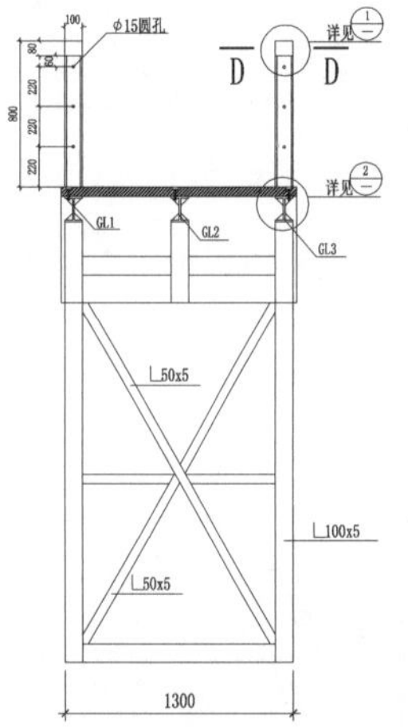   A—A剖面1:25 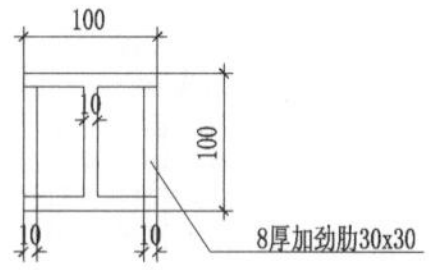   1:5 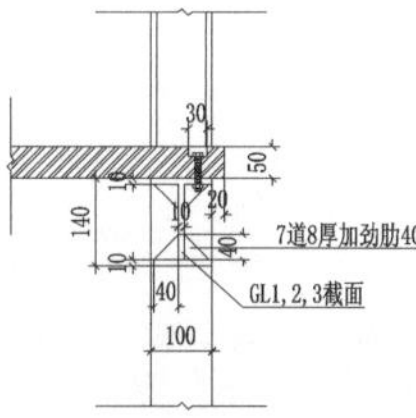   1:10

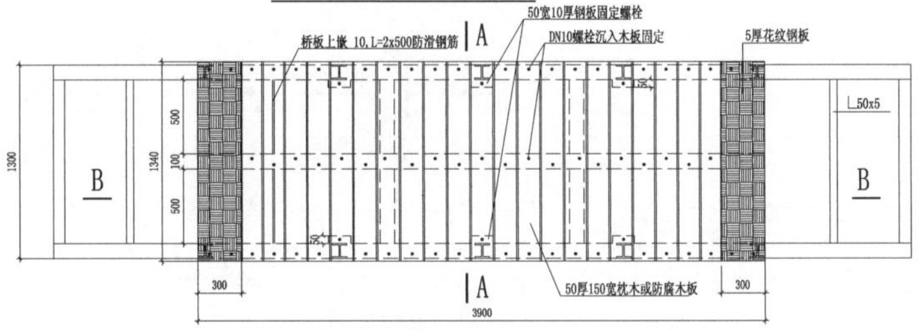

拱桥三平面图1:25 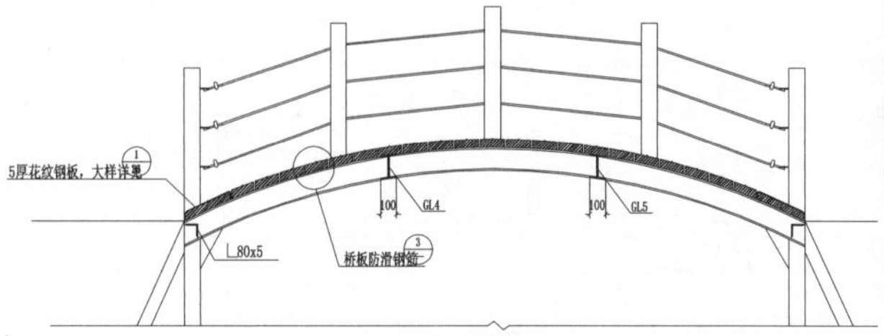   B—B剖面1:25

园桥汀步061

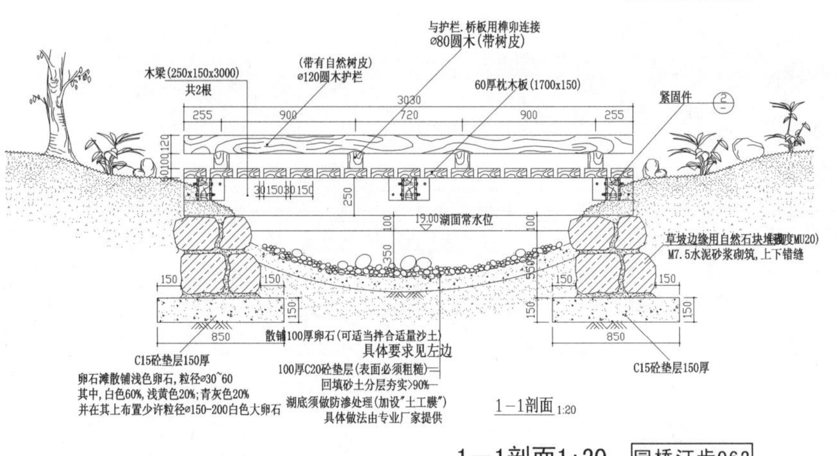

1—1剖面1:20   园桥汀步062   A区小木桥平面1:25

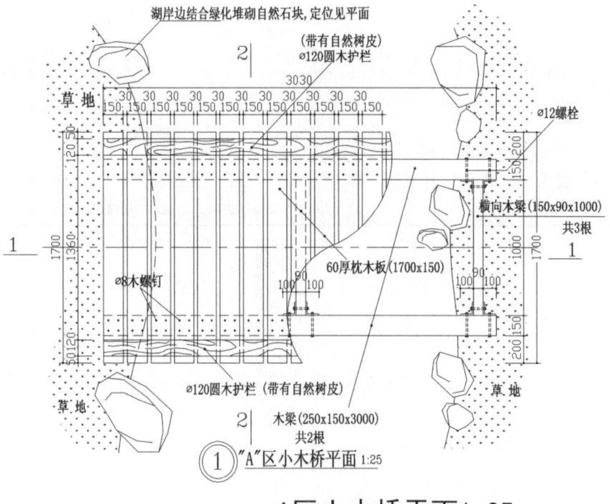

园桥汀步

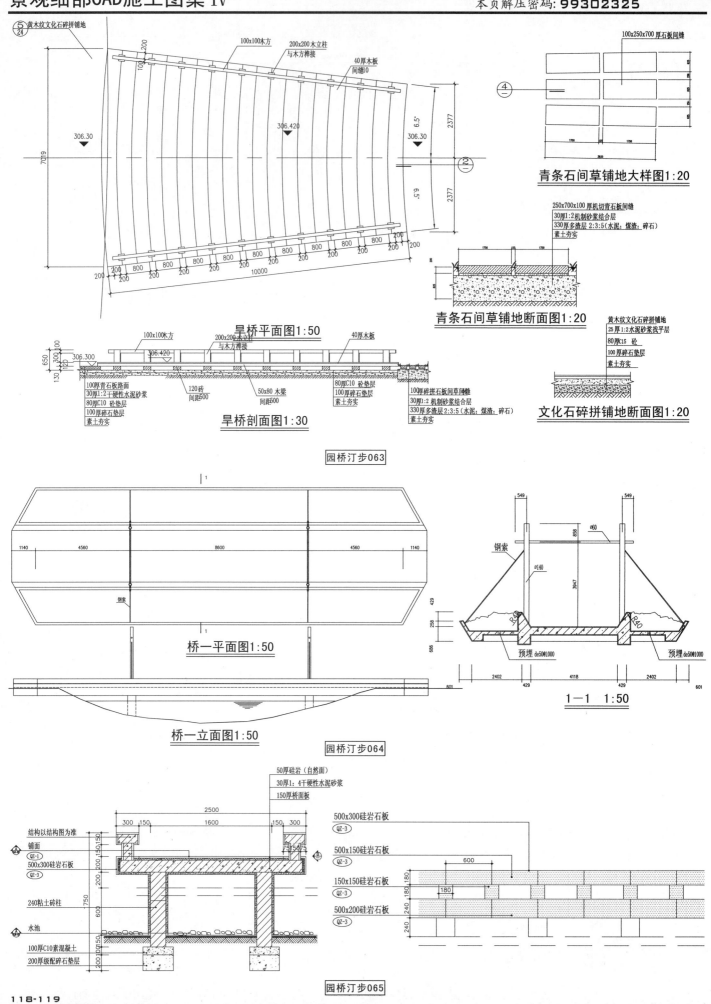

青条石间草铺地大样图1:20

青条石间草铺地断面图1:20

文化石碎拼铺地断面图1:20

旱桥平面图1:50

旱桥剖面图1:30

园桥汀步063

桥一平面图1:50

桥一立面图1:50

1—1 1:50

园桥汀步064

园桥汀步065

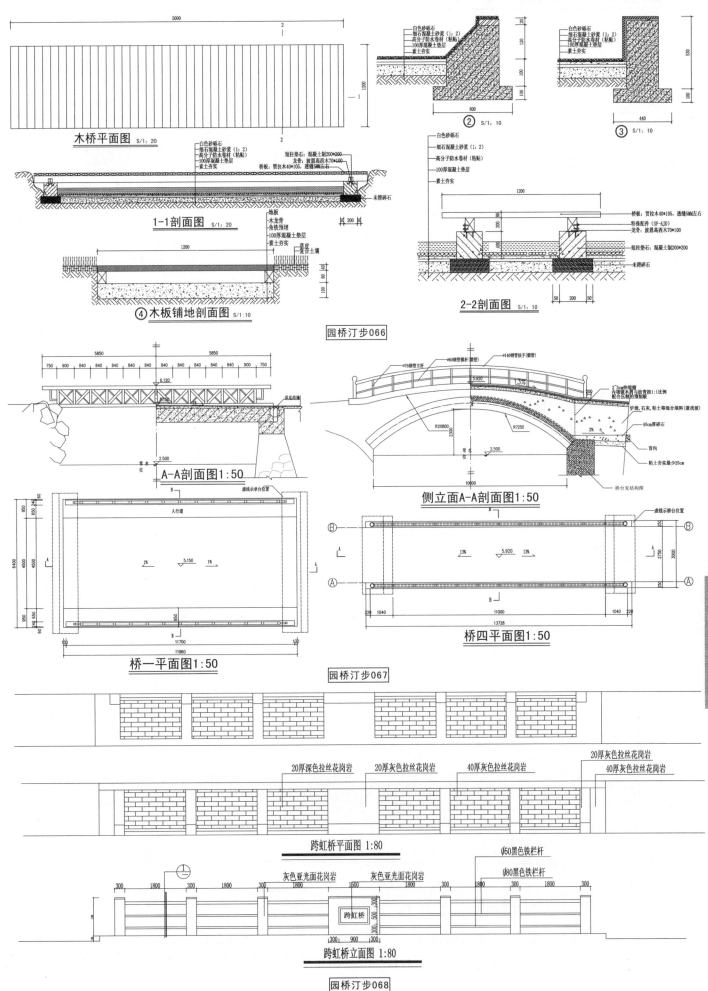

5000

木桥平面图 S/1: 20

白色砂砾石
细石混凝土砂浆（1: 2）
高分子防水卷材（粘贴）
100厚混凝土垫层
素土夯实

② S/1: 10

③ S/1: 10

白色砂砾石
细石混凝土砂浆（1: 2）
高分子防水卷材（粘贴）
100厚混凝土垫层
素土夯实

短柱垫石: 混凝土预制200*200
龙骨: 波恩高面木70*100
桥板: 贾拉木40*105, 透缝5MM左右

1-1剖面图 S/1: 20

木板铺地剖面图 S/1:10

2-2剖面图 S/1: 10

园桥汀步066

A-A剖面图1:50

桥一平面图1:50

侧立面A-A剖面图1:50

桥四平面图1:50

园桥汀步067

20厚深色拉丝花岗岩
20厚灰色拉丝花岗岩
40厚灰色拉丝花岗岩
20厚灰色拉丝花岗岩
40厚灰色拉丝花岗岩

跨虹桥平面图 1:80

φ50黑色铁栏杆
φ80黑色铁栏杆

灰色亚光面花岗岩
灰色亚光面花岗岩

跨虹桥

跨虹桥立面图 1:80

园桥汀步068

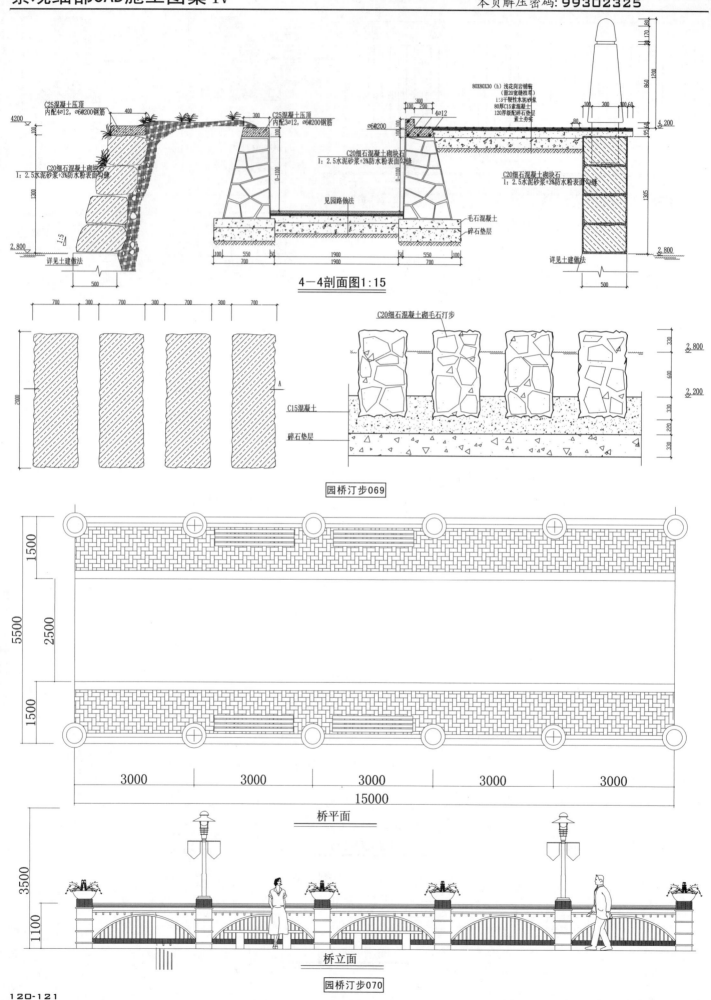

C25混凝土压顶
内配4∅12, ∅6@200钢筋

C20细石混凝土砌块石
1：2.5水泥砂浆+3%防水表面勾缝

详见土建做法

C25混凝土压顶
内配3∅12, ∅6@200钢筋

∅6@200

C20细石混凝土砌块石
1：2.5水泥砂浆+3%防水粉表面勾缝

见园路做法

毛石混凝土
碎石垫层

80X80X30(h)浅花岗岩铺装
(留20宽缝植草)
1：3干硬性水泥砂浆
80厚C15素混凝土
120厚级配碎石垫层
素土夯实

4∅12

C20细石混凝土砌块石
1：2.5水泥砂浆+3%防水粉表面勾缝

详见土建做法

4—4剖面图1:15

C20细石混凝土砌毛石汀步

C15混凝土

碎石垫层

园桥汀步069

桥平面

桥立面

园桥汀步070

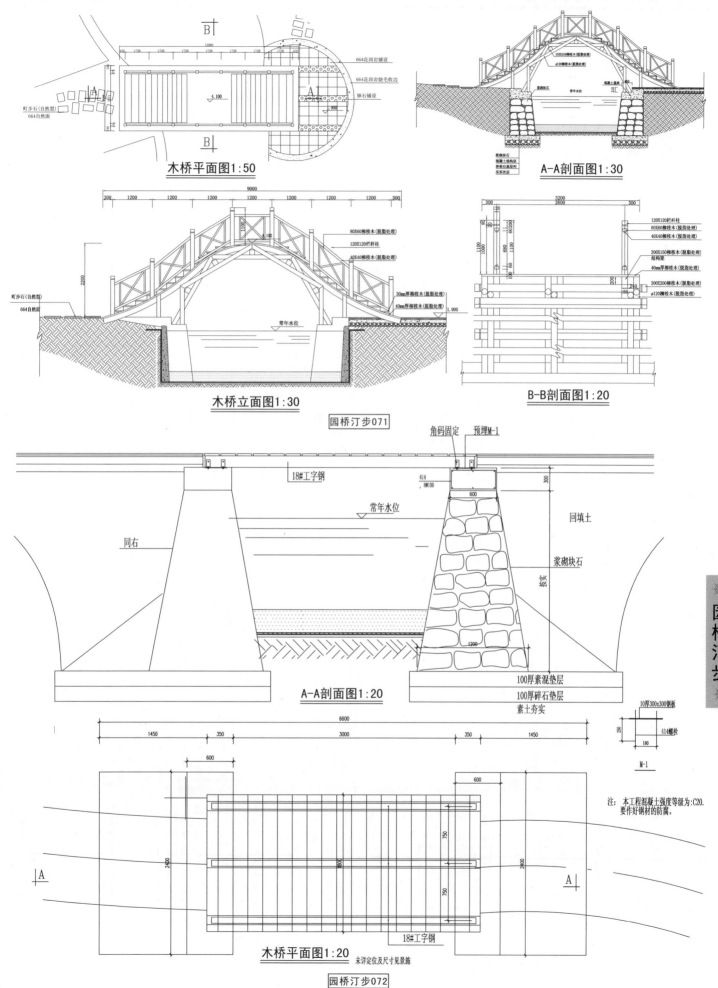

木桥平面图1:50

A-A剖面图1:30

664花岗岩铺设
664花岗岩烧毛收边
卵石铺设

町步石(自然型)
664自然面

木桥立面图1:30

80X60榔栳木(脱脂处理)
120X120栏杆柱
40X40榔栳木(脱脂处理)

30mm厚榔栳木(脱脂处理)
40mm厚榔栳木(脱脂处理)

常年水位

町步石(自然型)
664自然面

B-B剖面图1:20

120X120栏杆柱
80X60榔栳木(脱脂处理)
40X40榔栳木(脱脂处理)

200X150榔栳木(脱脂处理)
结构梁
40mm厚榔栳木(脱脂处理)
200X200榔栳木(脱脂处理)
φ120榔栳木(脱脂处理)

园桥汀步071

角码固定　预埋M-1

18#工字钢

常年水位

同右

浆砌块石

回填土

A-A剖面图1:20

100厚素混垫层
100厚碎石垫层
素土夯实

10厚300x300钢板
414螺栓
M-1

木桥平面图1:20　未详定位及尺寸见景施

18#工字钢

注：本工程混凝土强度等级为:C20.
要作好钢材的防腐。

园桥汀步072

园桥汀步

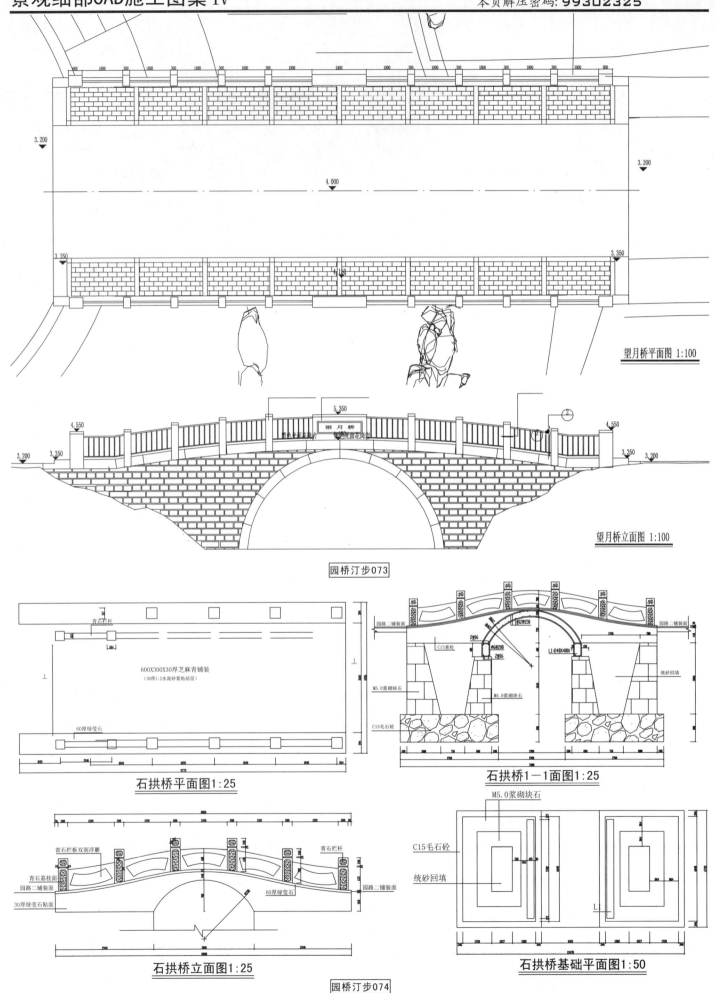

望月桥平面图1:100

望月桥立面图1:100

园桥汀步073

石拱桥平面图1:25

石拱桥1—1面图1:25

石拱桥立面图1:25

石拱桥基础平面图1:50

园桥汀步074

600X300X30厚芝麻青铺装
(30厚1:2水泥砂浆粘结层)

青石栏杆

60厚绿莹石

C15素砼

M5.0浆砌块石

C15毛石砼

续砂回填

园路二铺装面

M5.0浆砌块石

C15毛石砼

续砂回填

青石栏板双面浮雕

青石荔枝面

园路二铺装面

30厚绿莹石贴面

青石栏杆

60厚绿莹石

园路二铺装面

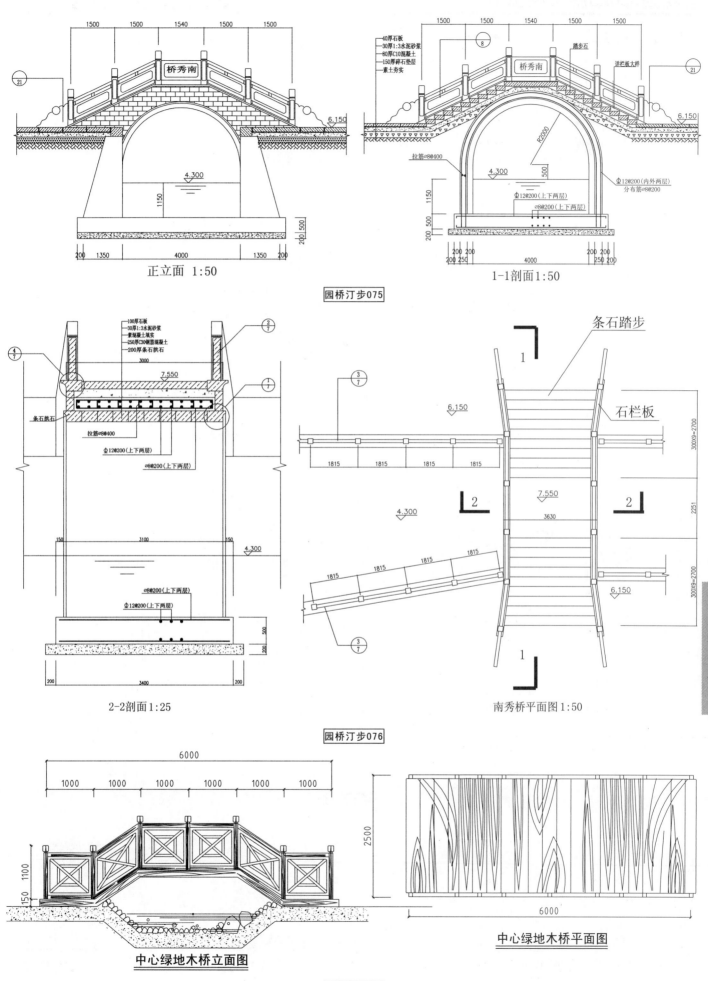

1500 1500 1540 1500 1500

桥秀南

6.150

4.300

1150

200 500

200 1350 4000 1350 200

正立面 1:50

40厚石板
30厚1:3水泥砂浆
60厚C10混凝土
150厚碎石垫层
素土夯实

1500 1500 1540 1500 1500

8

桥秀南

踏步石

洋栏板大样

21

6.150

R2000

拉筋⌀8@400

4.300

500

Φ12@200(内外两层)
分布筋⌀8@200

Φ12@200(上下两层)

1150

⌀8@200(上下两层)

200 500

200 200 250 4000 200 250 200

1-1剖面1:50

园桥汀步075

100厚石板
30厚1:3水泥砂浆
素混凝土填实
250厚C30钢筋混凝土
200厚条石拱石

4/7

3000

条石拱石

7.550

2/7

1/7

拉筋⌀8@400

Φ12@200(上下两层)

⌀8@200(上下两层)

150 3100 150

4.300

⌀8@200(上下两层)

Φ12@200(上下两层)

500

200

200 3400 200

2-2剖面1:25

条石踏步

1

3/7

6.150

石栏板

1815 1815 1815 1815

300X9=2700

2

7.550

2

3630

2251

4.300

1815 1815 1815 1815

300X9=2700

3/7

6.150

1

南秀桥平面图1:50

园桥汀步076

6000

1000 1000 1000 1000 1000 1000

1100

150

中心绿地木桥立面图

2500

6000

中心绿地木桥平面图

园桥汀步077

园桥汀步

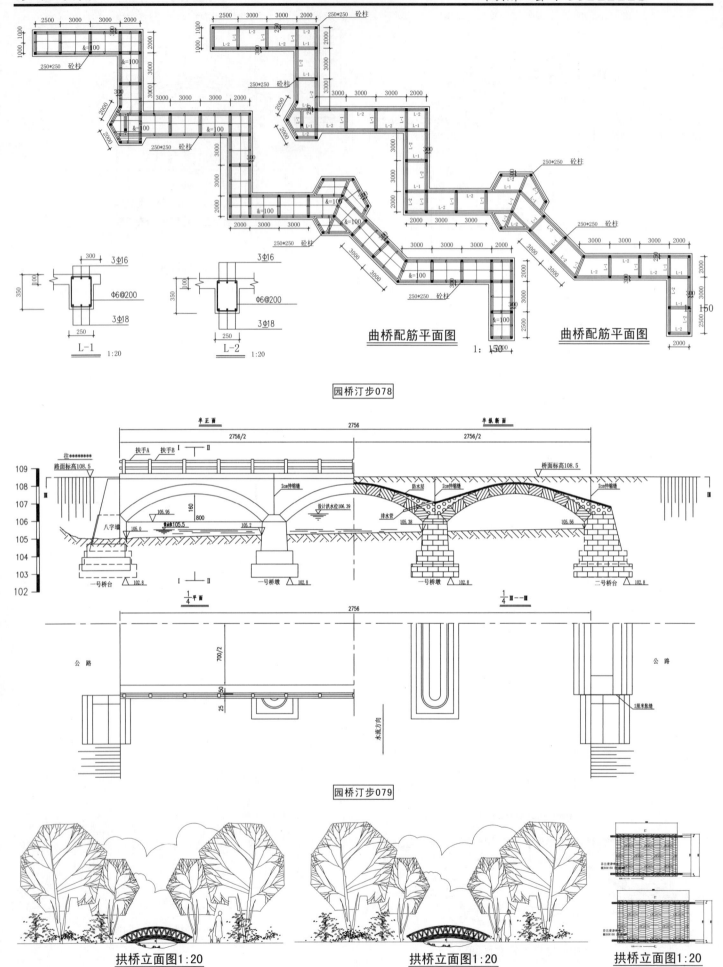

曲桥配筋平面图

曲桥配筋平面图 1:150

L-1 1:20

L-2 1:20

园桥汀步078

园桥汀步079

拱桥立面图1:20

拱桥立面图1:20

拱桥立面图1:20

园桥汀步080

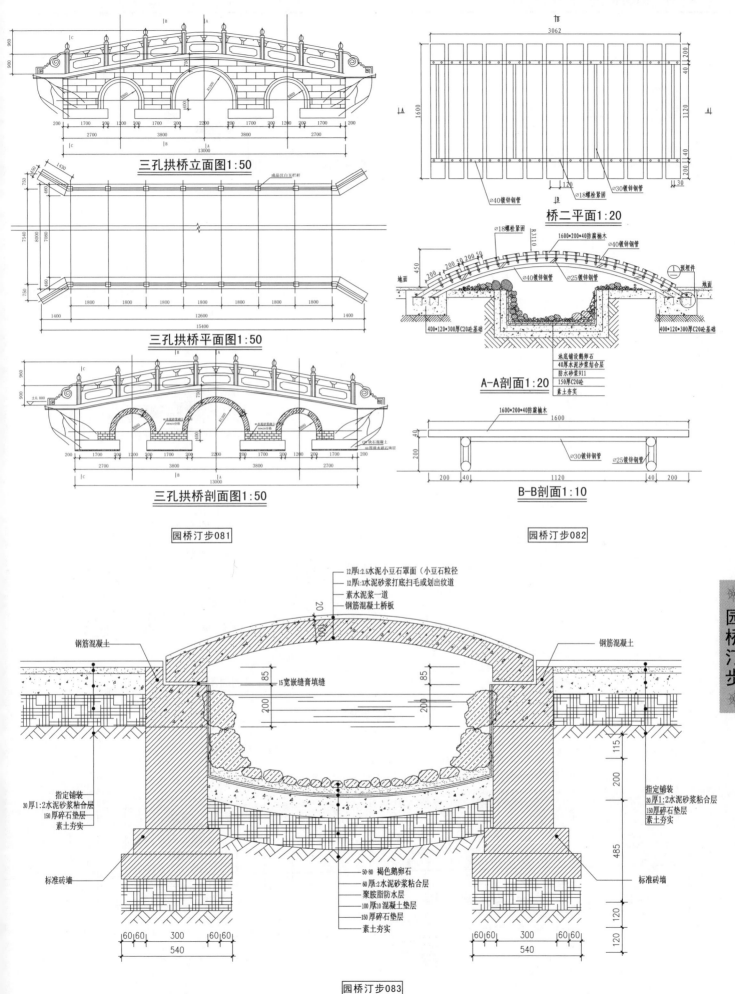

三孔拱桥立面图1:50

三孔拱桥平面图1:50

三孔拱桥剖面图1:50

园桥汀步081

桥二平面1:20

A-A剖面1:20

B-B剖面1:10

园桥汀步082

12厚1:2.5水泥小豆石罩面（小豆石粒径
12厚1:3水泥砂浆打底扫毛或划出纹道
素水泥浆一道
钢筋混凝土桥板

钢筋混凝土

钢筋混凝土

15宽嵌缝膏填缝

指定铺装
30厚1:2水泥砂浆粘合层
150厚碎石垫层
素土夯实

指定铺装
30厚1:2水泥砂浆粘合层
150厚碎石垫层
素土夯实

标准砖墙

标准砖墙

50-80 褐色鹅卵石
60厚1:2水泥砂浆粘合层
聚胺脂防水层
100厚10混凝土垫层
150厚碎石垫层
素土夯实

园桥汀步083

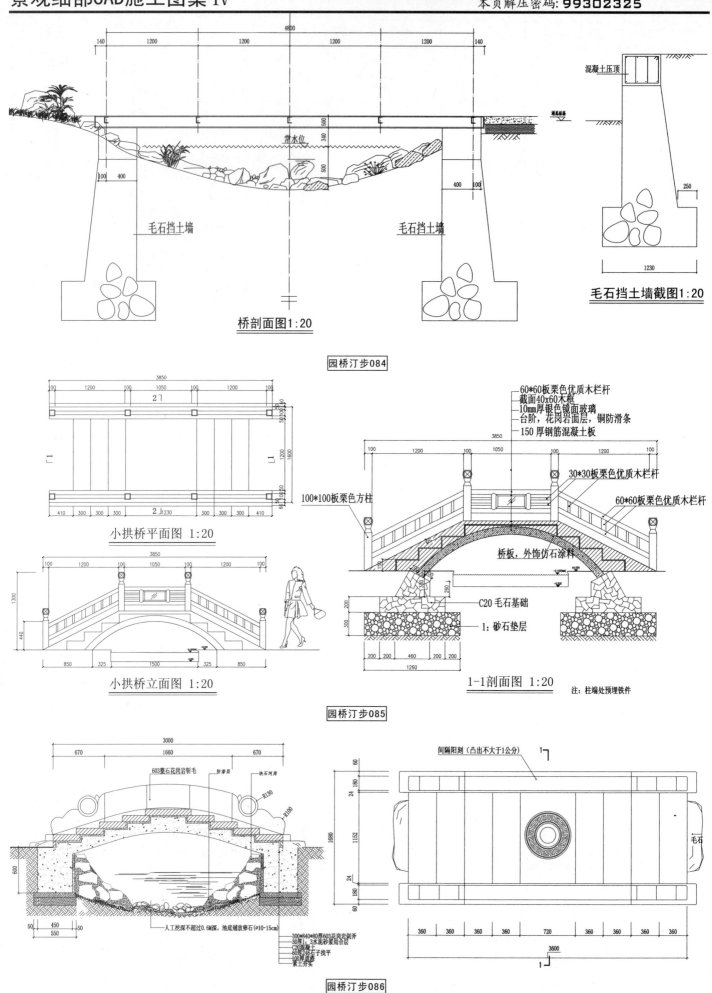

桥剖面图1:20

毛石挡土墙截图1:20

园桥汀步084

小拱桥平面图 1:20

小拱桥立面图 1:20

1-1剖面图 1:20

注: 柱端处预埋铁件

园桥汀步085

园桥汀步086

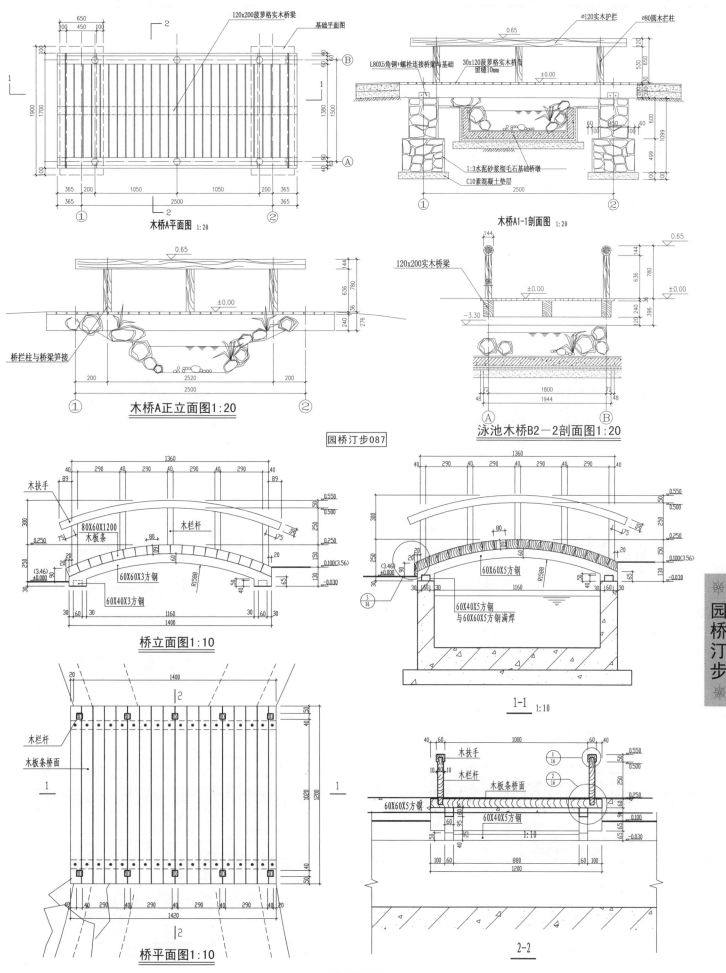

120x200菠萝格实木桥梁
基础平面图

木桥A平面图 1:20

⌀120实木护拦
⌀80圆木拦柱

L80X5角钢+螺栓连接桥梁与基础
30x120菠萝格实木桥面
留缝10mm

1:3水泥砂浆砌毛石基础桥墩
C10素混凝土垫层

木桥A1-1剖面图 1:20

120x200实木桥梁

桥拦柱与桥梁笋接

木桥A正立面图 1:20

泳池木桥B2-2剖面图 1:20

园桥汀步087

木扶手
80X60X1200
木板条
木栏杆
60X60X3方钢
60X40X3方钢

桥立面图 1:10

60X60X5方钢
60X40X5方钢
与60X60X5方钢满焊

1-1 1:10

木栏杆
木板条桥面

桥平面图 1:10

木扶手
木栏杆
木板条桥面
60X60X5方钢
60X40X5方钢

2-2

园桥汀步088

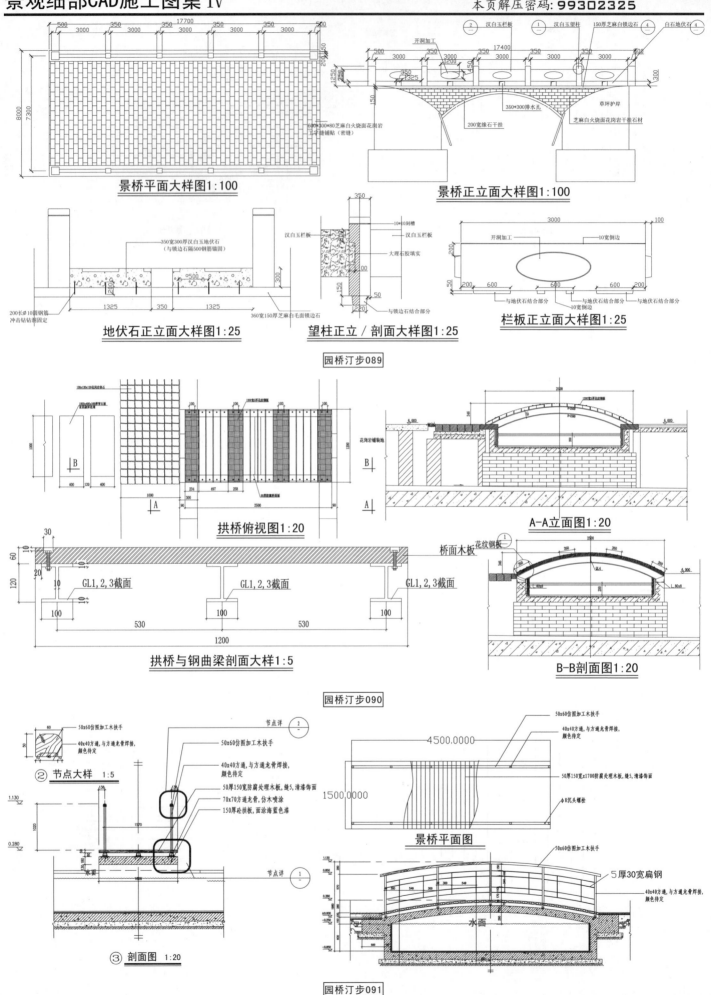

景桥平面大样图1:100

景桥正立面大样图1:100

地伏石正立面大样图1:25

望柱正立 / 剖面大样图1:25

栏板正立面大样图1:25

园桥汀步089

拱桥俯视图1:20

A-A立面图1:20

拱桥与钢曲梁剖面大样1:5

B-B剖面图1:20

园桥汀步090

② 节点大样 1:5

景桥平面图

③ 剖面图 1:20

园桥汀步091

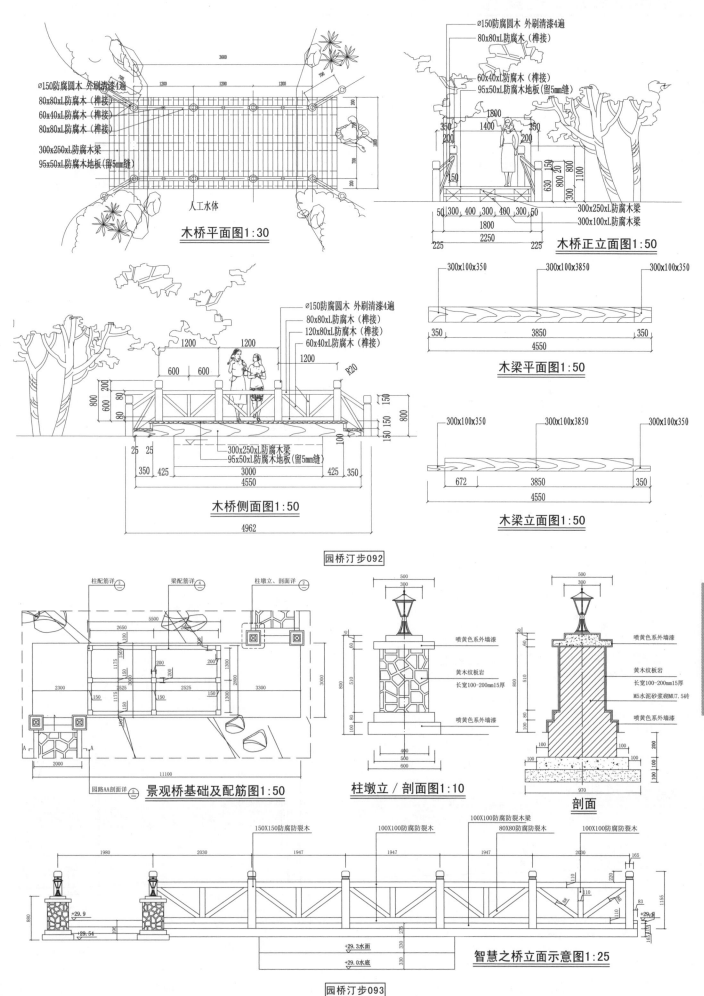

∅150防腐圆木 外刷清漆4遍
80x80xL防腐木（榫接）
60x40xL防腐木（榫接）
80x80xL防腐木（榫接）
300x250xL防腐木梁
95x50xL防腐木地板(留5mm缝)

人工水体

木桥平面图1:30

∅150防腐圆木 外刷清漆4遍
80x80xL防腐木（榫接）
60x40xL防腐木（榫接）
95x50xL防腐木地板(留5mm缝)

300x250xL防腐木梁
300x100xL防腐木梁

木桥正立面图1:50

300x100x350   300x100x3850   300x100x350

木梁平面图1:50

∅150防腐圆木 外刷清漆4遍
80x80xL防腐木（榫接）
120x80xL防腐木（榫接）
60x40xL防腐木（榫接）

300x250xL防腐木梁
95x50xL防腐木地板(留5mm缝)

木桥侧面图1:50

300x100x350   300x100x3850   300x100x350

木梁立面图1:50

柱配筋详   梁配筋详   柱墩立、剖面详

园路AA剖面详

景观桥基础及配筋图1:50

喷黄色系外墙漆
黄木纹板岩
长宽100-200mm15厚
喷黄色系外墙漆

柱墩立／剖面图1:10

喷黄色系外墙漆
黄木纹板岩
长宽100-200mm15厚
M5水泥砂浆砌MU7.5砖
喷黄色系外墙漆

剖面

150X150防腐防裂木   100X100防腐防裂木   100X100防腐防裂木梁   80X80防腐防裂木   100X100防腐防裂木

+29.9
+29.54
+29.3水面
+29.0水底

智慧之桥立面示意图1:25

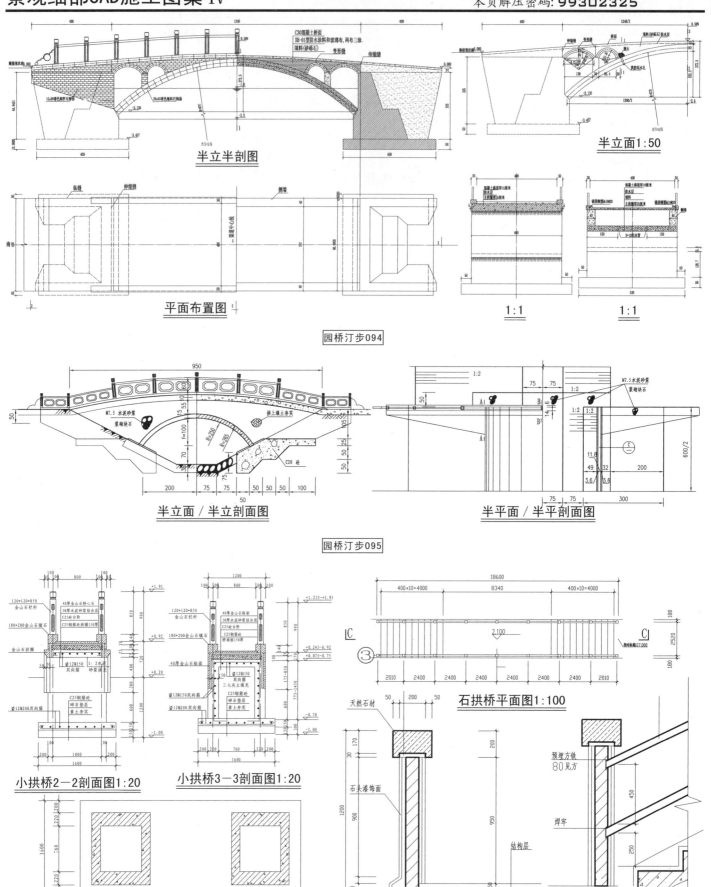

半立半剖图

半立面1:50

平面布置图

园桥汀步094

半立面/半立剖面图

半平面/半平剖面图

园桥汀步095

小拱桥2—2剖面图1:20

小拱桥3—3剖面图1:20

石拱桥平面图1:100

小拱桥基础平面图1:20

1:10

1:10

园桥汀步096

园桥汀步097

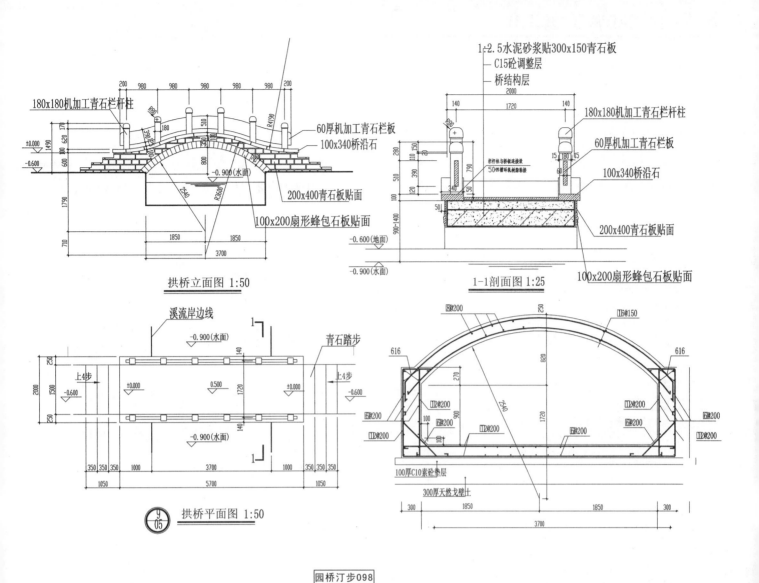

180x180机加工青石栏杆柱

60厚机加工青石栏板

100x340桥沿石

200x400青石板贴面

100x200扇形蜂包石板贴面

拱桥立面图 1:50

1-2.5水泥砂浆贴300x150青石板
C15砼调整层
桥结构层

180x180机加工青石栏杆柱

60厚机加工青石栏板

100x340桥沿石

栏杆柱与桥板连接处
50四槽环氧树脂粘接

200x400青石板贴面

100x200扇形蜂包石板贴面

1-1剖面图 1:25

溪流岸边线

青石踏步

上4步

拱桥平面图 1:50

Y05

100厚C10素砼垫层

300厚天然戈壁土

园桥汀步098

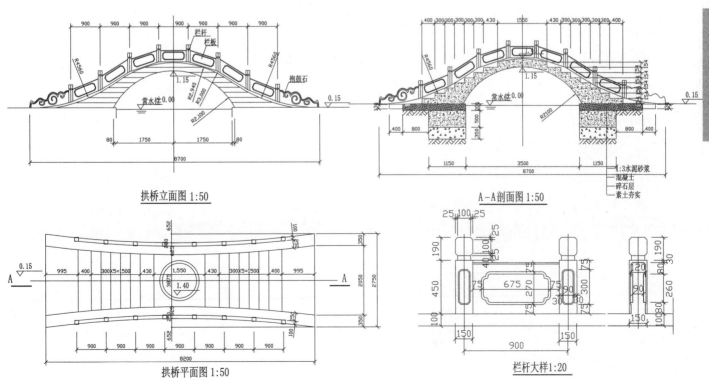

栏杆
栏板

抱鼓石

常水位 0.00

拱桥立面图 1:50

常水位 0.00

1:3水泥砂浆
混凝土
碎石层
素土夯实

A-A剖面图 1:50

拱桥平面图 1:50

栏杆大样1:20

园桥汀步099

本页解压密码: 99302325

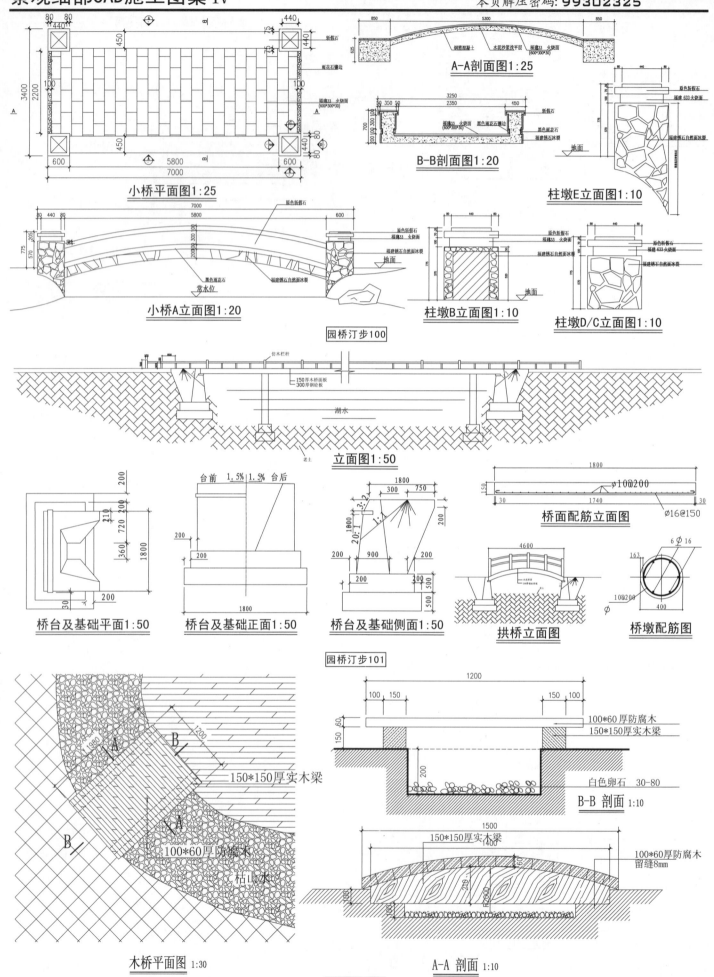

小桥平面图1:25

A-A剖面图1:25

B-B剖面图1:20

柱墩E立面图1:10

小桥A立面图1:20

柱墩B立面图1:10

柱墩D/C立面图1:10

园桥汀步100

立面图1:50

桥台及基础平面1:50

桥台及基础正面1:50

桥台及基础侧面1:50

桥面配筋立面图

拱桥立面图

桥墩配筋图

园桥汀步101

木桥平面图 1:30

B-B 剖面 1:10

A-A 剖面 1:10

园桥汀步102

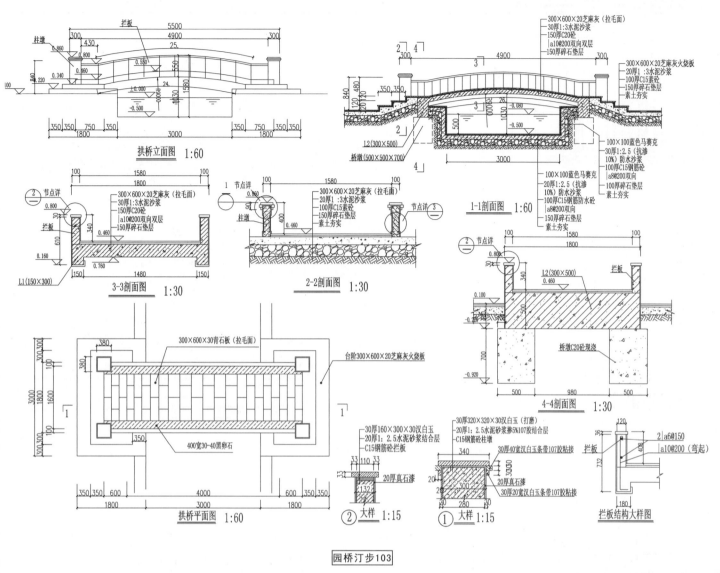

拱桥立面图 1:60

3-3剖面图 1:30

2-2剖面图 1:30

拱桥平面图 1:60

1-1剖面图 1:60

4-4剖面图 1:30

② 大样 1:15

① 大样 1:15

拦板结构大样图

园桥汀步103

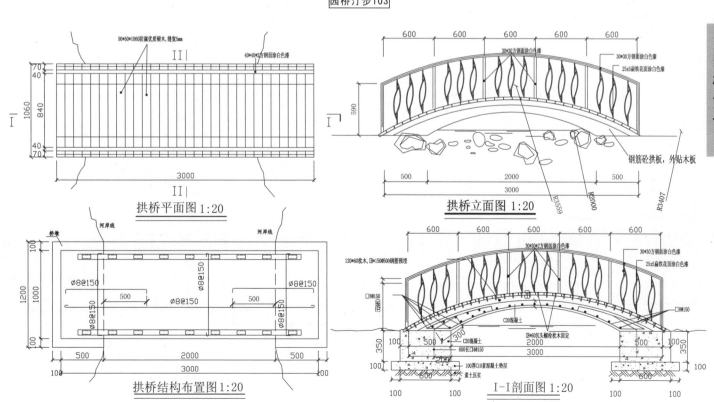

拱桥平面图 1:20

拱桥结构布置图1:20

拱桥立面图 1:20

I-I剖面图 1:20

钢筋砼拱板,外贴木板

园桥汀步

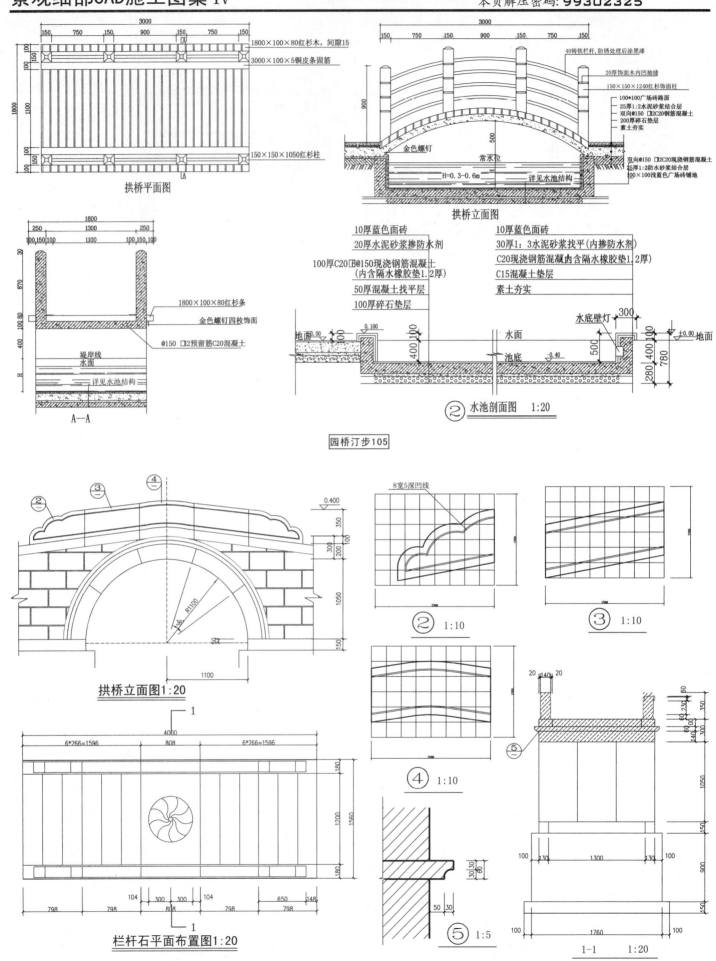

拱桥平面图

1800×100×80红杉木，间隙15
3000×100×5铜皮条固筋
150×150×1050红杉柱

A—A

1800×100×80红杉条
金色螺钉四枚饰面
@150 □2预留筋C20混凝土
堤岸线
水面
详见水池结构

40铸铁栏杆，防锈处理后涂黑漆
20厚饰面木内凹抽缝
150×150×1240红杉饰面柱
100×100广场砖路面
25厚1:2水泥砂浆结合层
双向@150 □2C20钢筋混凝土
200厚碎石垫层
素土夯实

金色螺钉
常水位
H=0.3~0.6m
详见水池结构

双向@150 □2C20现浇钢筋混凝土
25厚1:2防水砂浆结合层
100×100浅蓝色广场砖铺地

拱桥立面图

10厚蓝色面砖
20厚水泥砂浆掺防水剂
100厚C20□@150现浇钢筋混凝土
(内含隔水橡胶垫1.2厚)
50厚混凝土找平层
100厚碎石垫层

10厚蓝色面砖
30厚1:3水泥砂浆找平(内掺防水剂)
C20现浇钢筋混凝土内含隔水橡胶垫1.2厚)
C15混凝土垫层
素土夯实

地面
水面
池底
水底壁灯

② 水池剖面图 1:20

园桥汀步105

拱桥立面图1:20

R1100
1100

8宽5深凹线

② 1:10

③ 1:10

④ 1:10

⑤ 1:5

栏杆石平面布置图1:20

6*266=1596   808   6*266=1596
4000

1—1 1:20

园桥汀步106

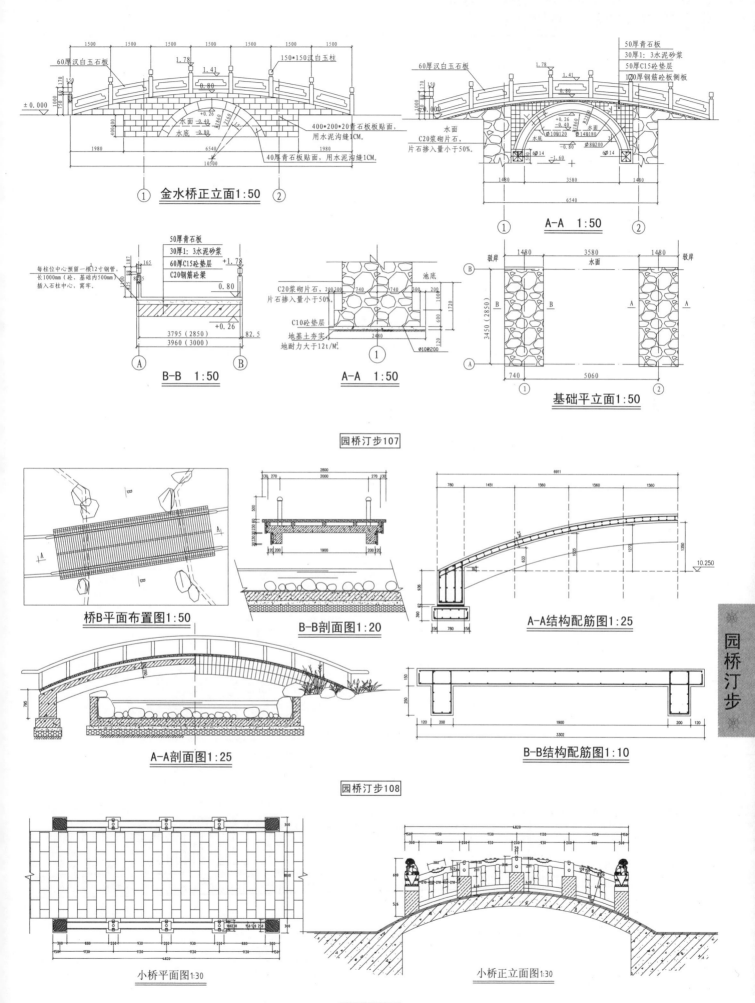

60厚汉白玉石板
150*150汉白玉柱

400*200*20青石板板贴面，
用水泥沟缝1CM。

40厚青石板贴面，用水泥沟缝1CM。

① 金水桥正立面1:50 ②

50厚青石板
30厚1：3水泥砂浆
50厚C15砼垫层
120厚钢筋砼板侧板

C20浆砌片石，
片石掺入量小于50%。

① A-A 1:50 ②

50厚青石板
30厚1：3水泥砂浆
60厚C15砼垫层
C20钢筋砼梁

每柱位中心预留一根12寸钢管，
长1000mm（砼、基础内500mm）
插入石柱中心，窝牢。

B-B 1:50

C20浆砌片石，200,300
片石掺入量小于50%。

C10砼垫层
地基土夯实，
地耐力大于12t/M²。

A-A 1:50

驳岸 水面 驳岸

基础平立面1:50

园桥汀步107

桥B平面布置图1:50

B-B剖面图1:20

A-A结构配筋图1:25

A-A剖面图1:25

B-B结构配筋图1:10

园桥汀步108

园
桥
汀
步

小桥平面图1:30

小桥正立面图1:30

园桥汀步109

本页解压密码:99302325

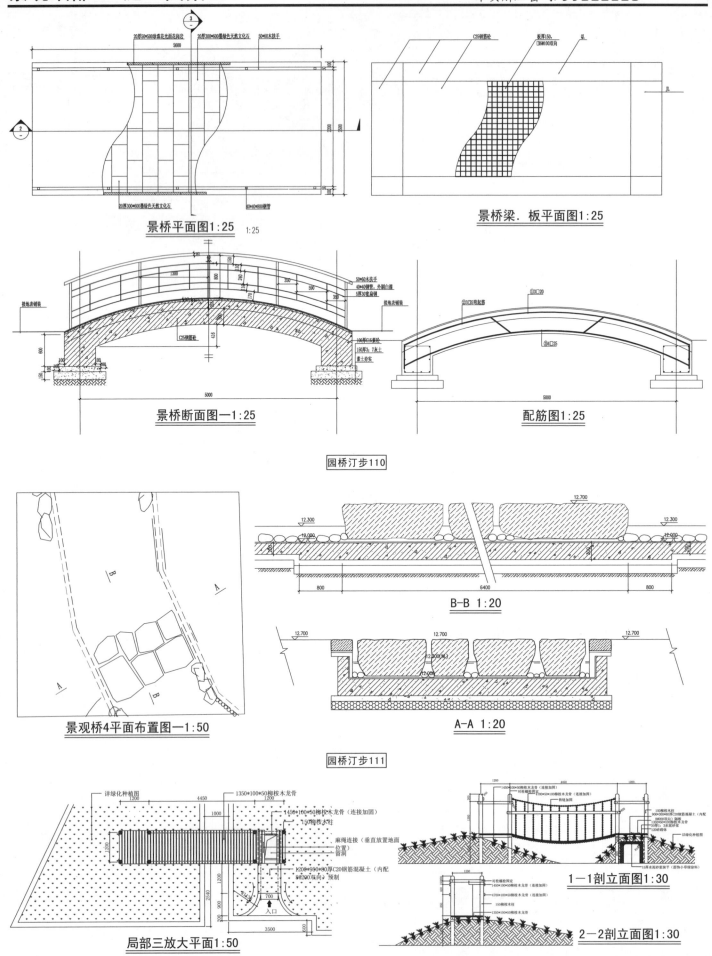

景桥平面图1:25

景桥梁．板平面图1:25

景桥断面图一1:25

配筋图1:25

园桥汀步110

景观桥4平面布置图一1:50

B-B 1:20

A-A 1:20

园桥汀步111

局部三放大平面1:50

1－1剖立面图1:30

2－2剖立面图1:30

园桥汀步112

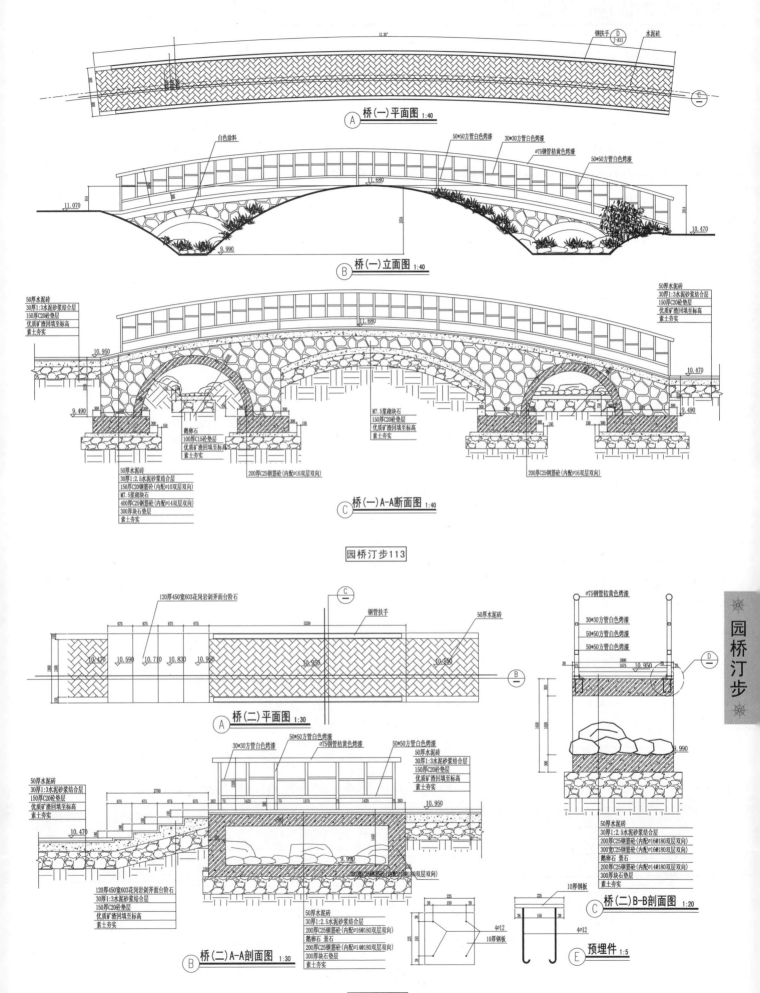

桥(一)平面图 1:40

桥(一)立面图 1:40

50厚水泥砖
30厚1:3水泥砂浆结合层
150厚C20砼垫层
优质矿渣回填至标高
素土夯实

50厚水泥砖
30厚1:3水泥砂浆结合层
150厚C20砼垫层
M7.5浆砌块石
400厚C25钢筋砼(内配∅14双层双向)
300厚块石垫层
素土夯实

鹅卵石
100厚C15砼垫层
优质矿渣回填至标高
素土夯实

M7.5浆砌块石
150厚C20砼垫层
优质矿渣回填至标高
素土夯实

200厚C25钢筋砼(内配∅16双层双向)

200厚C25钢筋砼(内配∅16双层双向)

50厚水泥砖
30厚1:3水泥砂浆结合层
150厚C20砼垫层
优质矿渣回填至标高
素土夯实

桥(一)A-A断面图 1:40

园桥汀步113

桥(二)平面图 1:30

钢管扶手
50厚水泥砖

120厚450宽603花岗岩剁斧面台阶石

桥(二)A-A剖面图 1:30

50厚水泥砖
30厚1:3水泥砂浆结合层
150厚C20砼垫层
优质矿渣回填至标高
素土夯实

120厚450宽603花岗岩剁斧面台阶石
30厚1:3水泥砂浆结合层
150厚C20砼垫层
优质矿渣回填至标高
素土夯实

50厚水泥砖
30厚1:2.5水泥砂浆结合层
200厚C25钢筋砼(内配∅16@180双层双向)
鹅卵石 景石
200厚C25钢筋砼(内配∅14@180双层双向)
300厚块石垫层
素土夯实

∅75钢管桔黄色烤漆
30*30方管白色烤漆
50*50方管白色烤漆
50*50方管白色烤漆

桥(二)B-B剖面图 1:20

50厚水泥砖
30厚1:2.5水泥砂浆结合层
200厚C25钢筋砼(内配∅16@180双层双向)
300宽C25钢筋砼(内配∅16@180双层双向)
鹅卵石 景石
200厚C25钢筋砼(内配∅14@180双层双向)
300厚块石垫层
素土夯实

10厚钢板

4∅12
10厚钢板

4∅12

预埋件 1:5

园桥汀步114

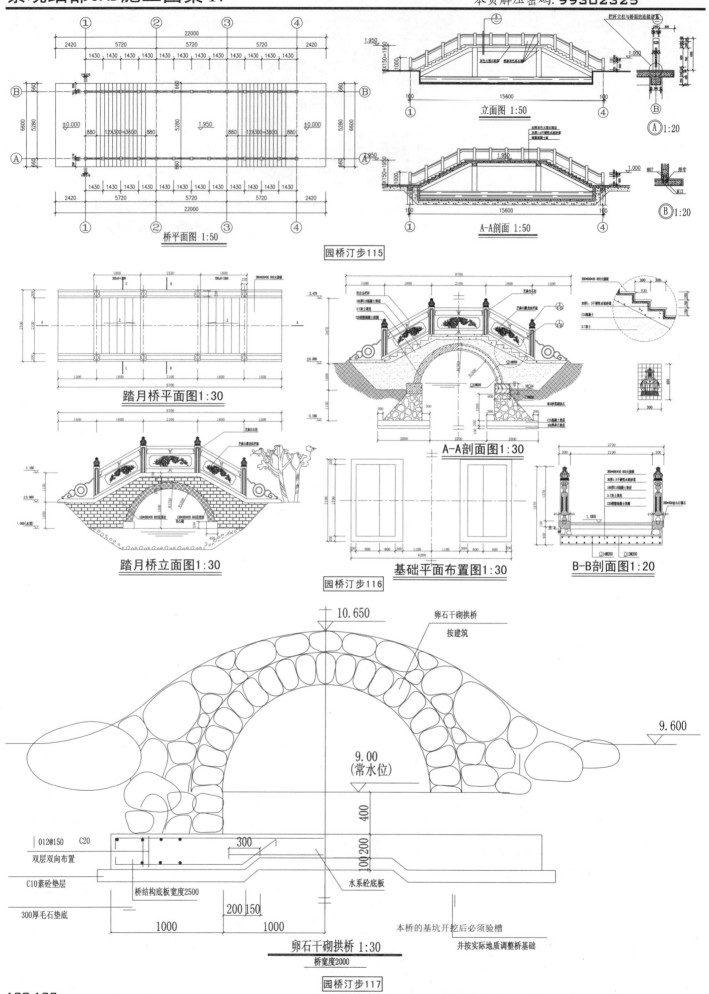

桥平面图 1:50

立面图 1:50

A-A剖面 1:50

A 1:20

B 1:20

园桥汀步115

踏月桥平面图 1:30

踏月桥立面图 1:30

A-A剖面图 1:30

基础平面布置图 1:30

B-B剖面图 1:20

园桥汀步116

10.650

卵石干砌拱桥
按建筑

9.600

9.00
(常水位)

012@150 C20
双层双向布置

C10素砼垫层

桥结构底板宽度2500

300厚毛石垫底

水系砼底板

卵石干砌拱桥 1:30

桥宽度2000

本桥的基坑开挖后必须验槽
并按实际地质调整桥基础

园桥汀步117

30厚五莲红花岗岩火烧板

踏步石   30厚青石板铺面(300X700)

小桥栏板

400 400 220   3010   220 400 400
5050

桥2平面图1:15

白水泥钢砼板板石面

常水位 5.300

基础另详

桥2立面图1:15

白水泥钢砼板砼石面

常水位 5.590

桥面板钢筋与地梁钢筋焊连接

30厚青石板铺面(300X700)
30厚青石板铺面石
20厚1:2水泥砂浆结合层
150厚钢筋混凝土桥板

A-A剖面图1:15

桥2侧立面图1:20

2100

60厚青石板铺面(300X700)
50厚1:2水泥砂浆找平
C15混凝土现浇板
20厚1:2水泥砂浆结合层
200X270青石石柱

白水泥钢砼泥土砼石面
C25砼石混凝土现浇
C25砼混凝土现浇

B-B剖面图1:15

A-A剖面结构图1:15

常水位 5.590

120厚砖墙

注：1、小桥栏板厚80mm，C25细石混凝土现浇，桥板厚150mm，C25混凝土现浇。

园桥汀步118

桥立面图1:50

桥平面图1:50

A-A 1:50

A-A 1:50

河底线

A-A 1:50

桥结构平面图1:50

沥青麻丝填实

桥面板

桥台压顶

φ12@200(四肢箍)
两端2500范围φ12@100

-10×450 L=2500
钢板上铺一毡二油作滑动层

6 φ20@160

6 φ22@160

Ⓐ

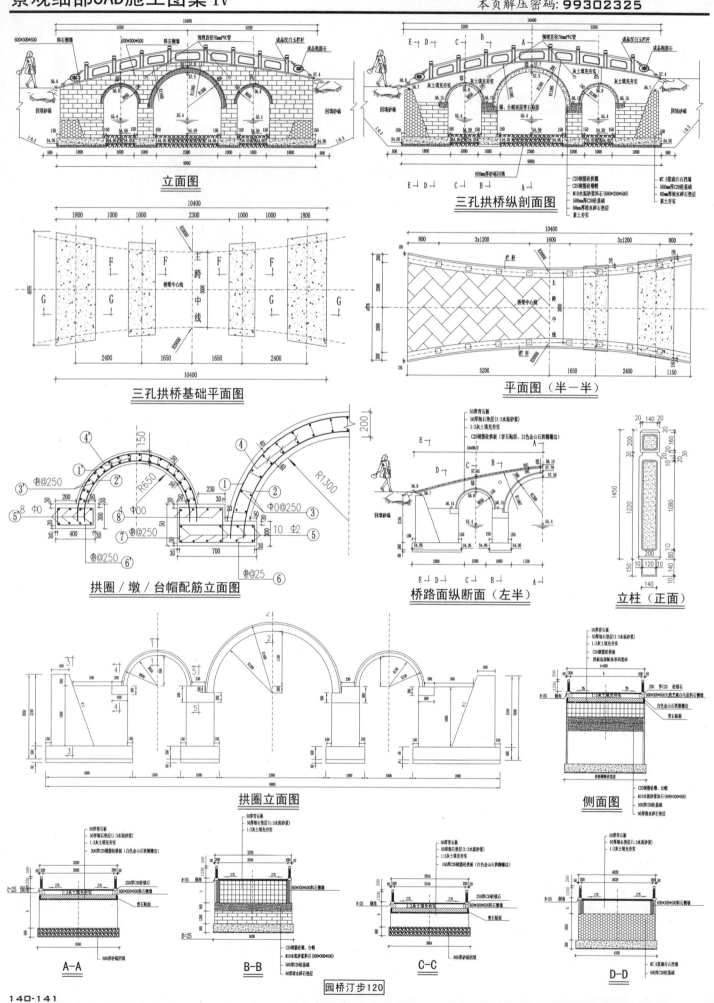

立面图

三孔拱桥纵剖面图

三孔拱桥基础平面图

平面图（半—半）

拱圈／墩／台帽配筋立面图

桥路面纵断面（左半）

立柱（正面）

拱圈立面图

侧面图

A—A

B—B

C—C

D—D

园桥汀步120

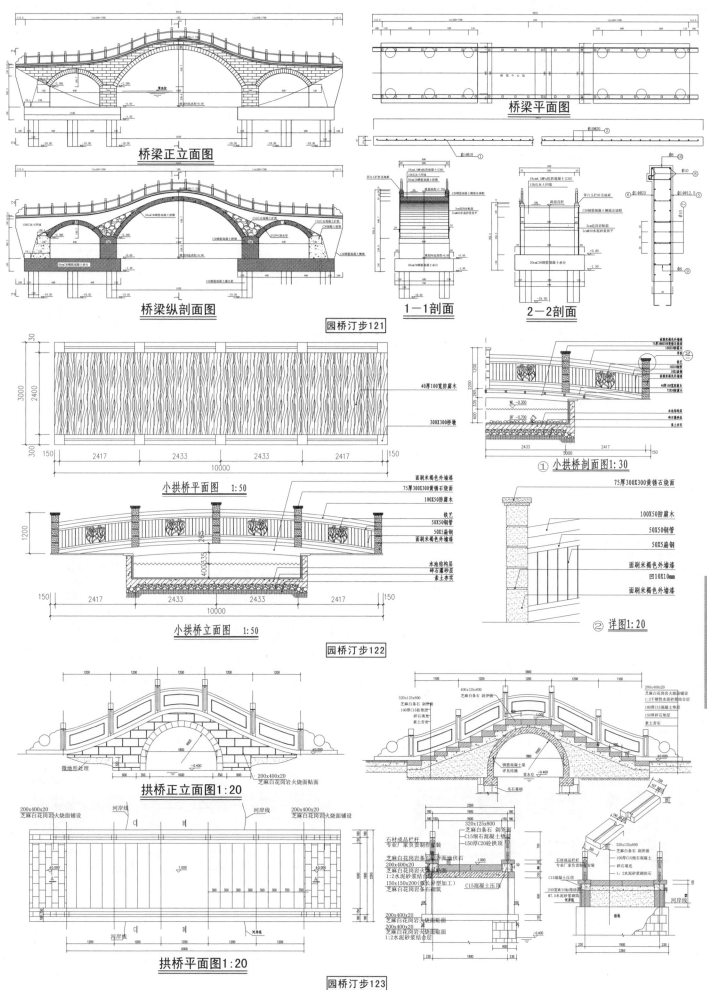

桥梁正立面图

桥梁平面图

桥梁纵剖面图

1—1剖面

2—2剖面

园桥汀步121

小拱桥平面图　1:50

① 小拱桥剖面图1:30

40厚100宽防腐木

300X300桥墩

小拱桥立面图　1:50

面刷米褐色外墙漆
75厚300X300黄锈石烧面
100X50防腐木
铁艺
50X50钢管
50X5扁钢
面刷米褐色外墙漆

水池结构层
碎石垫砂层
素土夯实

75厚300X300黄锈石烧面
100X50防腐木
50X50钢管
50X5扁钢
面刷米褐色外墙漆
凹10X10mm
面刷米褐色外墙漆

② 详图1:20

园桥汀步122

拱桥正立面图1:20

微地形处理

200x400x20
芝麻百花岗岩火烧面贴面

拱桥平面图1:20

200x400x20
芝麻百花岗岩火烧面铺设

河岸线

河岸线

200x400x20
芝麻百花岗岩火烧面铺设

石材成品栏杆
专业厂家负责制作安装
200x400x20
芝麻白花岗岩条石侧开面
1:2水泥砂浆结合层
150x150x200(另长型加工)
芝麻白花岗岩条石砌筑
200x400x20
芝麻百花岗岩火烧面贴面
200x400x20
芝麻百花岗岩火烧面贴面
1:2水泥砂浆结合层

320x125x800
芝麻白条石 剁斧面
100厚C15细石混凝土垫层
150厚C15混凝土垫层
素土夯实

400x125x800
芝麻白条石 剁斧面
1:3干硬性水泥砂浆结合层
100厚C15混凝土垫层
150厚石碎垫层
素土夯实

200x400x20
芝麻百花岗岩火烧面铺设
1:2干硬性水泥砂浆结合层
100厚C15混凝土垫层
碎石填充
素土夯实

钢筋混凝土梁
详见结构
荒石填筑
水石基础

320x125x800
芝麻白条石 剁斧面
100厚C15细石混凝土
碎石填充
1:2水泥砂浆砌块石

石材成品栏杆
专业厂家负责制作安装
C15混凝土压顶
240宽C10细卵砌河岸线
M7.5水泥砂浆砌碎石
河岸线

园桥汀步123

园桥汀步

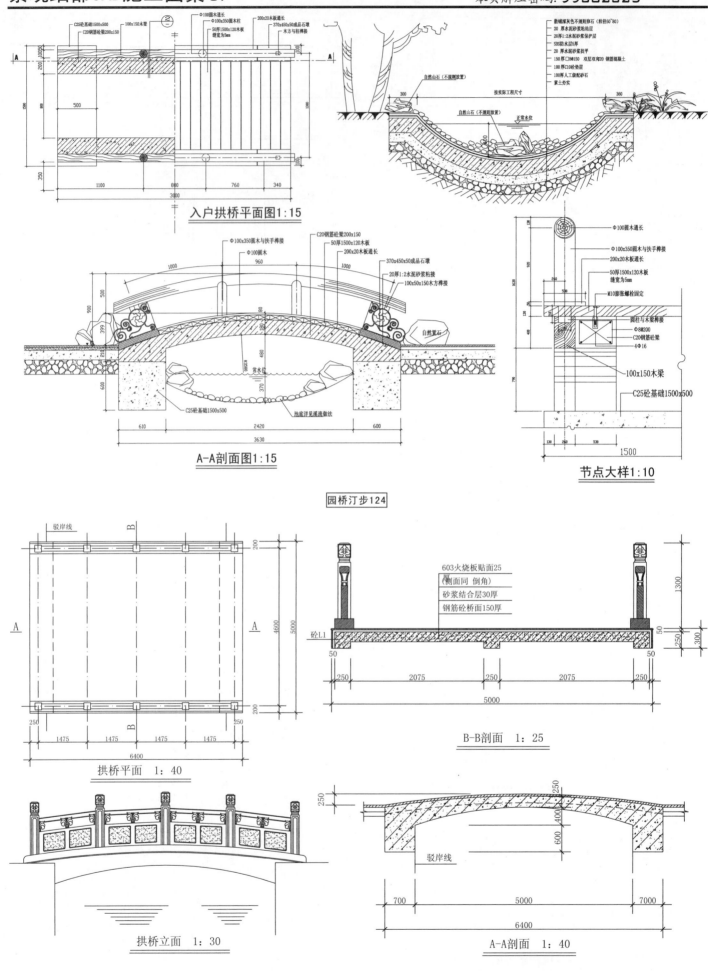

入户拱桥平面图1:15

A-A剖面图1:15

节点大样1:10

园桥汀步124

拱桥平面 1:40

B-B剖面 1:25

拱桥立面 1:30

A-A剖面 1:40

园桥汀步125

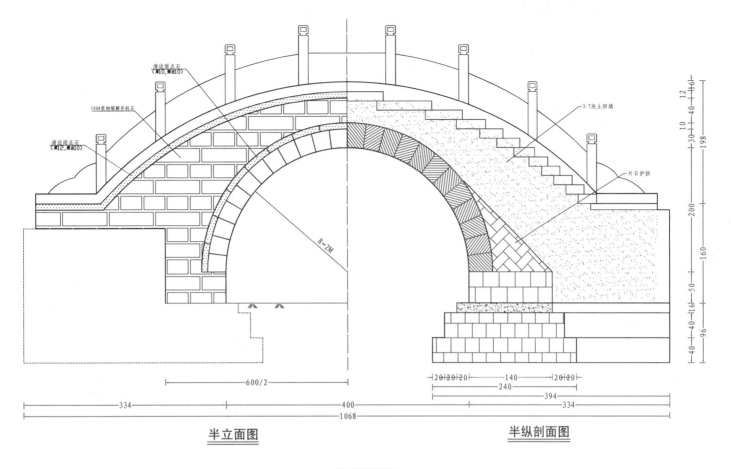

清边面点石
(两10,厚出10)

100#浆砌锯解齐剖石

清边面点石
(两12,厚出10)

3:7灰土回填

片石护拱

R=2M

12
10
30
40
198
200
160
50
16
40
96

600/2

20 20 20 · 140 · 20 20
240
394

334   400   334
1068

半立面图   半纵剖面图

园桥汀步126

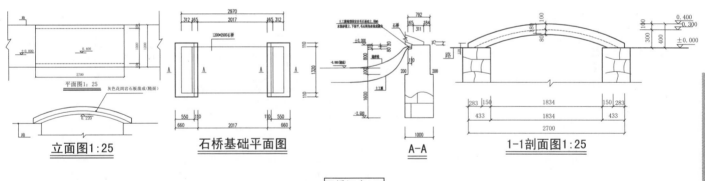

平面图1:25
灰色花岗岩石板盖成(随面)

立面图1:25

2970
312 165 2017 165 312

1200X2600石桥

550 110 2017 110 550
660   660

石桥基础平面图

土工基础膜层敷在毛石基础上,上部
水泥砂浆上,下层平,毛石架角处放线砌齐

792
165 184
311

A-A

180
100
80

0.400
0.300
±0.000
300
400

283 150 1834 150 283
433 1834 433
2700

1-1剖面图1:25

园桥汀步127

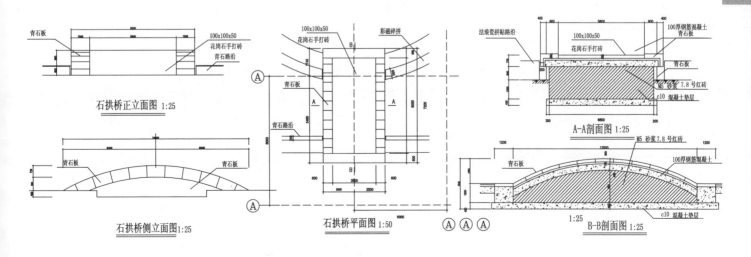

青石板

100x100x50
花岗石手打砖
青石路沿

石拱桥正立面图 1:25

青石板   青石板

石拱桥侧立面图1:25

100x100x50
花岗石手打砖

彩磁碎拼

青石板

青石路沿

青石路沿

石拱桥平面图1:50

法琅瓷拼贴路沿

100x100x50
花岗石手打砖

100厚钢筋混凝土
青石板

青石板

M5 砂浆 7.8号红砖
c10 混凝土垫层

A-A剖面图1:25

M5 砂浆 7.8号红砖

青石板

100厚钢筋混凝土

c10 混凝土垫层

1:25   B-B剖面图1:25

园桥汀步128

本页解压密码: 99302325

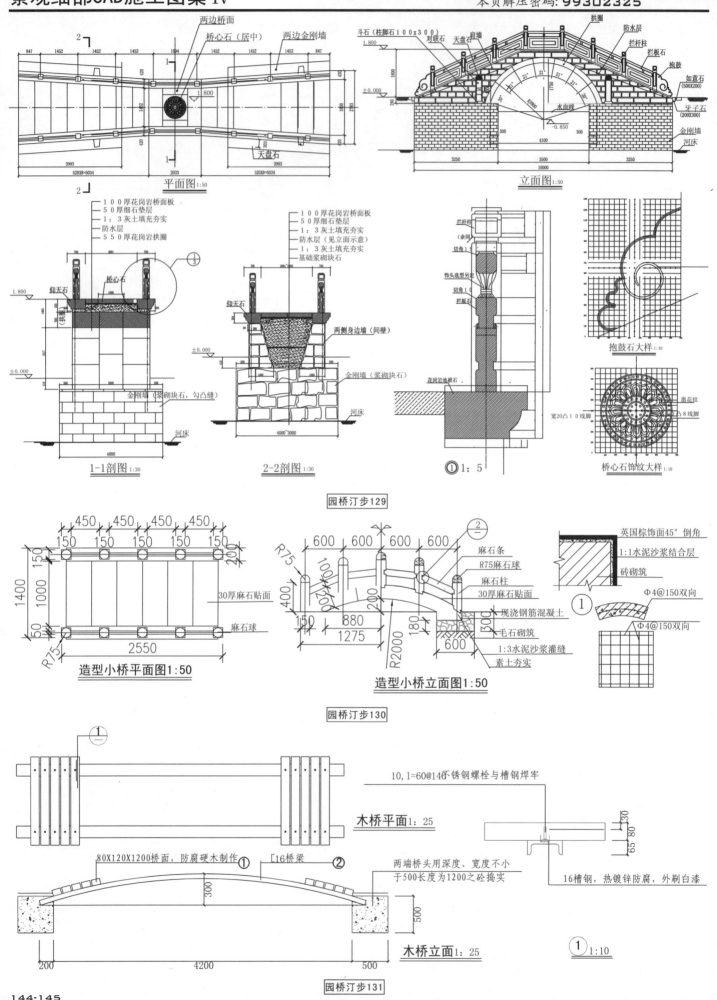

平面图 1:50

立面图 1:50

1-1剖图 1:30

2-2剖图 1:30

抱鼓石大样 1:10

桥心石饰纹大样 1:10

园桥汀步129

造型小桥平面图1:50

造型小桥立面图1:50

园桥汀步130

木桥平面 1:25

木桥立面 1:25

园桥汀步131

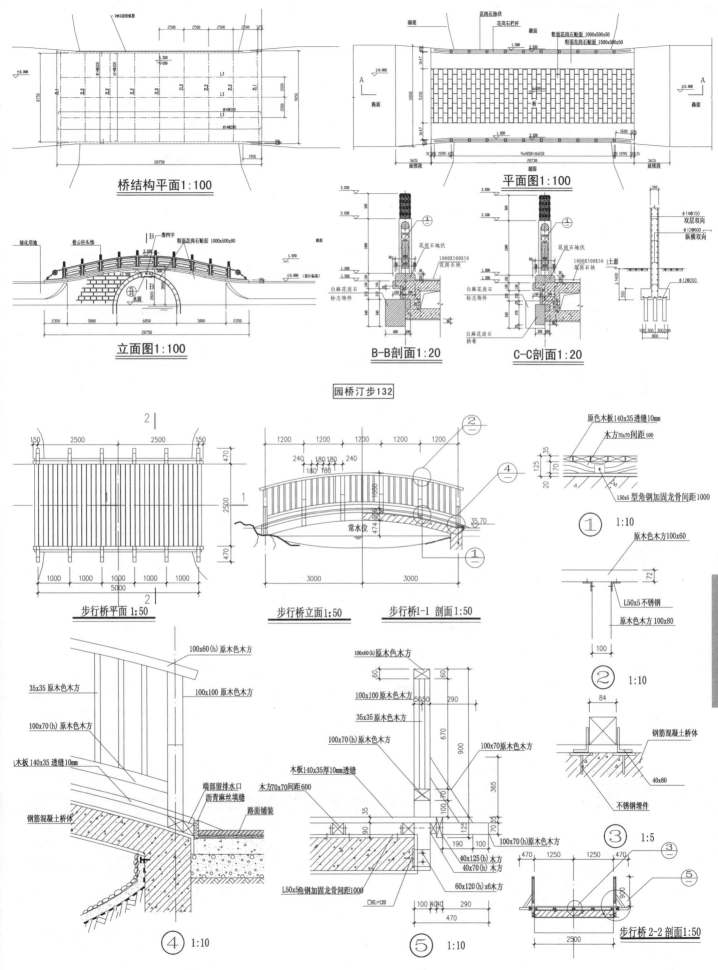

桥结构平面1:100

平面图1:100

立面图1:100

B-B剖面1:20

C-C剖面1:20

园桥汀步132

步行桥平面1:50

步行桥立面1:50

步行桥1-1 剖面1:50

① 1:10

② 1:10

③ 1:5

④ 1:10

⑤ 1:10

步行桥2-2剖面1:50

园桥汀步

园桥汀步133

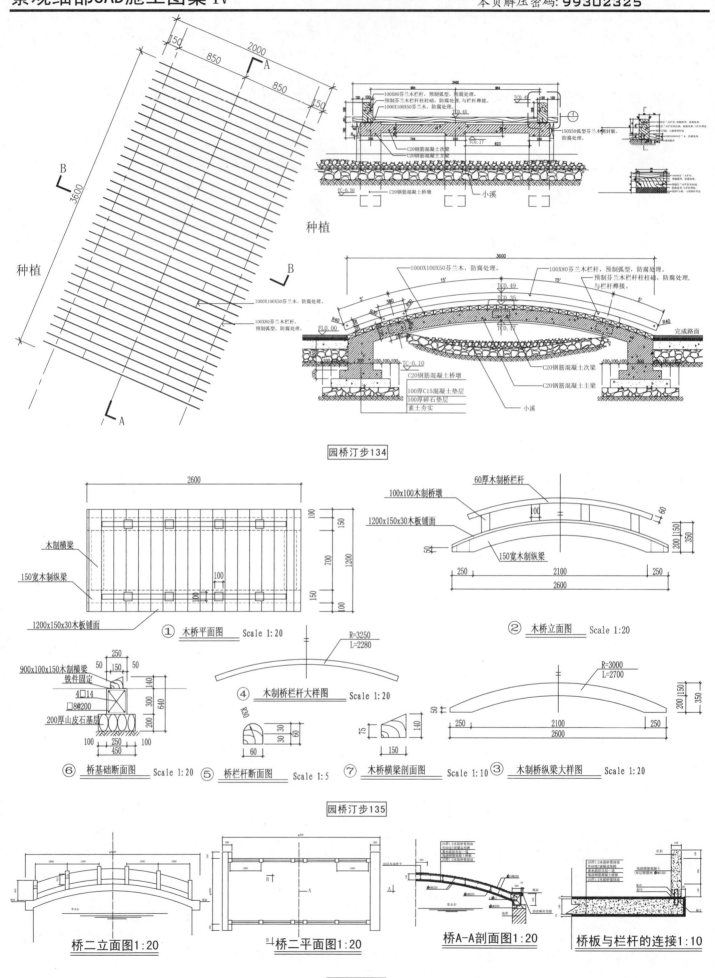

种植

种植

种植

1000X100X50芬兰木, 防腐处理。
100X80芬兰木栏杆, 预制弧型, 防腐处理。

园桥汀步134

① 木桥平面图 Scale 1:20

木制横梁
150宽木制纵梁
1200x150x30木板铺面

② 木桥立面图 Scale 1:20

60厚木制桥栏杆
100x100木制桥墩
1200x150x30木板铺面
150宽木制纵梁

⑥ 桥基础断面图 Scale 1:20

900x100x150木制横梁
铁件固定
200厚山皮石基层

④ 木制桥栏杆大样图 Scale 1:20

⑤ 桥栏杆断面图 Scale 1:5

⑦ 木桥横梁剖面图 Scale 1:10

③ 木制桥纵梁大样图 Scale 1:20

园桥汀步135

桥二立面图 1:20

桥二平面图 1:20

桥A-A剖面图 1:20

桥板与栏杆的连接 1:10

园桥汀步136

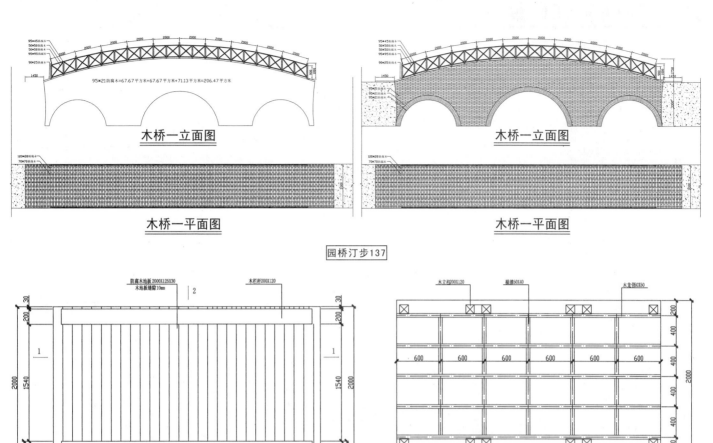

木桥一立面图

95×21防腐木=67.67平方米+67.67平方米+71.13平方米=206.47平方米

木桥一平面图

木桥一立面图

木桥一平面图

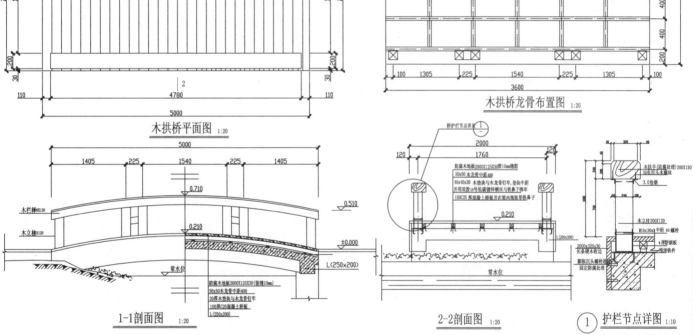

防腐木地板2000X125X30
木地板铺缝10mm

木栏杆200X120

木拱桥平面图 1:20

木立柱200X120   横撑50X40   木龙骨50X50

木拱桥龙骨布置图 1:20

1-1剖面图 1:20

木栏杆200X120

木立柱200X120

防腐木地板2000X125X30(留缝10mm)
50x50木龙骨中距400
20厚木垫块与木龙骨钉牢
100厚C25混凝土桥面板
L(250x200)

2-2剖面图 1:20

桥护栏节点详图

防腐木地板2000X125X30留10mm铺缝
50x50 木龙骨中距400
40x40x20 木垫块与木龙骨钉牢,垫块中距
并用双股13号低碳镀锌钢丝与铁鼻子拴牢
150C25 厚混凝土桥板并在梁内预面形铁鼻子

护栏节点详图 1:10

木扶手(防腐处理)200X120
50长沉头木螺丝
3.0角钢

木立柱200X120
M10x150x3中距 60螺栓
4厚钢板

2000x320x70长条硬木收边
膨胀沉头螺栓连接
固定防腐处理

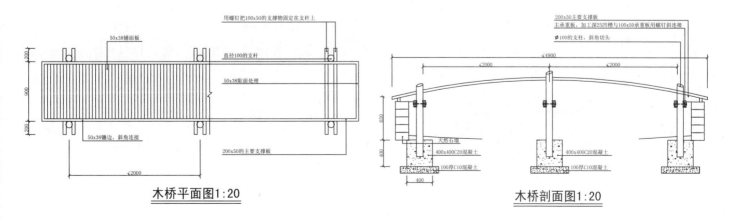

用螺钉把100x50的支撑物固定在支杆上

50x38铺面板

直径100的支杆

50x38贴面处理

50x38镶边,斜角连接

200x50的主要支撑板

木桥平面图1:20

200x50主要支撑板
主承重板,加工深25凹槽与100x50承重板用螺钉斜角连接

Ø100的支柱,斜角切头

天然石墙
400x400C20混凝土
100厚C10混凝土

木桥剖面图1:20

本页解压密码: **99302325**

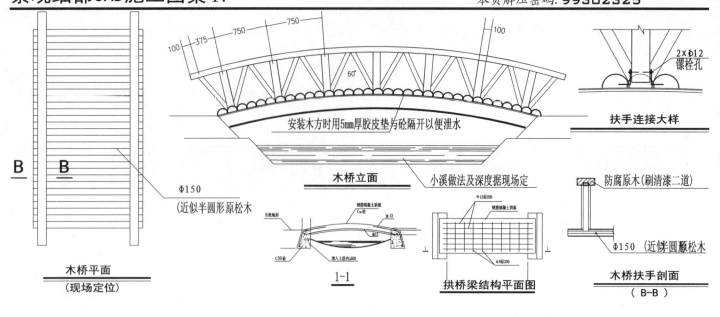

园桥汀步140

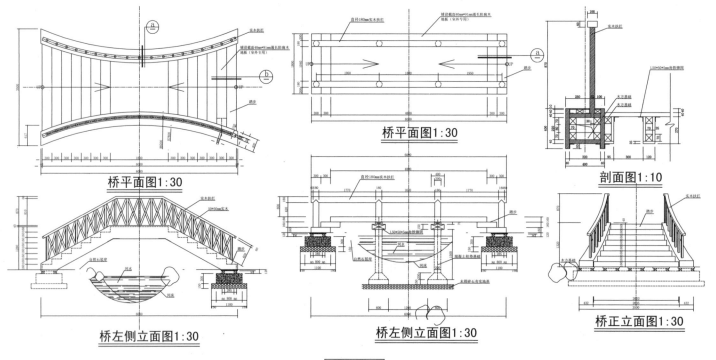

园桥汀步141

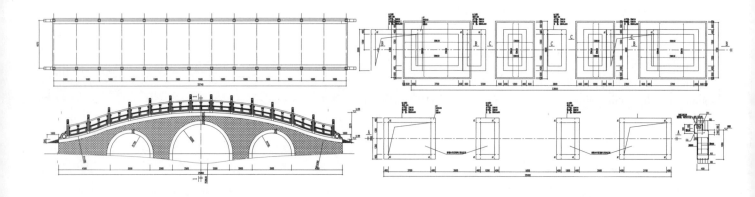

园桥汀步142

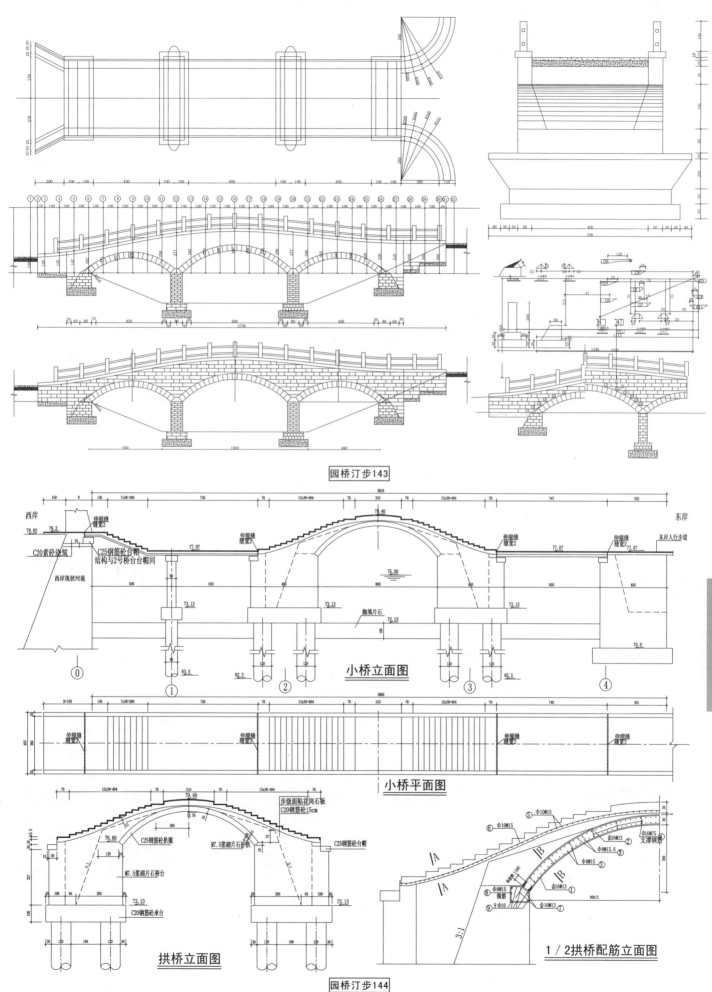

园桥汀步143

小桥立面图

小桥平面图

拱桥立面图

1/2拱桥配筋立面图

园桥汀步144

园桥汀步145

拱桥立面1:50

花岗岩台阶1000*320*135

拱桥台阶1:50　　1—1剖面1:20　　拱桥立面台阶1:50　　拱桥曲线1:50　　栏杆大样1:20

300*150*15花岗岩贴面

刷灰灰色涂料

1:3水泥防裂
灰色涂料罩面

素土夯实

M7.5浆砌块石护拱

M7.5水泥砂浆毛石桥台

常水位

拱桥立面1:50

园桥汀步146

石拱桥平面1:100

石拱桥C-C剖面1:100

35 厚1:2 水泥豆石抹平后水刷(微露小豆石)
结构层

30厚聚合物水泥砂浆

天然石材

石头漆饰面

结构层

1:10

D50不锈钢钢管

预埋方铁
80见方

焊牢

结构层

35 厚1:2 水泥豆石抹平后水刷(微露小豆石)
结构层

③ 1:10

② 1:10

石拱桥立面1:100

园桥汀步147

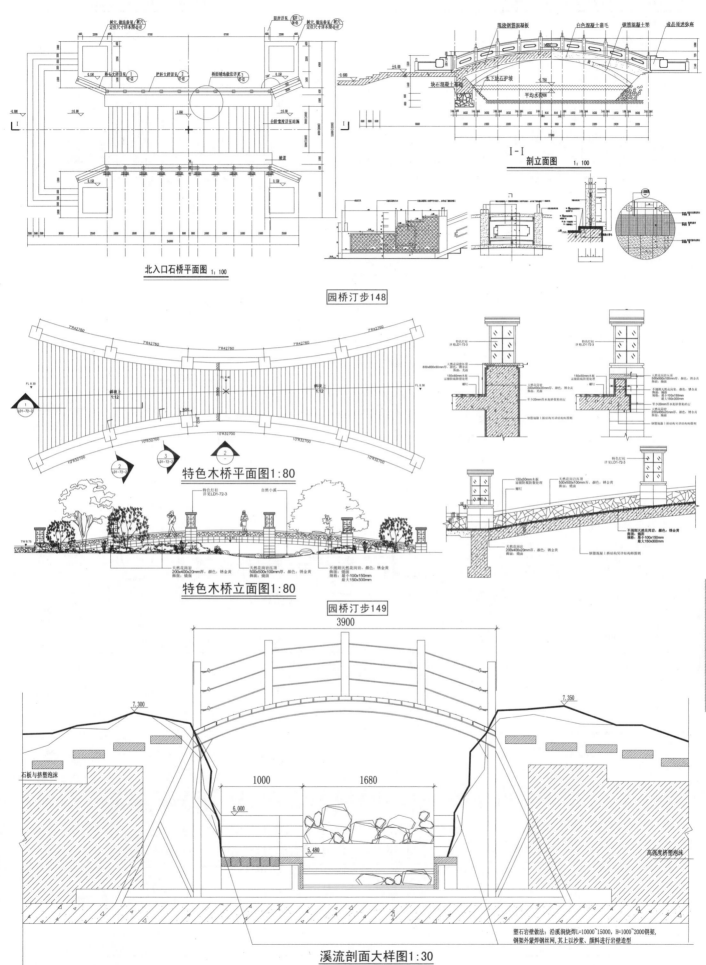

北入口石桥平面图 1:100

I-I
剖立面图 1:100

园桥汀步148

特色木桥平面图1:80

特色木桥立面图1:80

园桥汀步149

3900

溪流剖面大样图1:30

园桥汀步150

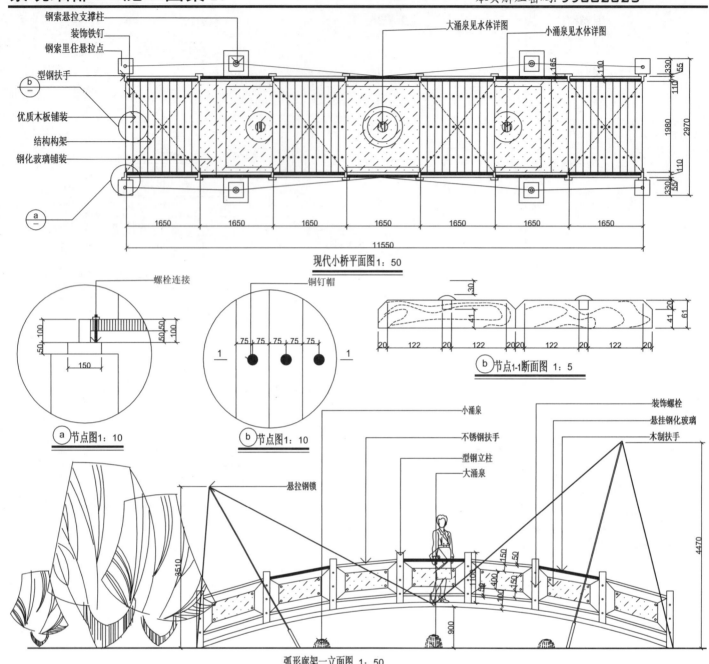

钢索悬拉支撑柱
装饰铁钉
钢索里住悬拉点
型钢扶手
优质木板铺装
结构构架
钢化玻璃铺装

大涌泉见水体详图
小涌泉见水体详图

现代小桥平面图 1：50

螺栓连接

a 节点图 1：10

铜钉帽

b 节点图 1：10

b 节点1-1断面图 1：5

装饰螺栓
悬挂钢化玻璃
木制扶手

小涌泉
不锈钢扶手
型钢立柱
大涌泉

悬拉钢锁

弧形廊架一立面图 1：50

园桥汀步151

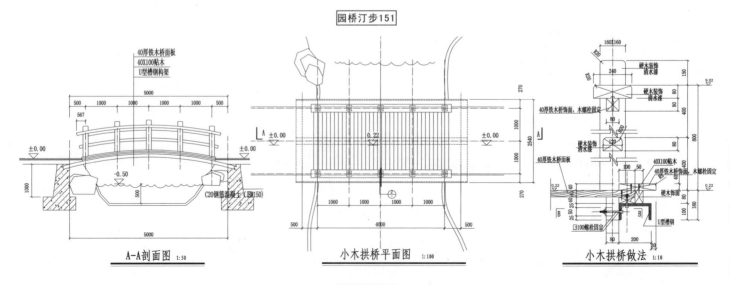

40厚铁木桥面板
40X100贴木
U型槽钢构架

A—A剖面图 1：50

C20钢筋混凝土（图150）

小木拱桥平面图 1：100

硬木装饰 清水漆
40厚铁木桥饰面，木螺栓固定
硬木装饰 清水漆
40X100贴木
40厚铁木桥饰面，木螺栓固定
硬木饰面
U型槽钢
ø100螺栓固定

小木拱桥做法 1：10

园桥汀步152

3厚80X40扁钢管防锈处理面饰黑漆   20厚80宽扁钢防锈处理面饰黑漆

□16@200
□B拉筋

20厚锈石火烧面

120
1950
2400
120

1800   1800   1800   1800
8250

150厚C20钢筋砼桥体结构
20厚水泥混合物(上:砂=1:3)
100厚级配碎石垫层
50厚石粉渣垫层
素土夯实(>95%)

小桥A平面图1:30

局部剖面图1:10

1200   1200   1200   1200

④

面层见材料平面
10厚素水泥浆结合层
100厚C20细石垫层表面抹平
20厚土混合物(上:砂=1:3)
素纤无纺布一层
100厚级配碎石垫层(滤水层)
轻质砂找坡层抹平
100厚砼垫层
轻质土回填夯实
楼板结构

□10螺纹钢面饰黑漆
20厚80宽扁钢防锈处理面饰黑漆
3厚80X40扁钢管防锈处理面饰黑漆

500 300 300 300

150厚C20钢筋砼桥体

轻质土回填夯实
150厚C20钢筋砼桥体结构
20厚砂土混合物(上:砂=1:3)
100厚级配碎石垫层
50厚石粉渣垫层
轻质砖

④

⑥

轻质砖砌体

塑石

地库边缘挡土墙

84.7 (W.L)

⑤
150厚C20钢筋砼水池结构

局部剖面图1:10

i=2%

3厚80X40扁钢管防锈处理面饰黑漆
□B通长筋

20厚石材面层
20厚水泥素浆结合层
150厚C20钢筋砼墙体结构

□8@200

40厚锈石火烧面沿口上下抹圆角
10厚水泥素浆结合层
150厚C20钢筋砼墙体结构

82.9 (B.P)

浅黄色室外喷涂

小桥A剖面图1:30

局部剖面图1:10

园桥汀步153

3500
300   2600   300
440 500   500   500 500 440

150*60桥栏,配筋:2□6,箍筋□6@200

100*60桥杆 2□钢筋上下连接

24.050
60
60
410
300

4□12,□6@200   □8@150   □8@180   24.000

23.700

24.050

锈石板冰裂纹
园路

小桥栏杆

1800   250
250

锈石板冰裂纹桥面

④

汀步石

锈石板冰裂纹
30厚1:3干硬性水泥沙浆结合层
100厚C20混凝土垫层
150厚碎石灌砂垫层
素土夯实

20 1:3水泥砂浆(掺
80厚C20混凝混凝土
150厚碎石灌砂垫层
素土夯实

800*400*80花岗岩664荔枝面
50厚砂垫层
素土夯实
(5% 防水剂)抹面
□6@200双向钢筋网)

小桥平面图1:20

3500
300   2600   300
440 500   500   500 500 440

C25 钢筋混凝土桥栏
150

2□6   □6@180
60
60
100

隶书(阴刻)

24.050

300
460
50 50 100
300
拱高00

小桥栏杆

隶书(阴刻)

C25 钢筋混凝土桥杆 100*60
2□钢筋上下连接

锈石板冰裂纹
30厚1:3干硬性水泥沙浆结合层
30厚C25钢筋混凝土桥板

□8@180
□8@150

2□10
□6@180
200

2□14

小桥2-2剖面1:20

小桥立面图1:20

园桥汀步154

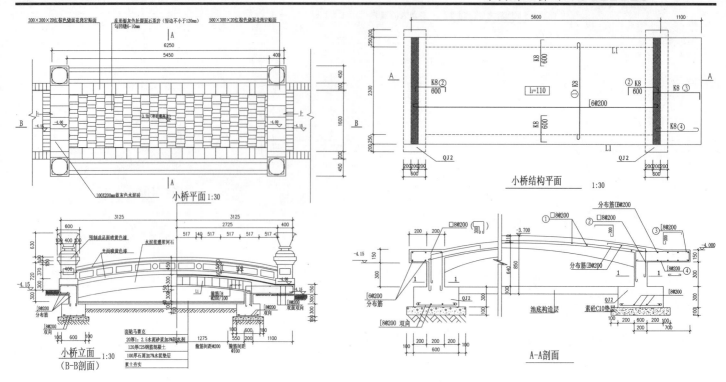

小桥平面 1:30

小桥结构平面 1:30

小桥立面
（B-B剖面）

A-A剖面

园桥汀步155

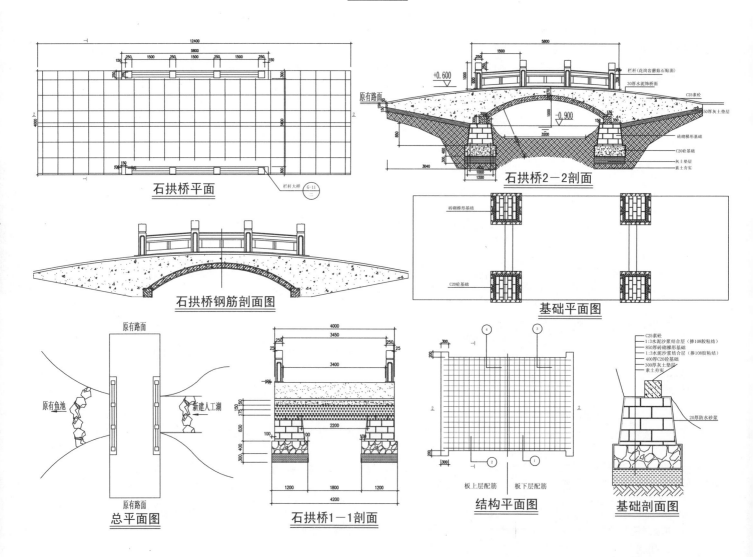

石拱桥平面

石拱桥2—2剖面

石拱桥钢筋剖面图

基础平面图

总平面图

石拱桥1—1剖面

结构平面图

基础剖面图

园桥汀步156

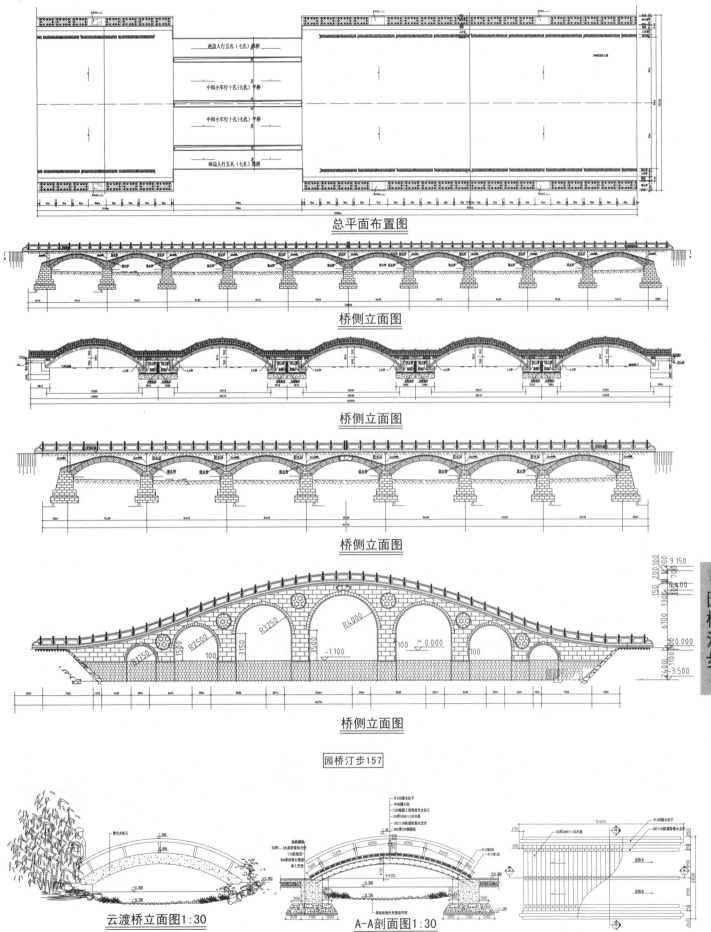

总平面布置图

桥侧立面图

桥侧立面图

桥侧立面图

桥侧立面图

园桥汀步157

云渡桥立面图1:30

A—A剖面图1:30

云渡桥平面图1:30

园桥汀步158

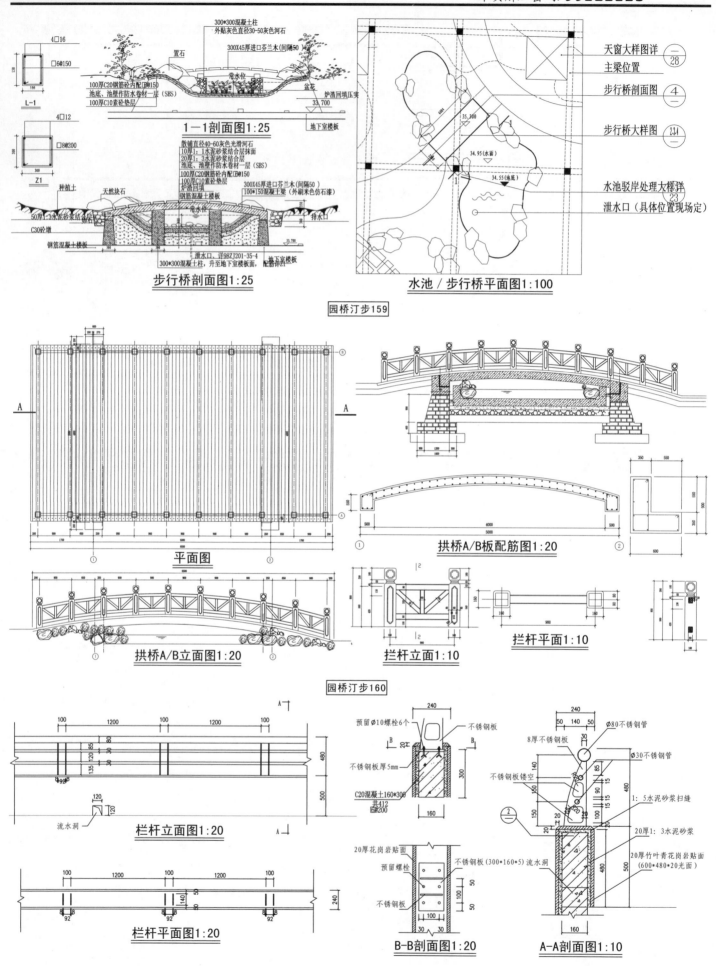

图集标题: 园桥汀步159

平面图

拱桥A/B立面图1:20

拱桥A/B板配筋图1:20

栏杆立面1:10

栏杆平面1:10

园桥汀步160

栏杆立面图1:20

栏杆平面图1:20

流水洞

B-B剖面图1:20

A-A剖面图1:10

园桥汀步161

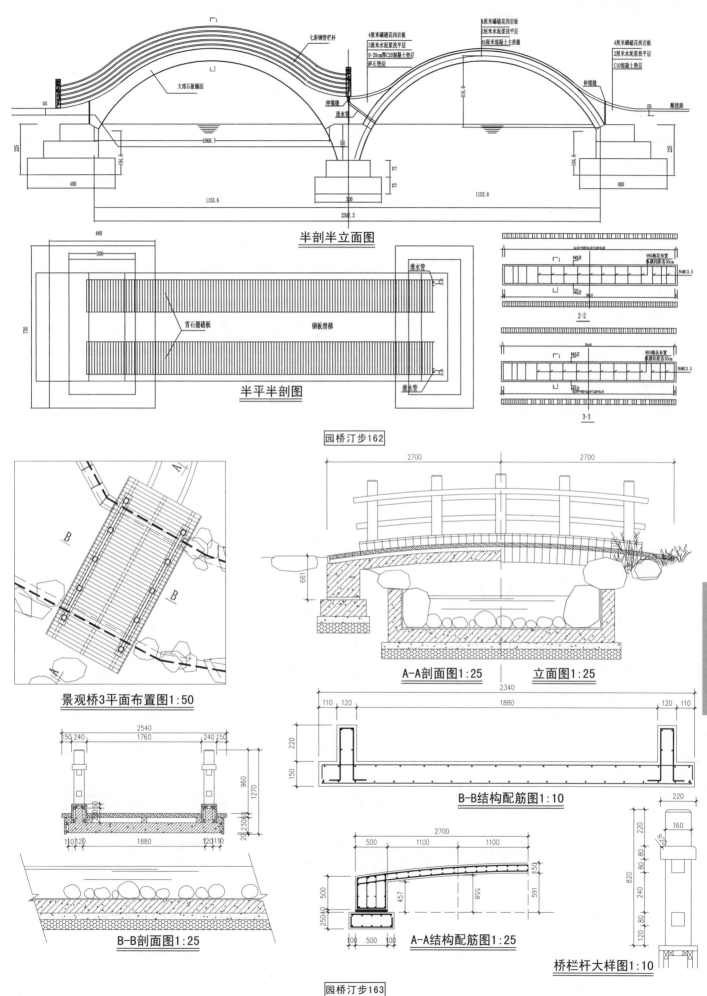

七彩钢管芒杆

4厘米碘磁花岗岩板
2厘米水泥浆找平层
0-20cm厚C20混凝土垫层
碎石垫层

4厘米碘磁花岗岩板
2厘米水泥浆找平层
45厘米混凝土主拱圈

4厘米碘磁花岗岩板
2厘米水泥浆找平层
C10混凝土垫层

大理石板镶面

伸缩缝

泄水管

伸缩缝

顺接路

半剖半立面图

泄水管

青石僵磁板

钢板滑梯

半平半剖图

泄水管

2-2

3-3

园桥汀步162

景观桥3平面布置图1:50

A-A剖面图1:25   立面图1:25

B-B结构配筋图1:10

B-B剖面图1:25

A-A结构配筋图1:25

桥栏杆大样图1:10

园桥汀步163

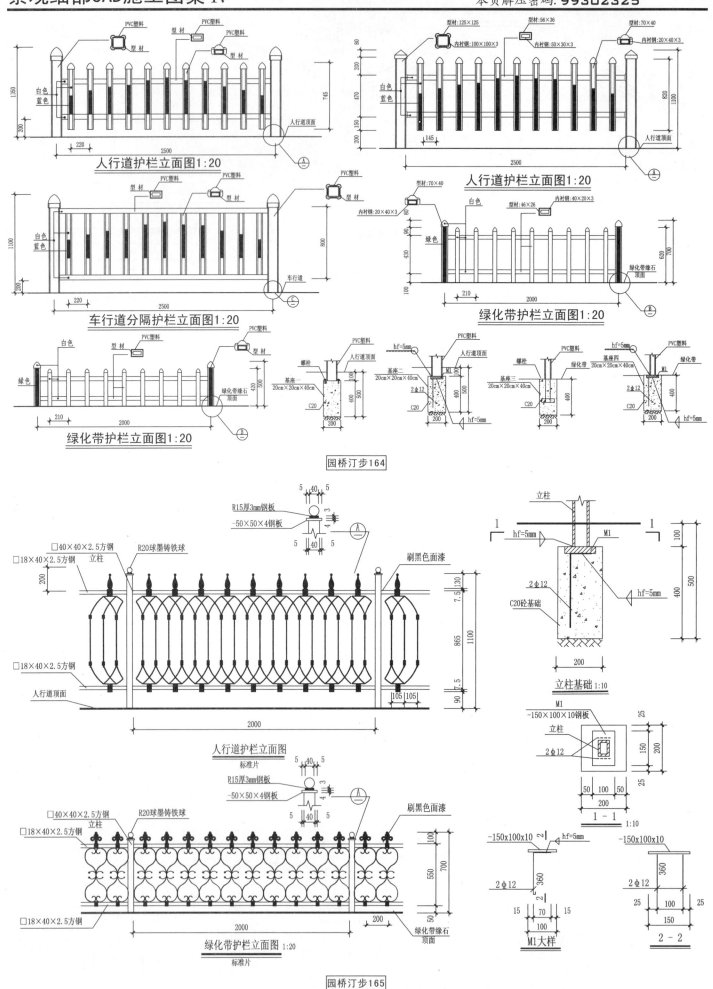

人行道护栏立面图1:20

人行道护栏立面图1:20

车行道分隔护栏立面图1:20

绿化带护栏立面图1:20

绿化带护栏立面图1:20

园桥汀步164

人行道护栏立面图
标准片

立柱基础 1:10

M1大样

绿化带护栏立面图1:20
标准片

园桥汀步165

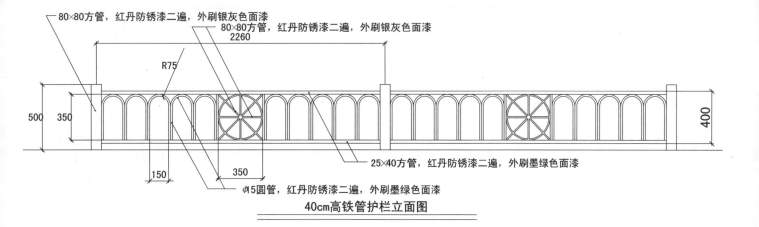

80×80方管，红丹防锈漆二遍，外刷银灰色面漆

80×80方管，红丹防锈漆二遍，外刷银灰色面漆

2260

R75

500

350

400

150

350

25×40方管，红丹防锈漆二遍，外刷墨绿色面漆

Φ15圆管，红丹防锈漆二遍，外刷墨绿色面漆

40cm高铁管护栏立面图

园桥汀步166

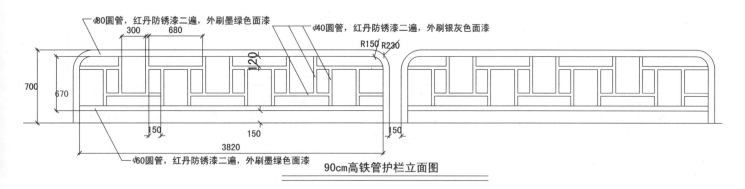

Φ80圆管，红丹防锈漆二遍，外刷墨绿色面漆

Φ40圆管，红丹防锈漆二遍，外刷银灰色面漆

300 680

120

R150 R230

700

670

150 150 150

3820

Φ60圆管，红丹防锈漆二遍，外刷墨绿色面漆

90cm高铁管护栏立面图

园桥汀步167

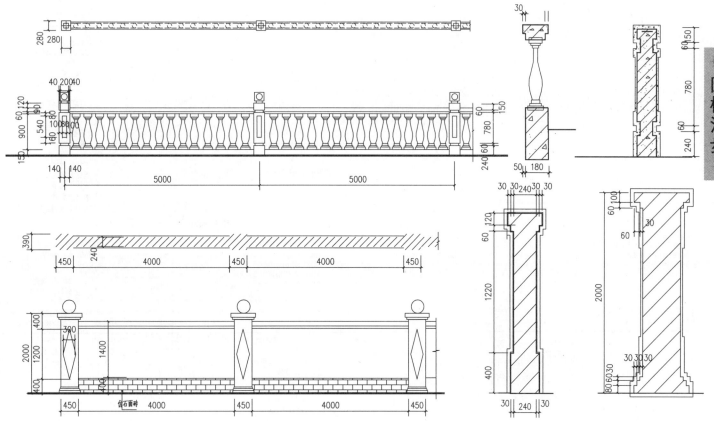

280

280

40 20 40

60 120

900

540

150

140 140

5000 5000

30

150

780

60

240

50 180

390

240

450 4000 450 4000 450

400

2000

1200

400

390

1400

450 4000 450 4000 450

仿石面砖

30 30 240 30 30

120

60

1220

400

30 240 30

60 50

780

60

240

60 100

60

30

2000

30 30 30

80 60 30

园桥汀步168

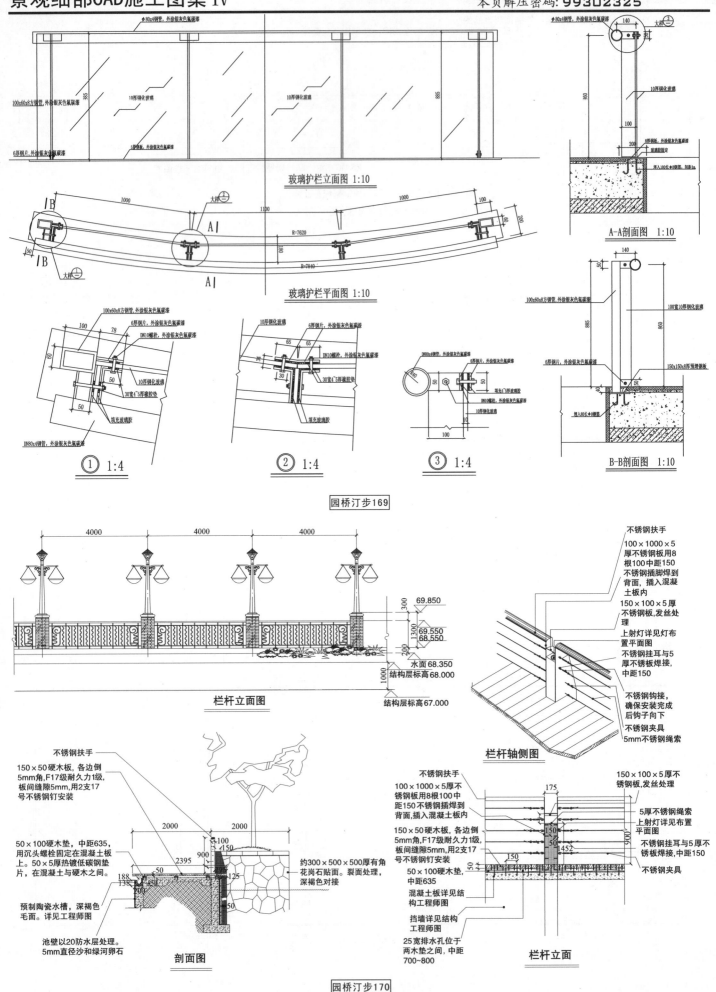

φ80x4钢管, 外涂银灰色氟碳漆

100x60x8方钢管, 外涂银灰色氟碳漆

10厚钢化玻璃

10厚钢化玻璃

6厚钢片, 外涂银灰色氟碳漆

玻璃护栏立面图 1:10

140

大栏

10厚钢化玻璃

6厚钢板, 外涂银灰色氟碳漆

玻璃固定

埋入100长φ8钢筋, 间距1m

A-A剖面图 1:10

1000

大栏

1000

100

A

B

R-7620

B

大栏

R-7840

A

玻璃护栏平面图 1:10

140

100x60x8方钢管, 外涂银灰色氟碳漆

100宽10厚钢化玻璃

6厚钢片, 外涂银灰色氟碳漆

150x150x8厚预埋钢板

埋入80长φ8钢筋

B-B剖面图 1:10

100x60x8方钢管, 外涂银灰色氟碳漆

6厚钢片, 外涂银灰色氟碳漆

DN10螺栓

10厚钢化玻璃

30宽4.5厚橡胶垫

填充玻璃胶

DN80x4钢管, 外涂银灰色氟碳漆

① 1:4

10厚钢化玻璃

6厚钢片, 外涂银灰色氟碳漆

DN10螺栓, 外涂银灰色氟碳漆

30宽4.5厚橡胶垫

填充玻璃胶

② 1:4

DN80x4钢管, 外涂银灰色氟碳漆

6厚钢片, 外涂银灰色氟碳漆

DN10螺栓

填充门厚玻璃胶

10厚钢化玻璃

③ 1:4

园桥汀步169

4000　　4000　　4000

300

69.850

1300

69.550
68.550

200

水面 68.350

1000

结构层标高 68.000

结构层标高 67.000

栏杆立面图

不锈钢扶手

100×1000×5厚不锈钢板用8根100中距150不锈钢插脚焊到背面, 插入混凝土板内

150×100×5厚不锈钢板, 发丝处理

上射灯详见灯布置平面图

不锈钢挂耳与5厚不锈钢板焊接, 中距150

不锈钢钩接, 确保安装完成后钩子向下

不锈钢夹具

5mm不锈钢绳索

栏杆轴侧图

不锈钢扶手

150×50硬木板, 各边倒5mm角, F17级耐久力1级, 板间缝隙5mm, 用2支17号不锈钢钉安装

2000　　2000

50×100硬木垫, 中距635, 用沉头螺栓固定在混凝土板上。50×50厚热镀低碳钢垫片, 在混凝土与硬木之间。

约300×500×500厚角花岗石贴面。裂面处理, 深褐色对接

预制陶瓷水槽, 深褐色毛面。详见工程师图

池壁以20防水层处理。5mm直径沙和绿河卵石

剖面图

不锈钢扶手

100×1000×5厚不锈钢板用8根100中距150不锈钢插脚焊到背面, 插入混凝土板内

150×50硬木板, 各边倒5mm角, F17级耐久力1级, 板间缝隙5mm, 用2支17号不锈钢钉安装

50×100硬木垫, 中距635

混凝土板详见结构工程师图

挡墙详见结构工程师图

25宽排水孔位于两木垫之间, 中距700~800

175

150×100×5厚不锈钢板, 发丝处理

5厚不锈钢绳索

上射灯详见布置平面图

不锈钢挂耳与5厚不锈钢板焊接, 中距150

不锈钢夹具

栏杆立面

园桥汀步170

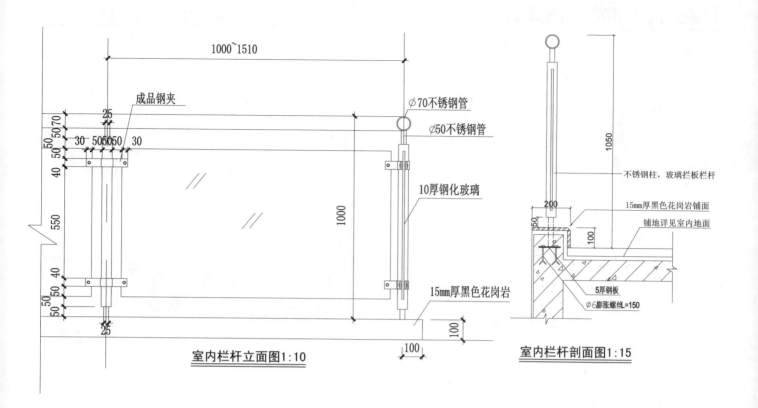

成品钢夹

25

Ø70不锈钢管

Ø50不锈钢管

1000~1510

10厚钢化玻璃

15mm厚黑色花岗岩

1000

1050

不锈钢柱，玻璃拦板栏杆

15mm厚黑色花岗岩铺面

铺地详见室内地面

5厚钢板

Ø6膨胀螺丝=150

200

100

100

100

室内栏杆立面图1:10

室内栏杆剖面图1:15

园桥汀步171

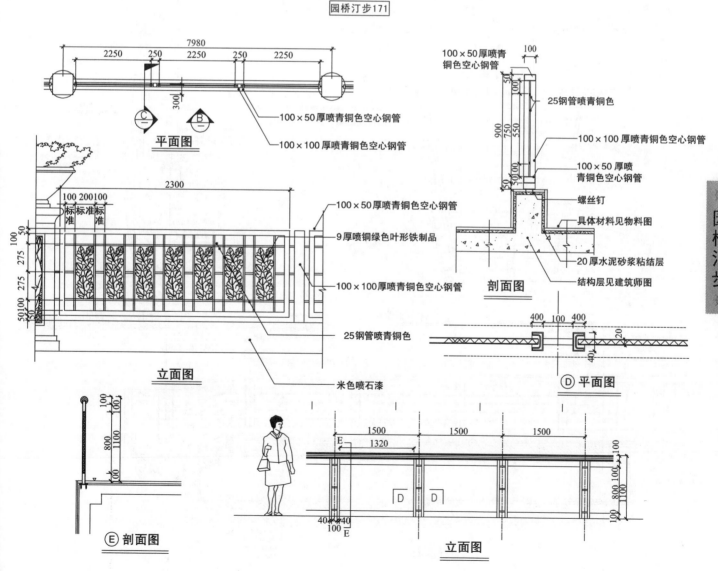

7980

2250 250 2250 250 2250

300

平面图

100×50厚喷青铜色空心钢管

100×100厚喷青铜色空心钢管

2300

100 200100

标 标 标
准 准 准

立面图

100×50厚喷青铜色空心钢管

9厚喷铜绿色叶形铁制品

100×100厚喷青铜色空心钢管

25钢管喷青铜色

米色喷石漆

100×50厚喷青
铜色空心钢管

100

25钢管喷青铜色

900 750 550

100×100厚喷青铜色空心钢管

100×50厚喷
青铜色空心钢管

螺丝钉

具体材料见物料图

20厚水泥砂浆粘结层

结构层见建筑师图

剖面图

400 100 400

D 平面图

E 剖面图

1500 1500 1500

1320

E

D D

40 40
100
E

立面图

园桥汀步172

园
桥
汀
步

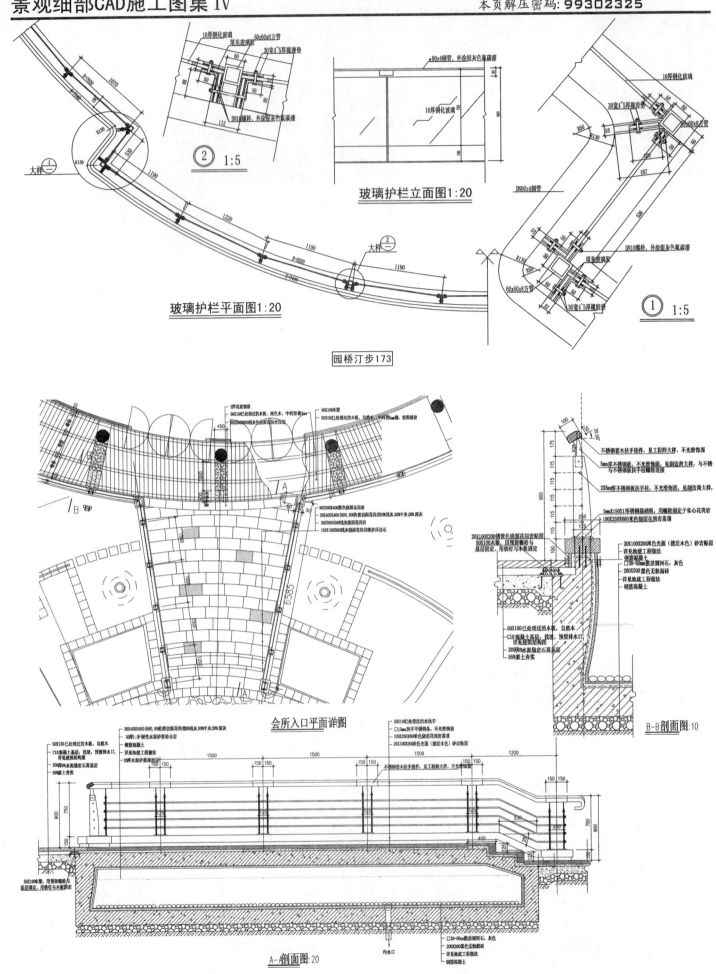

玻璃护栏平面图1:20

玻璃护栏立面图1:20

② 1:5

① 1:5

园桥汀步173

会所入口平面详图

B-B 剖面图:10

A-剖面图:20

园桥汀步174

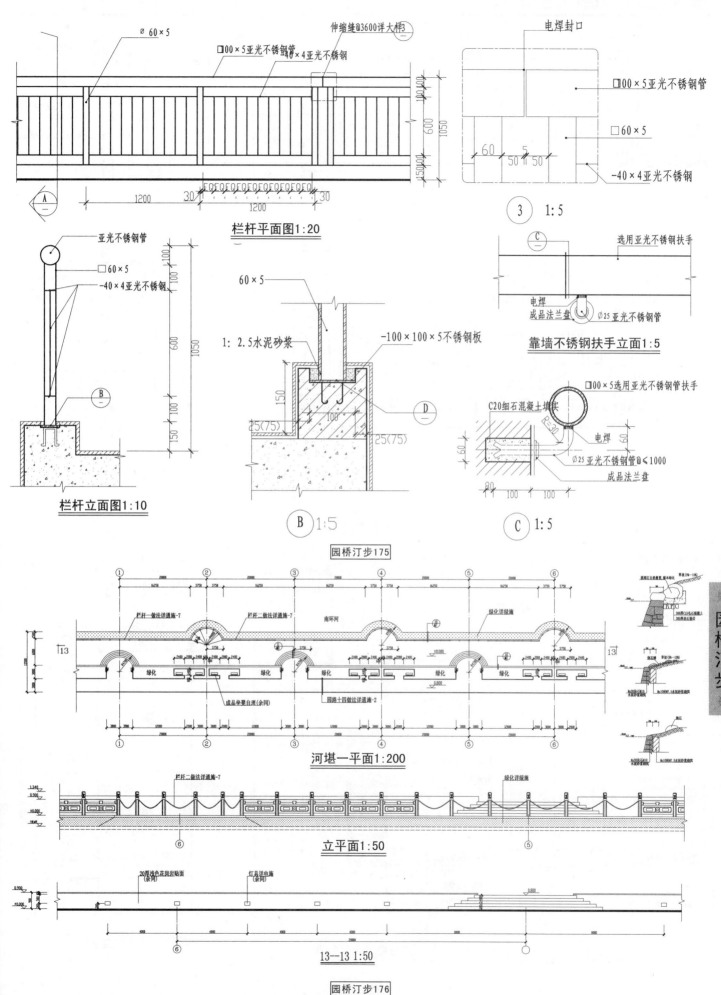

Ø60×5

伸缩缝@3600详大样3

□00×5亚光不锈钢管

□40×4亚光不锈钢

电焊封口

□00×5亚光不锈钢管

□60×5

-40×4亚光不锈钢

60   50   50

3 1:5

1200   30

1200   30

栏杆平面图1:20

亚光不锈钢管

□60×5

-40×4亚光不锈钢

B

栏杆立面图1:10

60×5

1:2.5水泥砂浆

-100×100×5不锈钢板

D

25(75)   100   25(75)

B 1:5

选用亚光不锈钢扶手

电焊
成品法兰盘   Ø25亚光不锈钢管

靠墙不锈钢扶手立面1:5

□00×5选用亚光不锈钢管扶手

C20细石混凝土填块

电焊

Ø25亚光不锈钢管@≤1000
成品法兰盘

80   100   100

C 1:5

园桥汀步175

栏杆一做法详通施-7

栏杆二做法详通施-7

南环河

绿化详绿施

绿化

绿化

绿化

成品坐凳自理(余同)

园路十四做法详通施-2

河堤一平面1:200

栏杆二做法详通施-7

绿化详绿施

立平面1:50

20厚浅色花岗岩贴面
(余同)

灯具详电施
(余同)

13--13 1:50

园桥汀步176

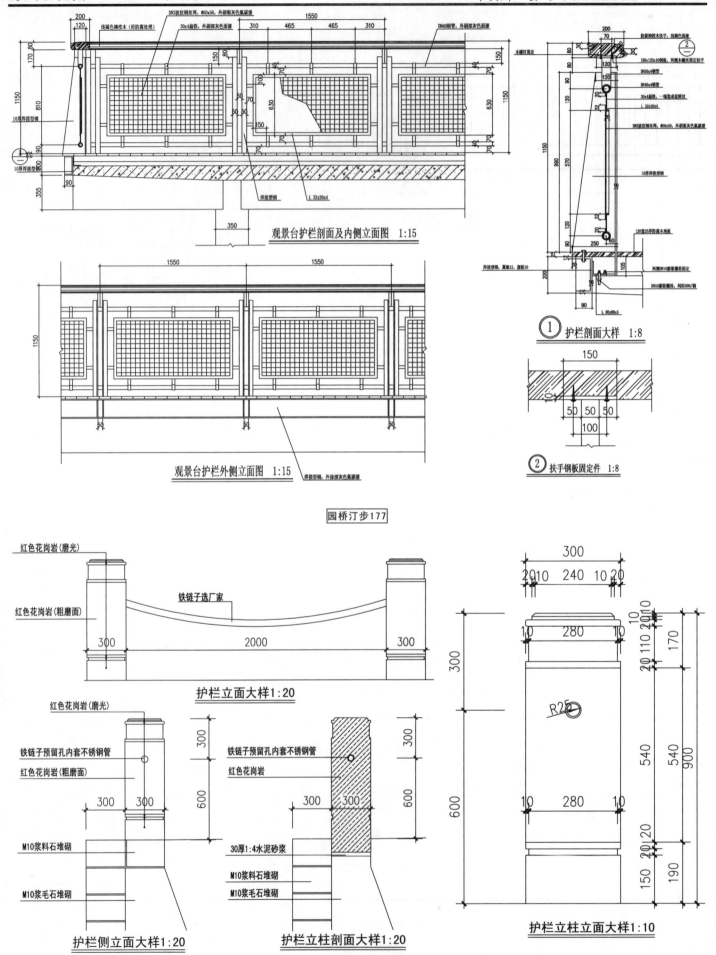

观景台护栏剖面及内侧立面图 1:15

观景台护栏外侧立面图 1:15

① 护栏剖面大样 1:8

② 扶手钢板固定件 1:8

园桥汀步177

护栏立面大样1:20

护栏侧立面大样1:20

护栏立柱剖面大样1:20

护栏立柱立面大样1:10

园桥汀步178

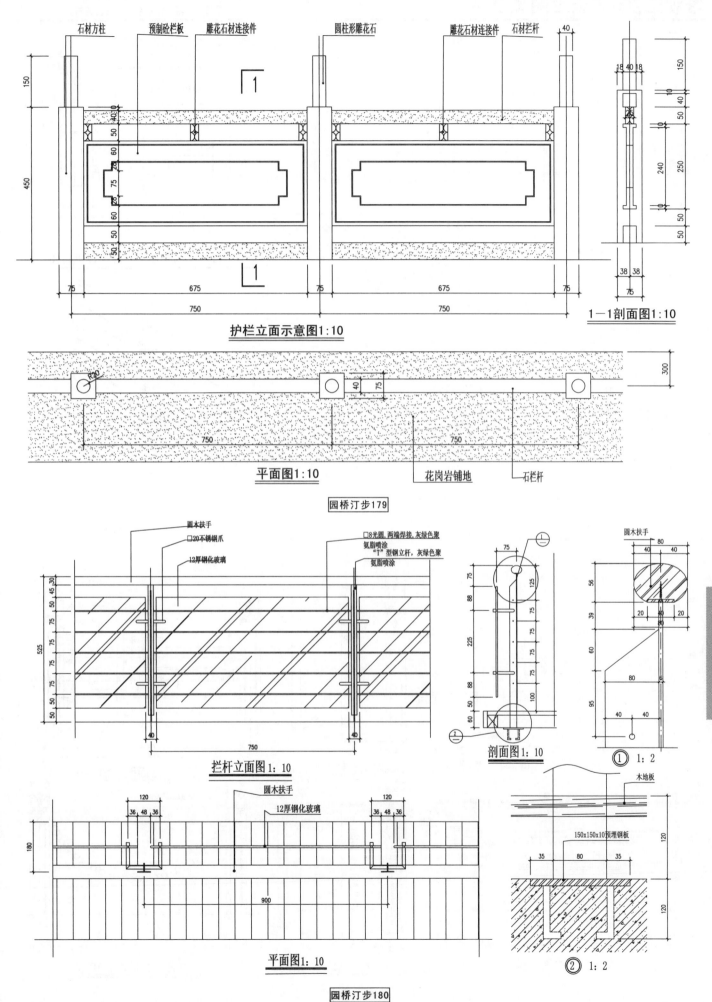

石材方柱　预制砼栏板　雕花石材连接件　　圆柱形雕花石　　雕花石材连接件　石材栏杆

1

1—1剖面图1:10

护栏立面示意图1:10

花岗岩铺地　石栏杆

平面图1:10

园桥汀步179

圆木扶手
□20不锈钢爪
12厚钢化玻璃
□8光圆,两端焊接,灰绿色聚氨脂喷涂
"T"型钢立杆,灰绿色聚氨脂喷涂

圆木扶手

拦杆立面图1:10

剖面图1:10

①　1:2

木地板

150x150x10预埋钢板

②　1:2

圆木扶手
12厚钢化玻璃

平面图1:10

园桥汀步180

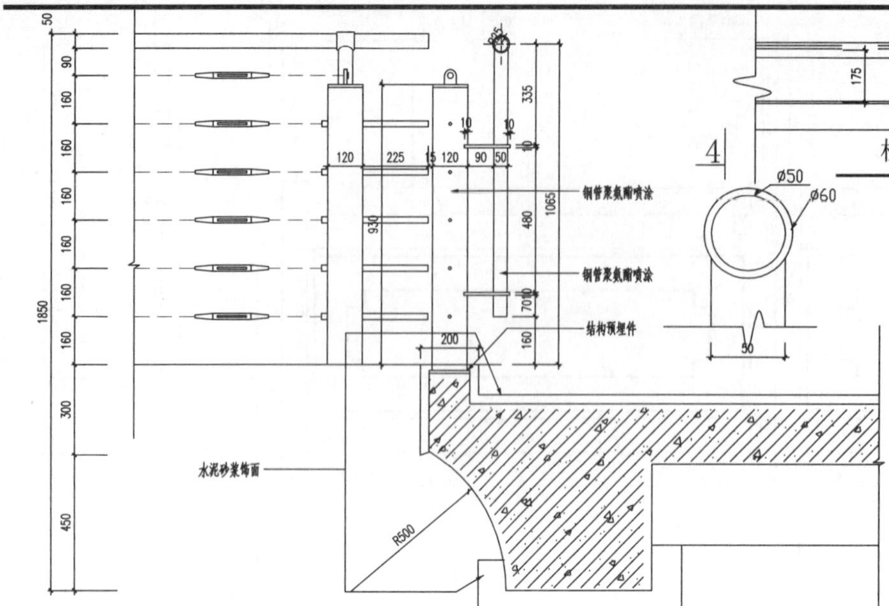

本页解压密码: 99302325

钢管聚氨酯喷涂

钢管聚氨酯喷涂

结构预埋件

水泥砂浆饰面

R500

栏杆栏板详图示意1:10

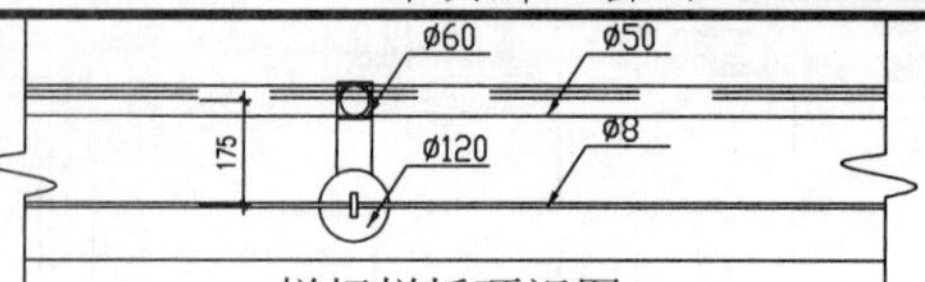

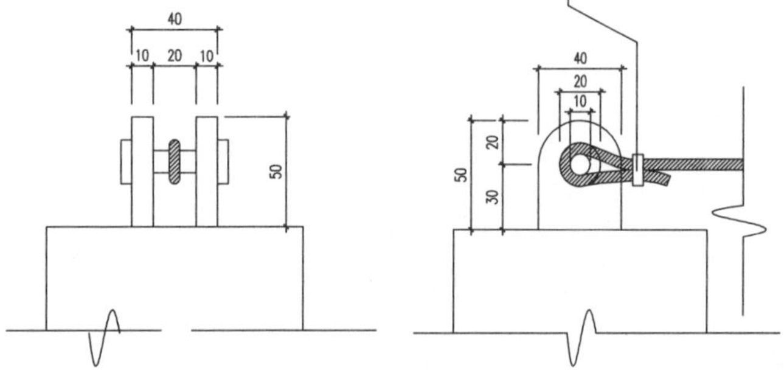

栏杆节点（一）1:2

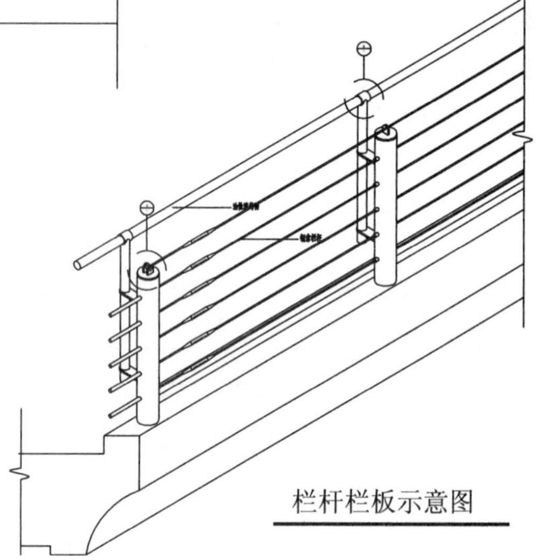

栏杆栏板顶视图 1:10

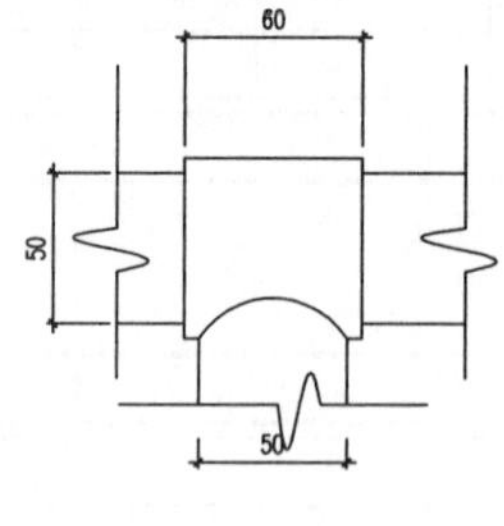

栏杆节点（二）1:2

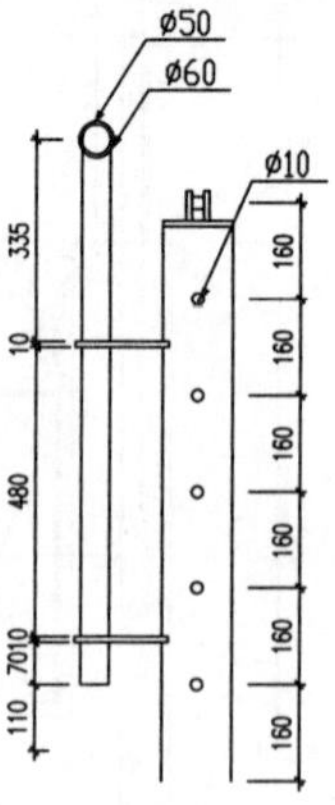

栏杆栏板侧视图1:10

栏杆栏板示意图

园桥汀步181

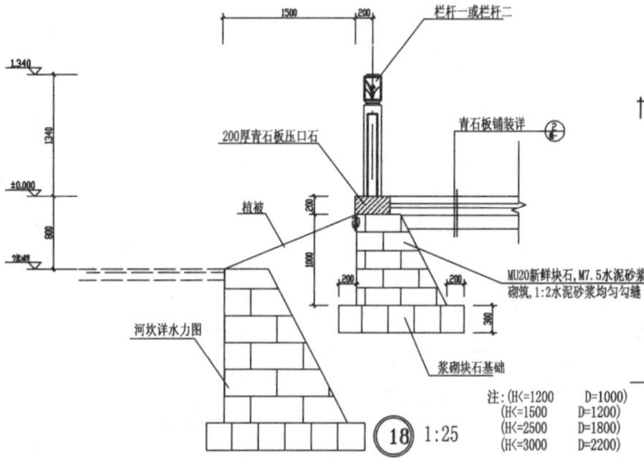

栏杆一或栏杆二

200厚青石板压口石

青石板铺装详

植被

河坎详水力图

M U 20新鲜块石, M7.5水泥砂浆
砌筑, 1:2水泥砂浆均匀勾缝

浆砌块石基础

注: (H=1200   D=1000)
(H=1500   D=1200)
(H=2500   D=1800)
(H=3000   D=2200)

18 1:25

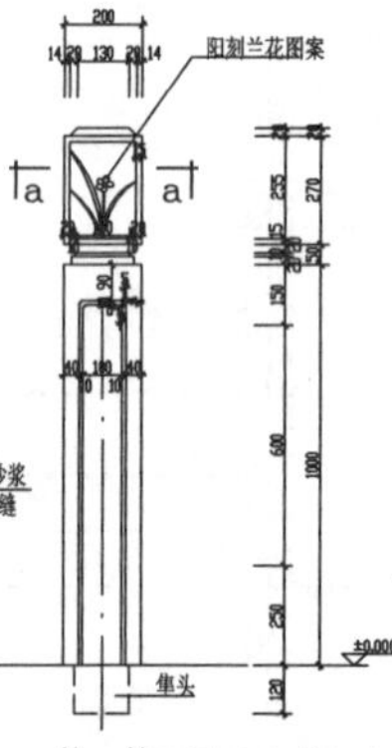

阳刻兰花图案

石制立柱

石制立柱大样1:10

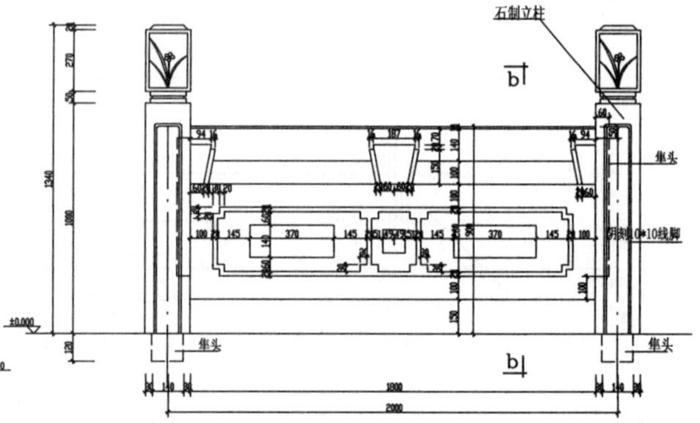

栏杆一立面图1:10   石制立柱

石制栏杆

石制立柱

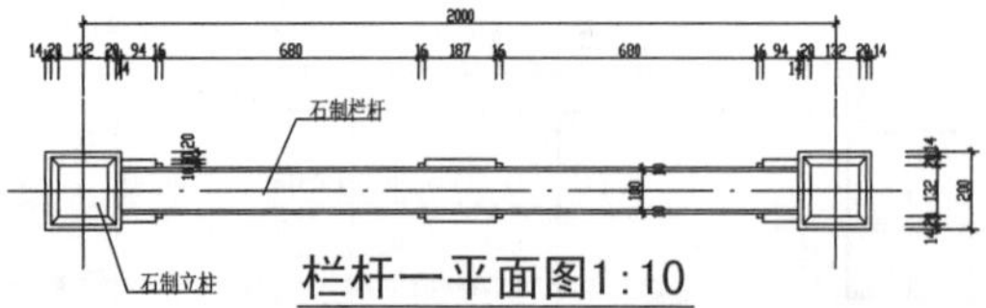

栏杆一平面图1:10

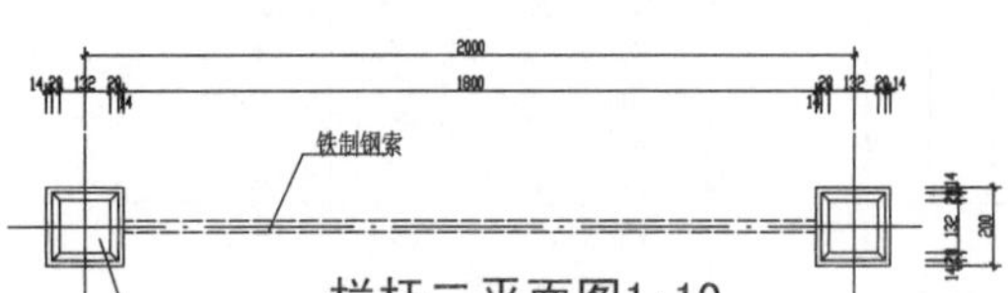

石材

铁制钢索

铁制钢索

石制立柱

栏杆二平面图1:10

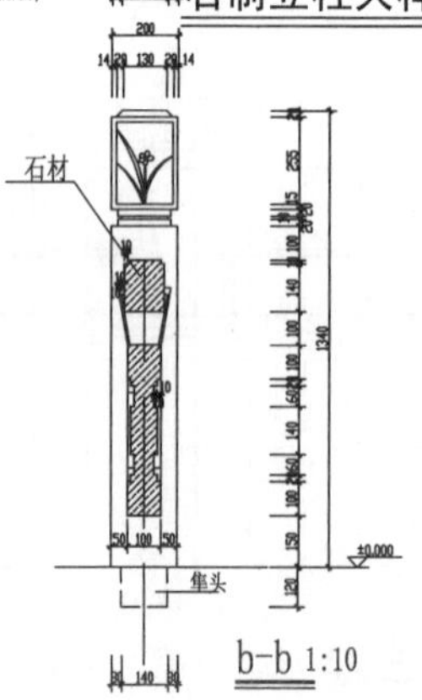

b-b 1:10

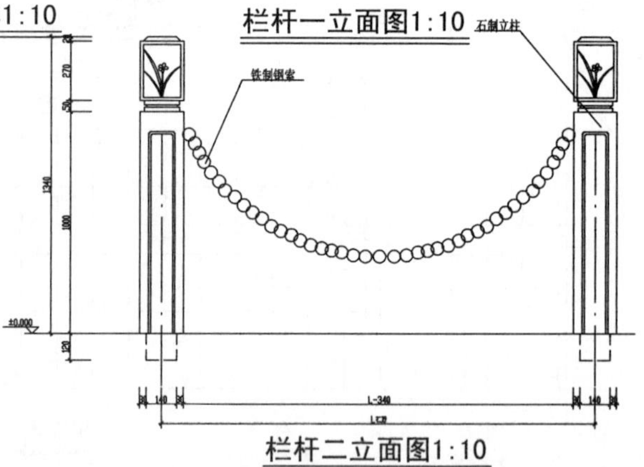

栏杆二立面图1:10

园桥汀步182

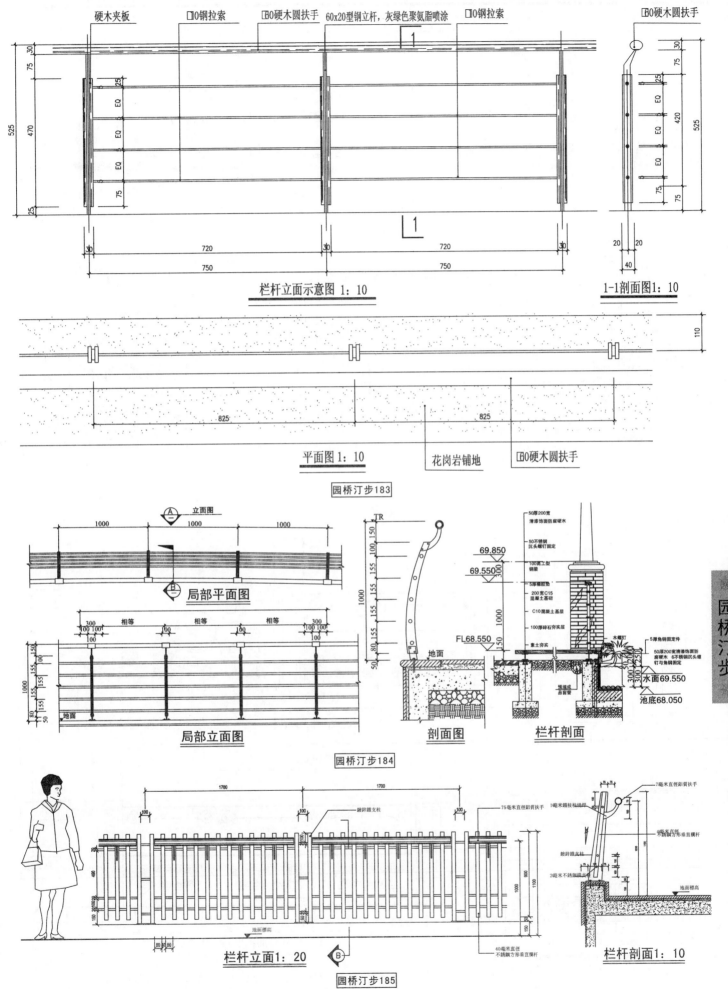

硬木夹板　　　□0钢拉索　　　□0硬木圆扶手　60x20型钢立杆，灰绿色聚氨脂喷涂　　□0钢拉索　　　　□0硬木圆扶手

栏杆立面示意图 1：10

1-1剖面图1：10

平面图 1：10　　　　　　　　花岗岩铺地　　□0硬木圆扶手

园桥汀步183

立面图
局部平面图

局部立面图

剖面图　　　栏杆剖面

50厚200宽
清漆饰面防腐硬木
50不锈钢
沉头螺钉固定
100高工字型
钢梁
5厚橡胶垫
200宽C15
混凝土基础
C10混凝土基层
100厚碎石夯实层
素土夯实

69.850
69.550

FL68.550

5厚角钢固定件
50厚200宽清漆饰面防
腐硬木 6不锈钢沉头螺
钉与角钢固定

水面 69.550
池底 68.050

园桥汀步184

栏杆立面1：20　　　　　　栏杆剖面1：10

园桥汀步185

园桥汀步

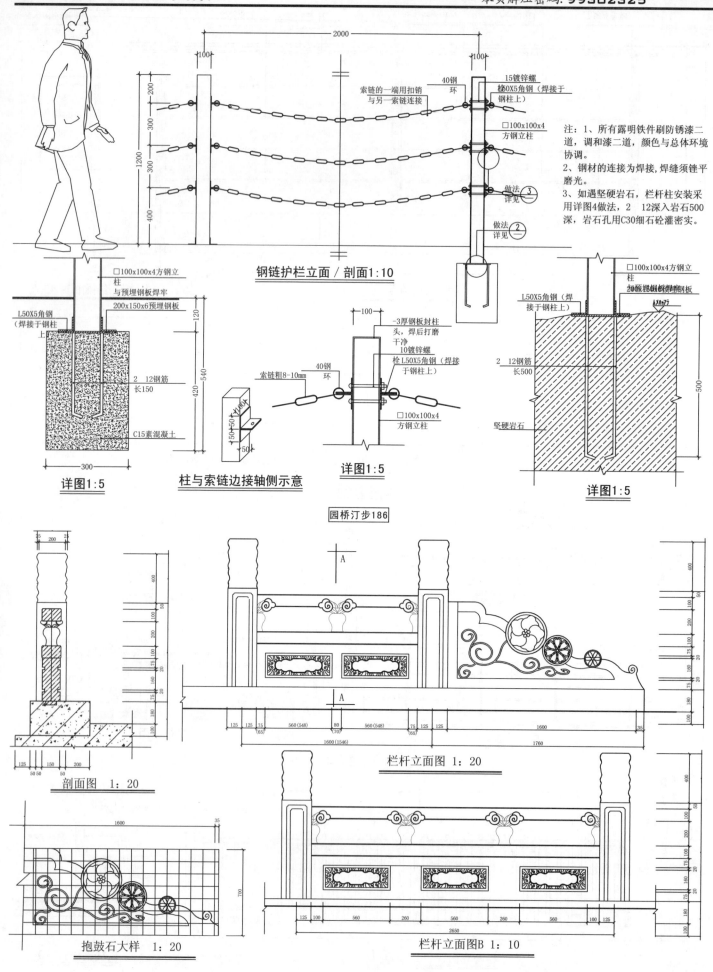

注:1、所有露明铁件刷防锈漆二道,调和漆二道,颜色与总体环境协调。

2、钢材的连接为焊接,焊缝须锉平磨光。

3、如遇坚硬岩石,栏杆柱安装采用详图4做法,2 12深入岩石500深,岩石孔用C30细石砼灌密实。

钢链护栏立面/剖面1:10

详图1:5

柱与索链边接轴侧示意

详图1:5

详图1:5

园桥汀步186

剖面图 1:20

抱鼓石大样 1:20

栏杆立面图 1:20

栏杆立面图B 1:10

园桥汀步187

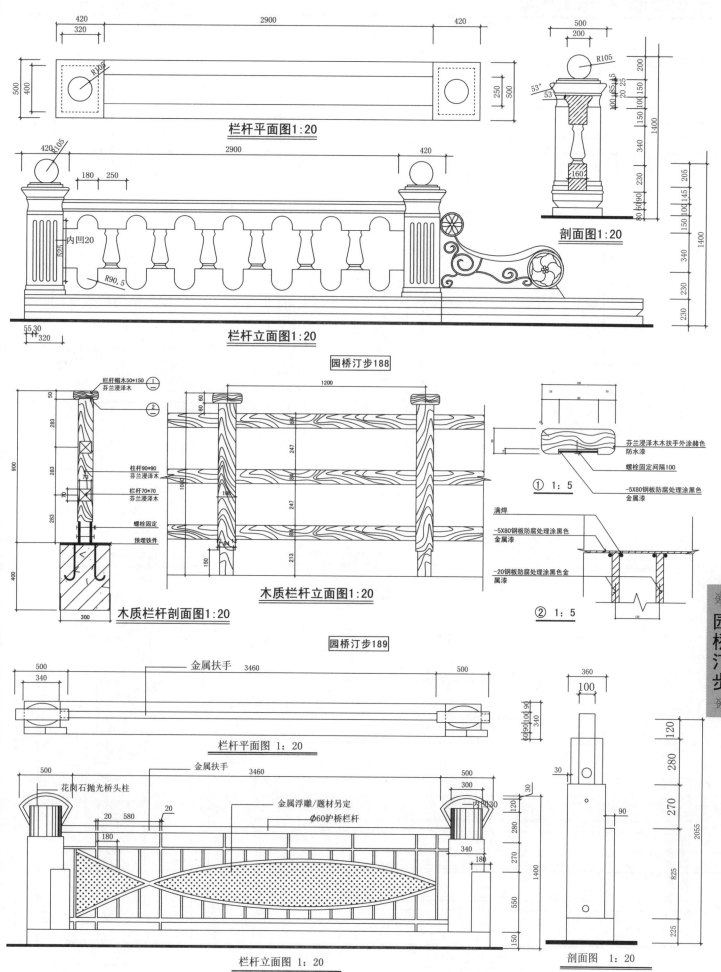

栏杆平面图1:20

剖面图1:20

园桥汀步188

内凹20

R90,5

栏杆立面图1:20

栏杆帽木50*150
芬兰浸泽木

柱杆90*90
芬兰浸泽木

栏杆70*70
芬兰浸泽木

螺栓固定
预埋铁件

木质栏杆剖面图1:20

木质栏杆立面图1:20

芬兰浸泽木木扶手外涂赭色
防水漆

螺栓固定间隔100

-5X80钢板防腐处理涂黑色
金属漆

① 1:5

满焊

-5X80钢板防腐处理涂黑色
金属漆

-20钢板防腐处理涂黑色金
属漆

② 1:5

园桥汀步189

金属扶手 3460

栏杆平面图 1:20

金属扶手 3460

花岗石抛光桥头柱

金属浮雕/题材另定

Φ60护桥栏杆

内凹30

栏杆立面图 1:20

剖面图 1:20

园桥汀步190

园
桥
汀
步

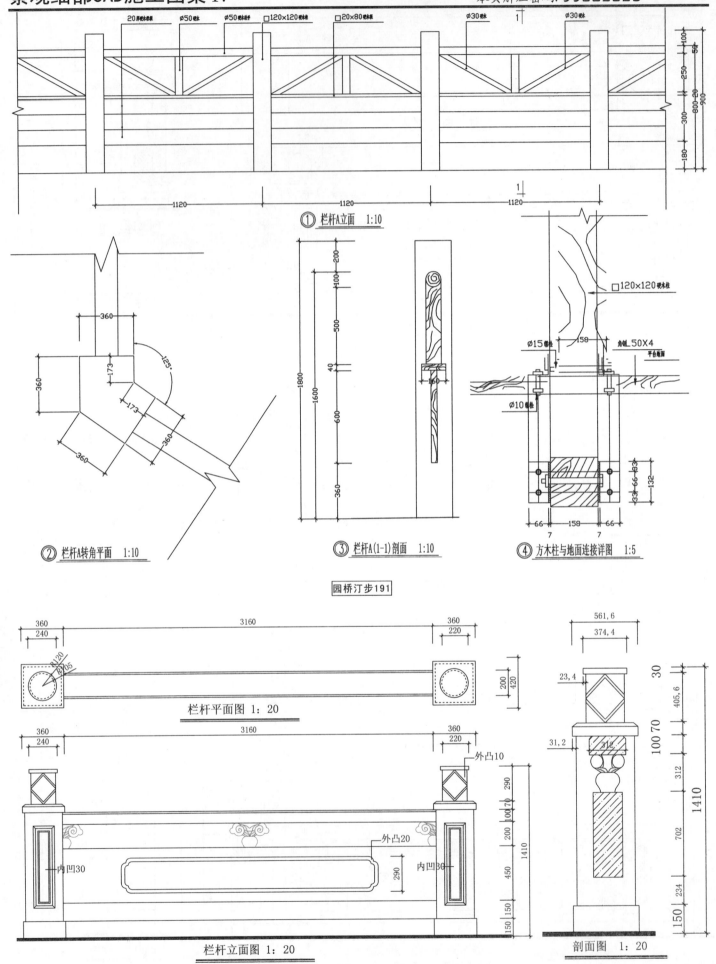

① 栏杆A立面 1:10

② 栏杆A转角平面 1:10

③ 栏杆A(1-1)剖面 1:10

④ 方木柱与地面连接详图 1:5

园桥汀步191

栏杆平面图 1:20

栏杆立面图 1:20

剖面图 1:20

园桥汀步192

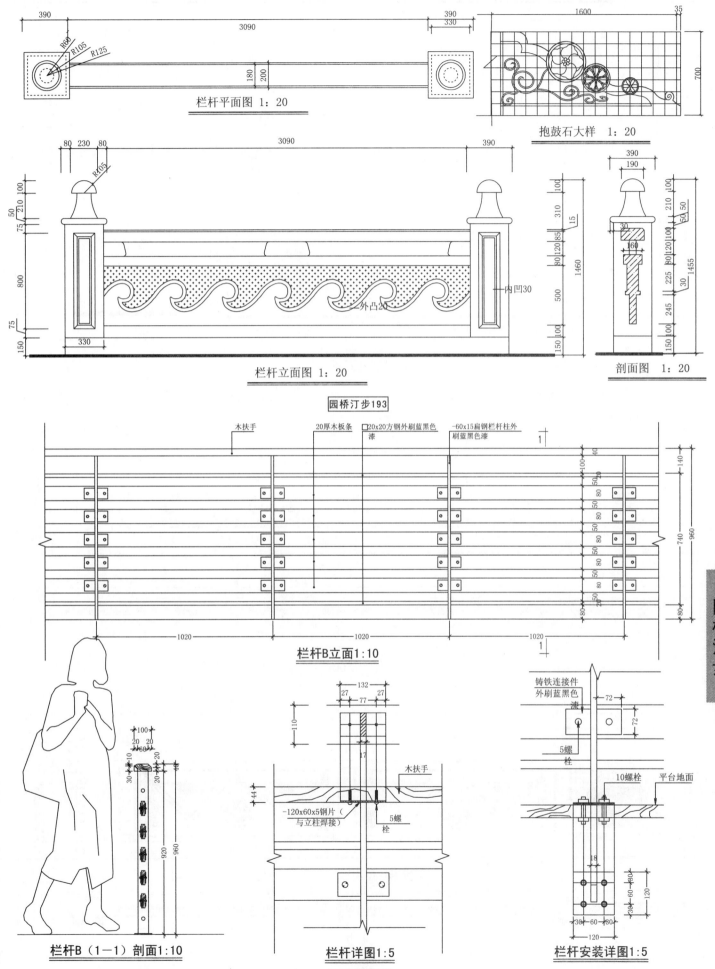

390　　3090　　390
330

R80 R105 R125

180
200

栏杆平面图 1：20

1600　35
700

抱鼓石大样 1：20

80 230 80　　3090　　390

R105

50 100
210
75
800
75
150
330

内凹30
外凸20

栏杆立面图 1：20

100
310
15
80 120 85
500
100
150
1460

390
190
100
210
50 100
80 120 80
225
30
245
100
150
1455
30
60

剖面图 1：20

园桥汀步193

木扶手　　20厚木板条　　□20x20方钢外刷蓝黑色漆　　-60x15扁钢栏杆柱外刷蓝黑色漆

1

40
100 50
50
80 80
50
80 80
50
80 80
50
80 80
50
80 80
250
80

140
740
960
80

1020　　1020　　1020

1

栏杆B立面1:10

100
20 20
60
30 10
20 20
30

920
960

栏杆B（1-1）剖面1:10

132
27 77 27
110
17
44

木扶手

-120x60x5钢片（与立柱焊接）
5螺栓

栏杆详图1:5

铸铁连接件外刷蓝黑色漆

72
72

5螺栓

10螺栓　平台地面

18

30 60 60
30 60 30
120
120

栏杆安装详图1:5

园桥汀步194

园桥汀步

本页解压密码: 99302325

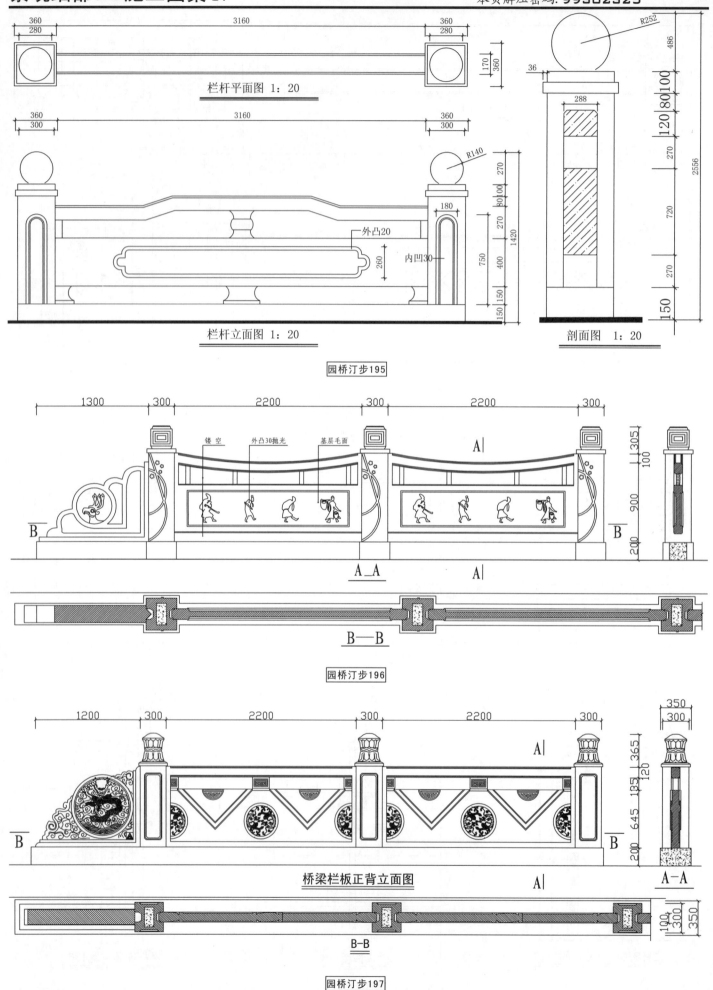

栏杆平面图 1:20

外凸20

内凹30

栏杆立面图 1:20

剖面图 1:20

园桥汀步195

镂空　外凸30抛光　基层毛面

A－A

B－B

园桥汀步196

桥梁栏板正背立面图

A－A

B－B

园桥汀步197

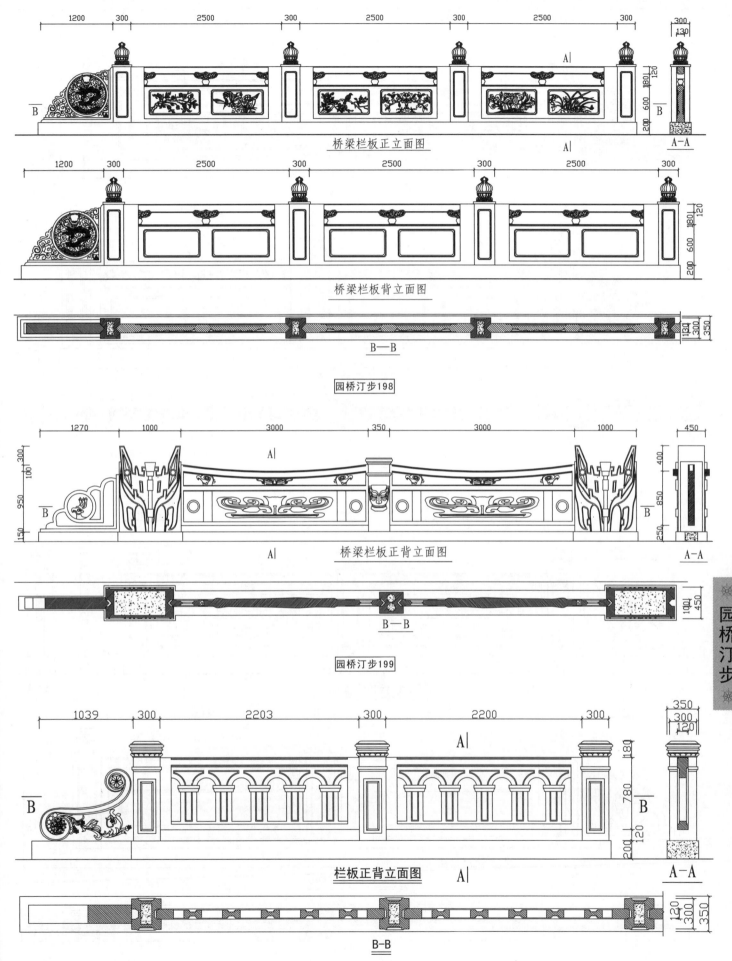

桥梁栏板正立面图

A—A

桥梁栏板背立面图

B—B

园桥汀步198

桥梁栏板正背立面图

A—A

B—B

园桥汀步199

栏板正背立面图

A—A

B—B

园桥汀步200

本页解压密码:99302325

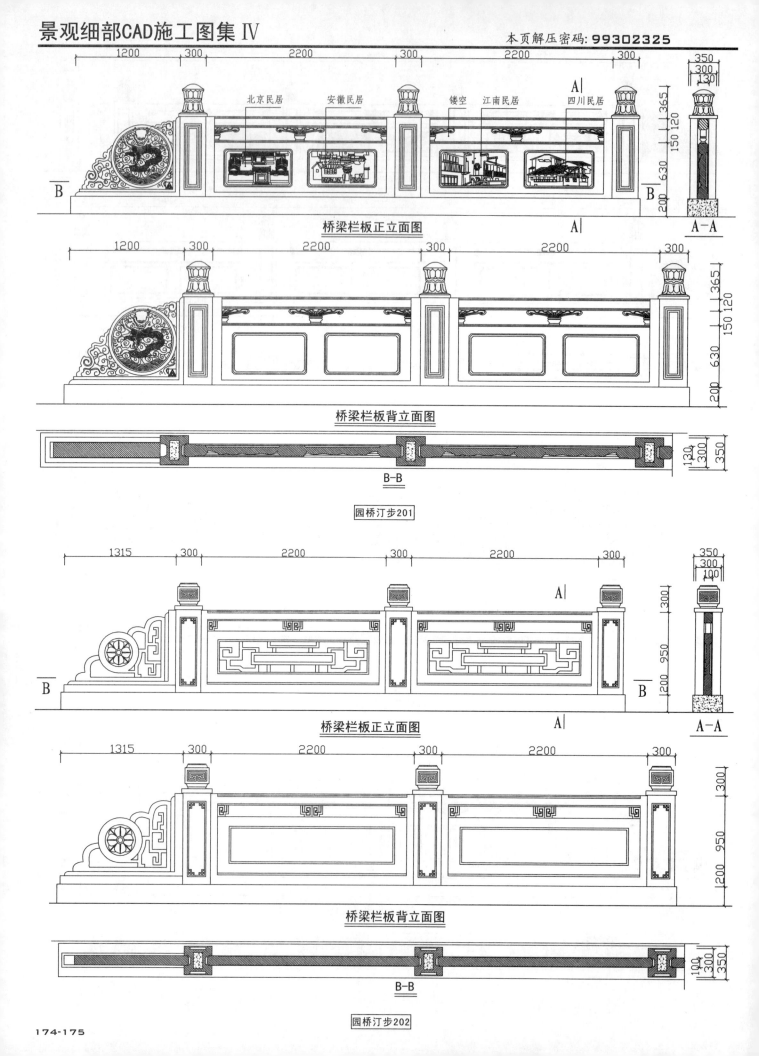

北京民居　安徽民居　镂空　江南民居　四川民居

桥梁栏板正立面图

A—A

桥梁栏板背立面图

B—B

园桥汀步201

桥梁栏板正立面图

A—A

桥梁栏板背立面图

B—B

园桥汀步202

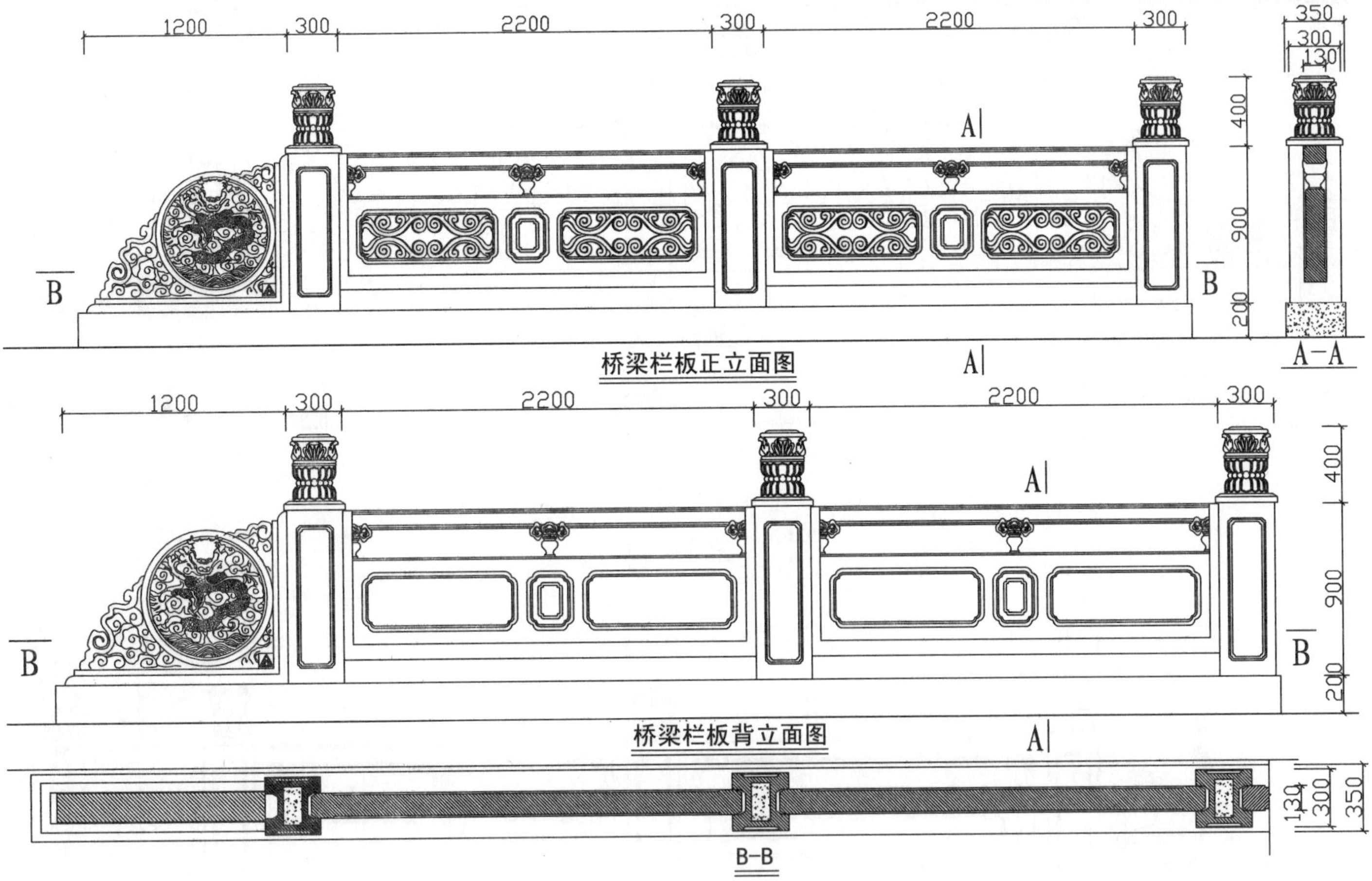

桥梁栏板正立面图

A—A

桥梁栏板背立面图

B—B

园桥汀步203

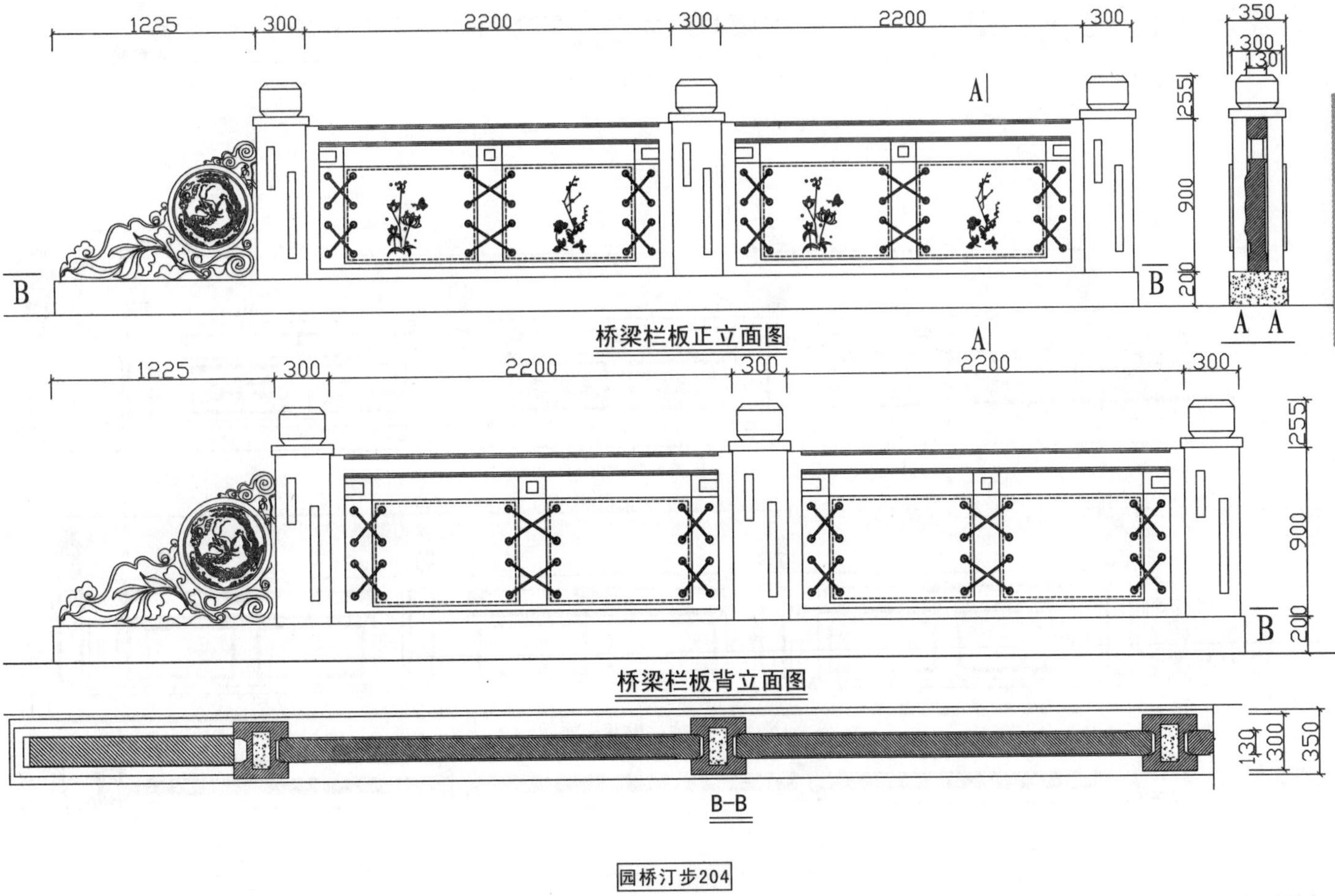

桥梁栏板正立面图

A—A

桥梁栏板背立面图

B—B

园桥汀步204

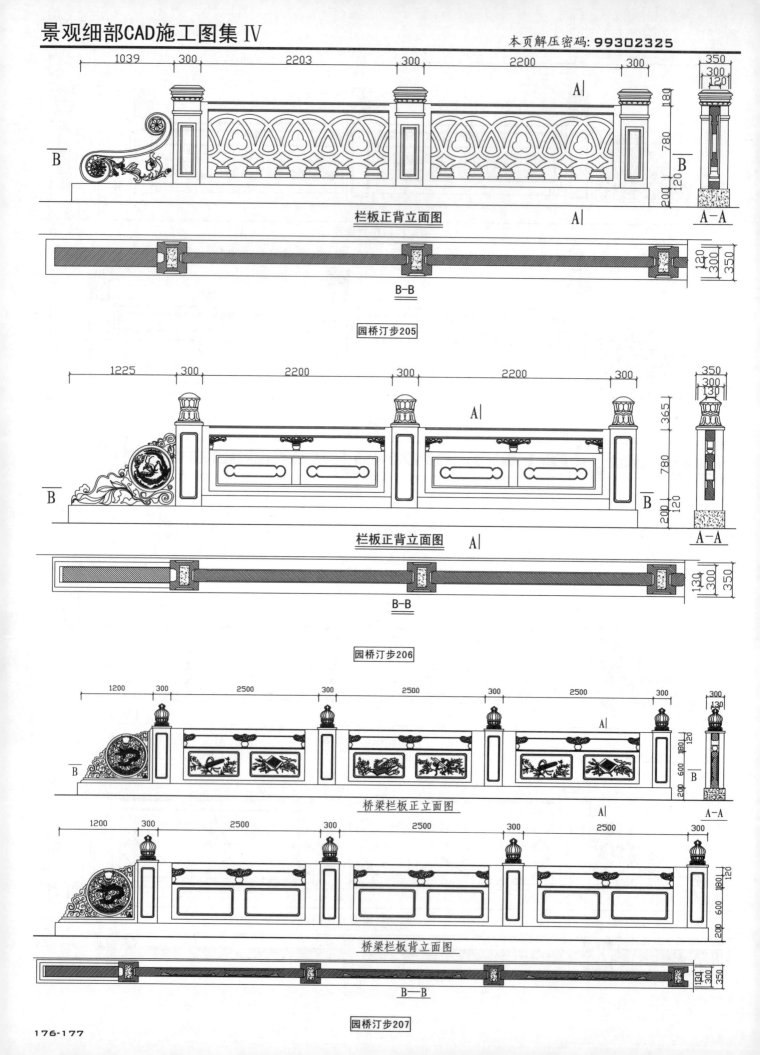

栏板正背立面图

B-B

园桥汀步205

栏板正背立面图

B-B

园桥汀步206

桥梁栏板正立面图

桥梁栏板背立面图

B—B

园桥汀步207

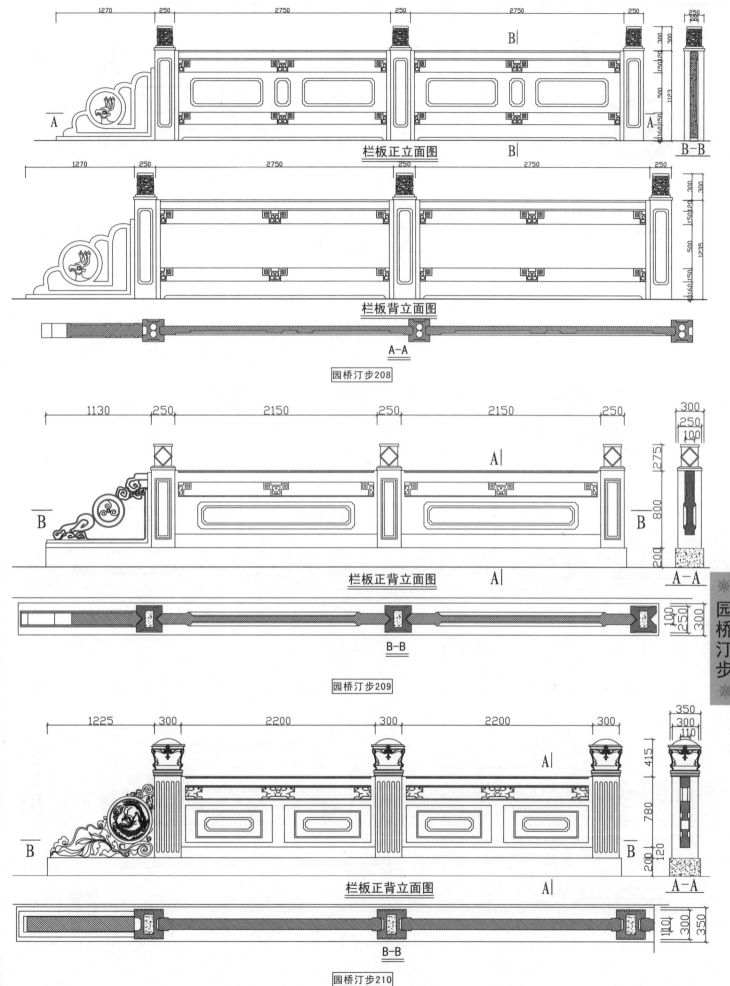

栏板正立面图

栏板背立面图

A—A

B—B

园桥汀步208

栏板正背立面图

A—A

B—B

园桥汀步209

栏板正背立面图

A—A

B—B

园桥汀步210

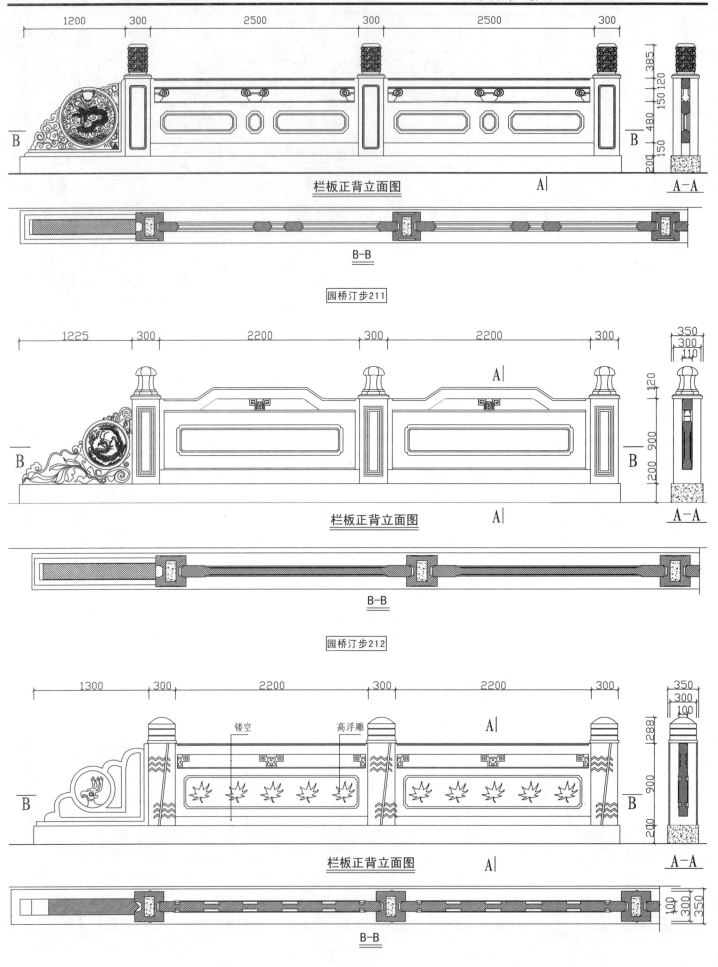

栏板正背立面图　　A｜　　A-A

B-B

园桥汀步211

栏板正背立面图　　A｜　　A-A

B-B

园桥汀步212

镂空　　　　高浮雕

栏板正背立面图　　A｜　　A-A

B-B

园桥汀步213

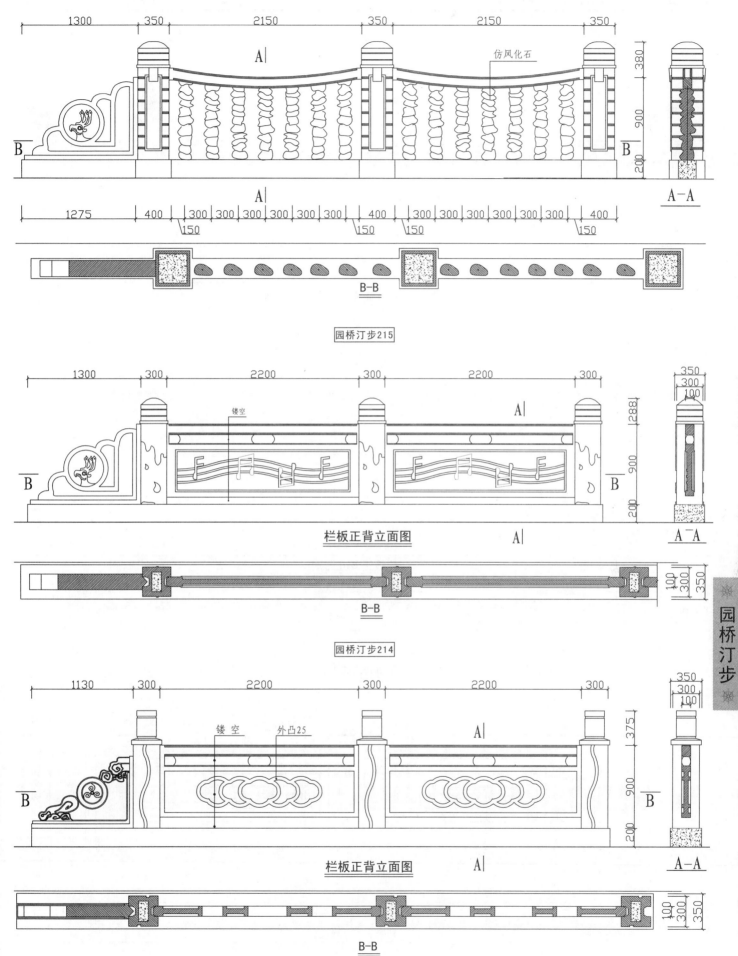

园桥汀步215

栏板正背立面图

仿风化石

镂空

A—A

B—B

园桥汀步214

栏板正背立面图

镂空　外凸25

A—A

B—B

园桥汀步216

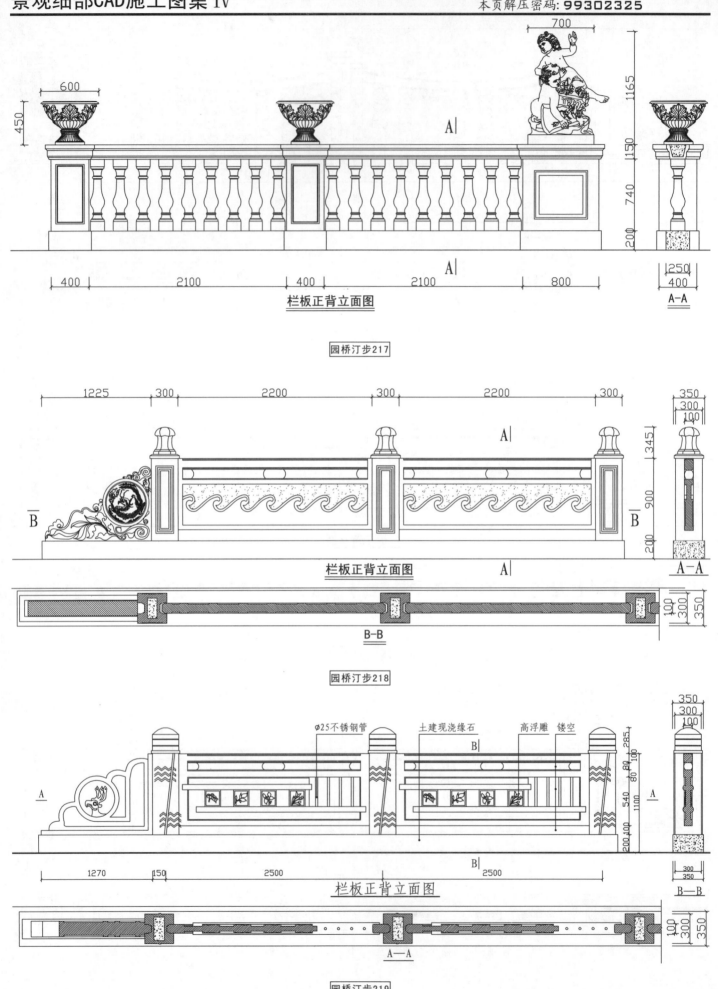

600
450

700
1165
1150
740
200

A|

400 2100 400 2100 800
栏板正背立面图 A|

250
400
A—A

园桥汀步217

1225 300 2200 300 2200 300

350
300
100

A|
345
900
200

B| B|
栏板正背立面图 A| A—A

100
300
350
B—B

园桥汀步218

Ø25不锈钢管 土建现浇缘石 高浮雕 镂空

350
300
100
285
80 100
540
1100
200 100

B|

A A

1270 150 2500 2500
栏板正背立面图 B|

300
350
B—B

100
300
350
A—A

园桥汀步219

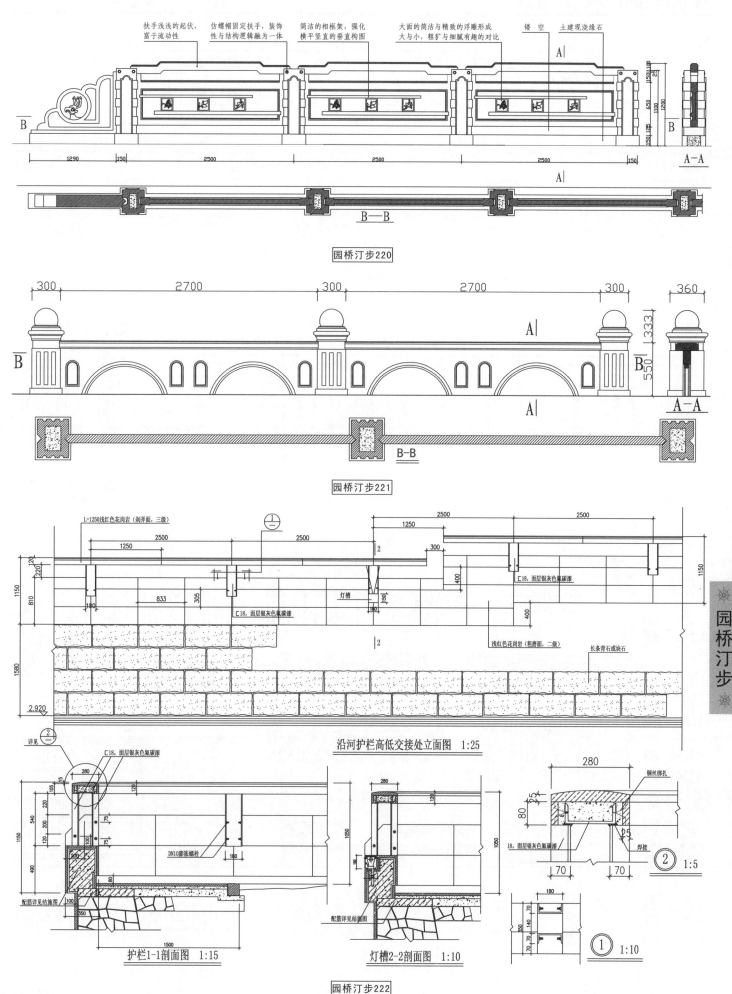

扶手浅浅的起伏，富于流动性

仿螺帽固定扶手，装饰性与结构逻辑融为一体

简洁的相框架，强化横平竖直的垂直构图

大面的简洁与精致的浮雕形成大与小，粗扩与细腻有趣的对比

镂　空　　土建现浇缘石

1290　　150　　2500　　2500　　2500　　150

A—A

B—B

园桥汀步220

300　　2700　　300　　2700　　300　　360

333

550

A—A

B—B

园桥汀步221

L=1250浅红色花岗岩（剁斧面，三级）

2500　　1250　　2500

2500　　2500

1250

300

120

220

810

180

1150

833　　305

灯槽

[18，面层银灰色氟碳漆

[18，面层银灰色氟碳漆

400

400

1150

2

浅红色花岗岩（粗磨面，二级）

长条青石或块石

1580

2.920

沿河护栏高低交接处立面图　1:25

详见

[18，面层银灰色氟碳漆

280

280　　铜丝绑扎

15

105

220

540

200

120

490

DN10膨胀螺栓

180

1150

配筋详见结施图

350

1050

25

80

25

焊接

18，面层银灰色氟碳漆

70　　70

2　　1:5

配筋详见结施图

180

护栏1-1剖面图　1:15

灯槽2-2剖面图　1:10

1　　1:10

园桥汀步222

园桥汀步

本页解压密码: 99302325

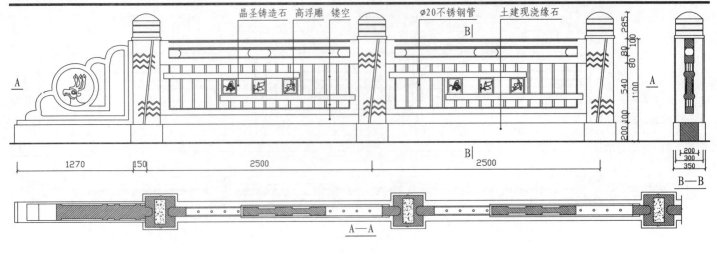

园桥汀步223

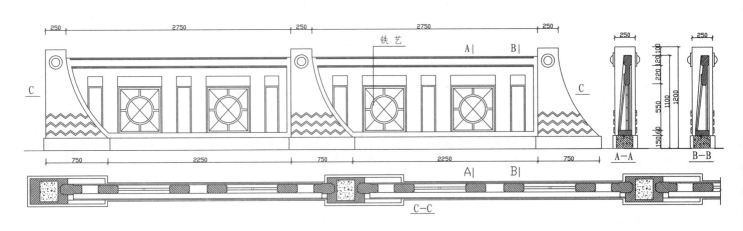

园桥汀步224

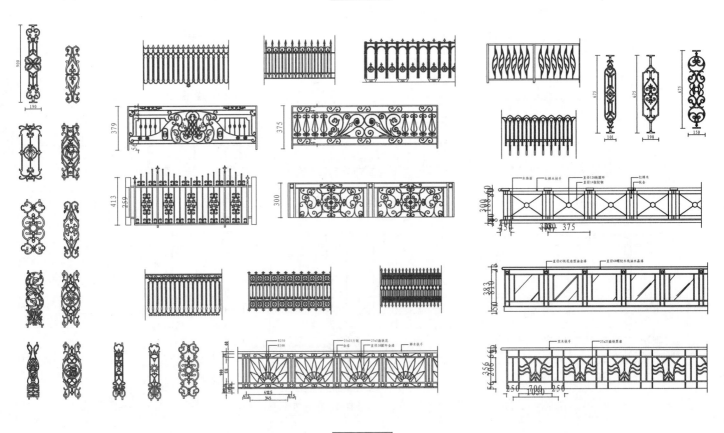

园桥汀步225

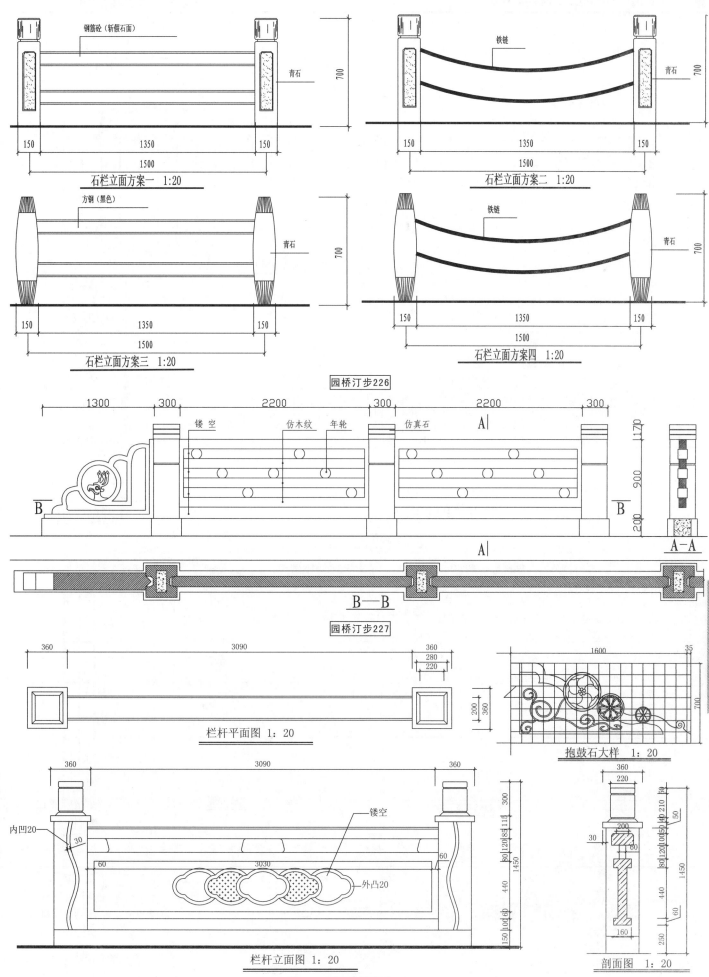

钢筋砼（斩假石面）

青石

700

150　　1350　　150
1500

石栏立面方案一　1:20

铁链

青石

700

150　　1350　　150
1500

石栏立面方案二　1:20

方钢（黑色）

青石

700

150　　1350　　150
1500

石栏立面方案三　1:20

铁链

青石

700

150　　1350　　150
1500

石栏立面方案四　1:20

园桥汀步226

1300　　300　　2200　　300　　2200　　300

镂空　　仿木纹　年轮　　仿真石　　A

B　　　　　　　　　　　　　　　B

A

1170　900　200

A—A

B—B

园桥汀步227

360　　3090　　360
280
220

栏杆平面图　1:20

200　360

1600　35

700

抱鼓石大样　1:20

360　　3090　　360

内凹20

30

镂空

60
3030
60

外凸20

300
115　85　120　80
1450
440
60　100　150

栏杆立面图　1:20

360
220

200
30　　60

50
50　210　40
120　120　80
1450
440
60

160
250

剖面图　1:20

园桥汀步228

园桥汀步

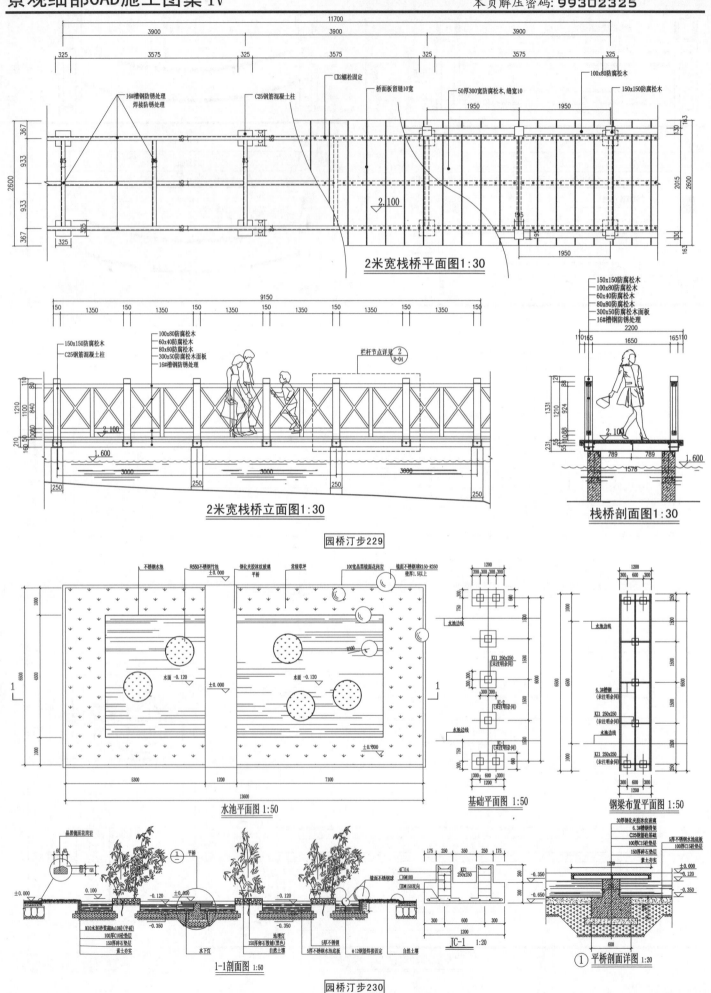

2米宽栈桥平面图1:30

2米宽栈桥立面图1:30

栈桥剖面图1:30

园桥汀步229

水池平面图 1:50

基础平面图 1:50

钢梁布置平面图 1:50

1-1剖面图 1:50

JC-1 1:20

① 平桥剖面详图 1:20

园桥汀步230

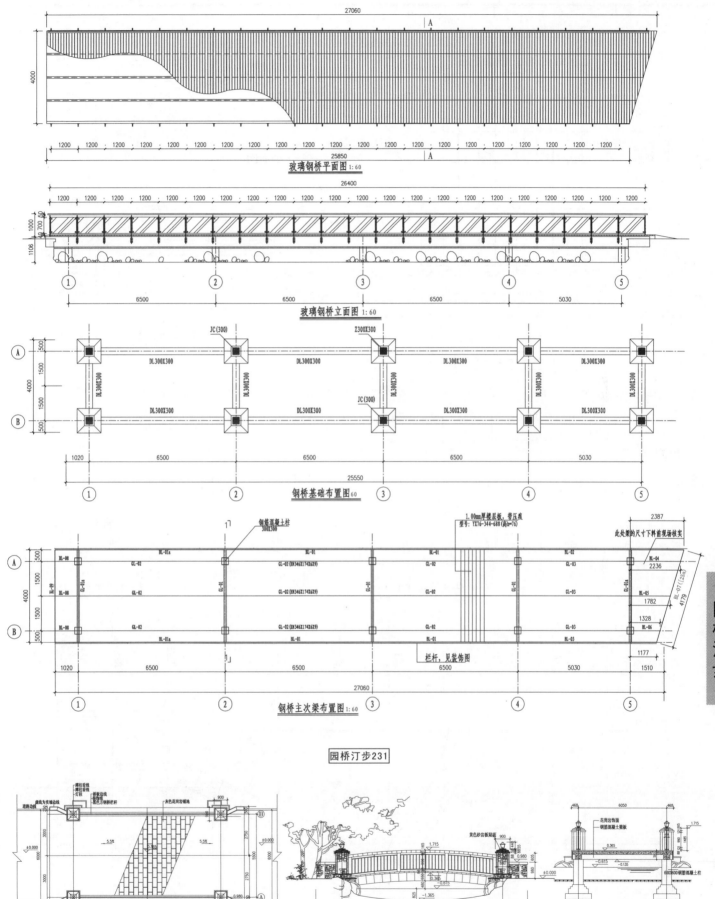

玻璃钢桥平面图 1:60

玻璃钢桥立面图 1:60

钢桥基础布置图 60

钢桥主次梁布置图 1:60

园桥汀步231

车行桥平面图 1:60

车行桥立面图 1:60

车行桥剖面图 1:60

园桥汀步232

园桥汀步

本页解压密码: 99302325

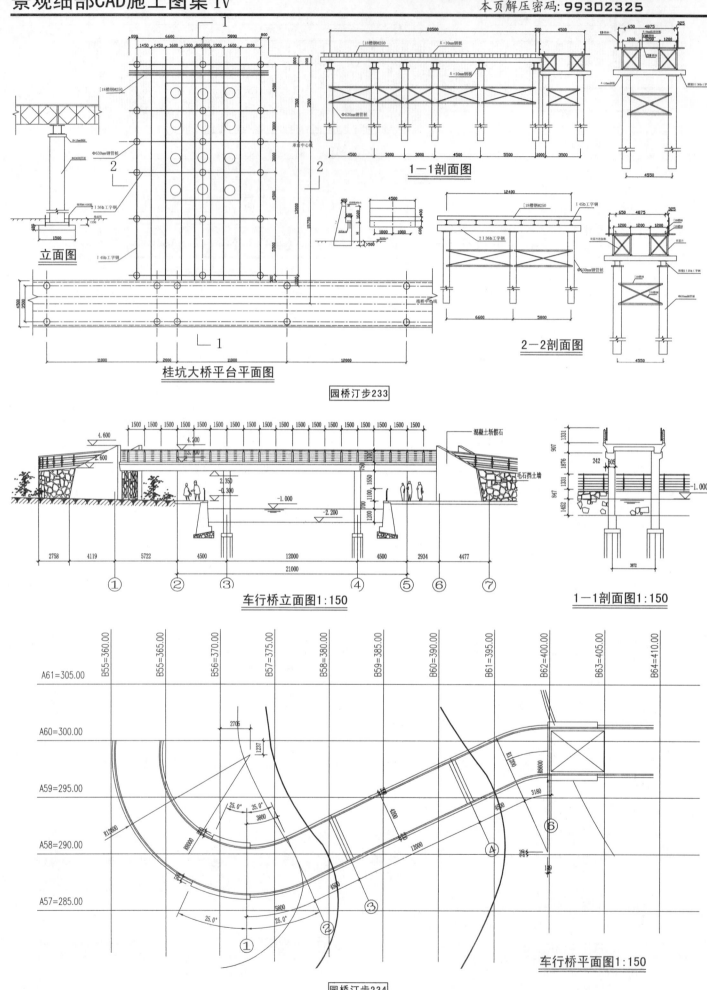

立面图

桂坑大桥平台平面图

1—1剖面图

2—2剖面图

园桥汀步233

车行桥立面图1:150

1—1剖面图1:150

车行桥平面图1:150

园桥汀步234

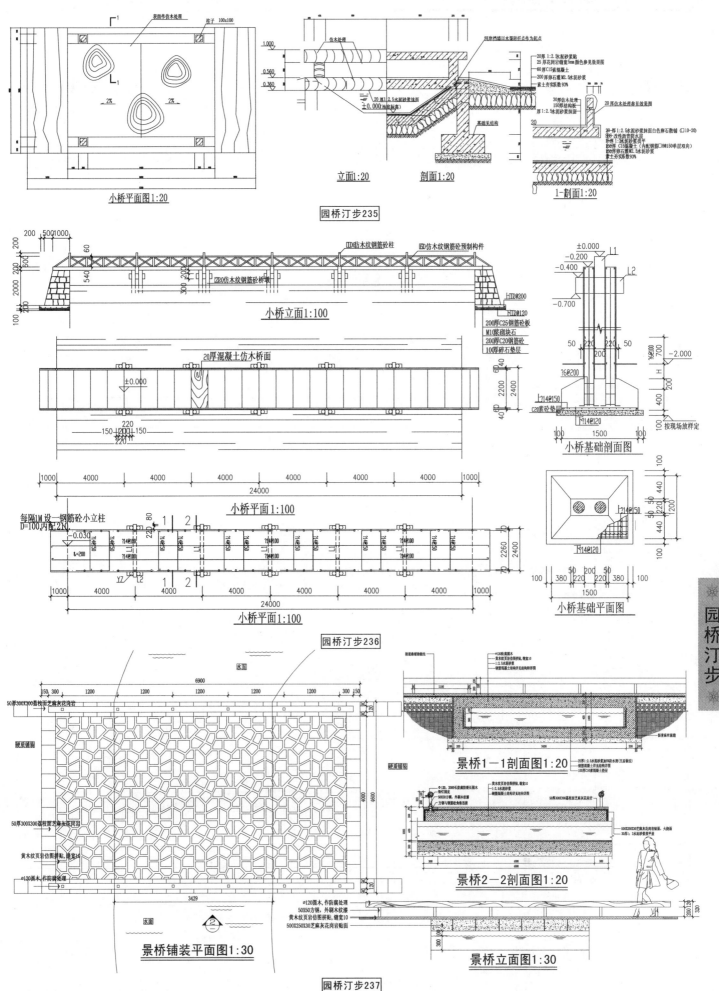

小桥平面图1:20

立面1:20

剖面1:20

1-剖面1:20

园桥汀步235

小桥立面1:100

20厚混凝土仿木桥面

小桥平面1:100

每隔1M设一钢筋砼小立柱
D=100,内配2Ø10

小桥平面1:100

小桥基础剖面图

小桥基础平面图

园桥汀步236

景桥1-1剖面图1:20

景桥2-2剖面图1:20

景桥铺装平面图1:30

景桥立面图1:30

园桥汀步237

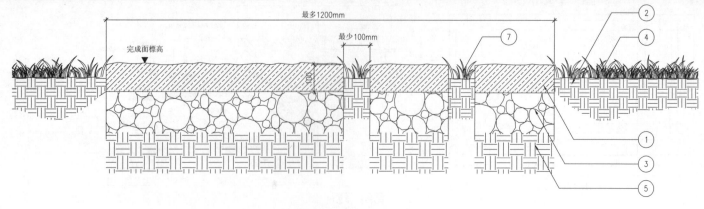

最多1200mm

最少100mm

完成面标高

剖面图1:10

园桥汀步238

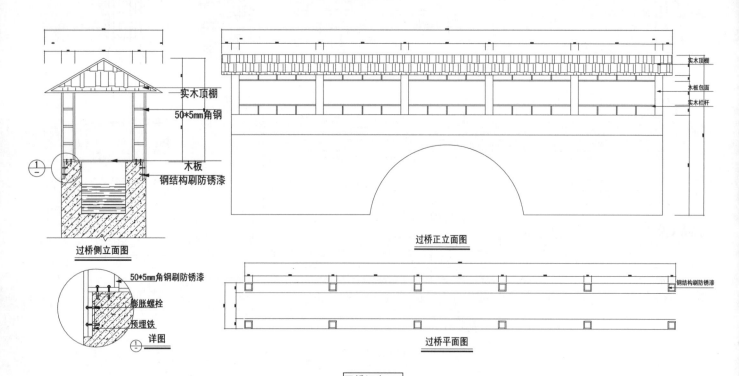

实木顶棚

50*5mm角钢

木板

钢结构刷防锈漆

过桥侧立面图

50*5mm角钢刷防锈漆

膨胀螺栓

预埋铁

详图

实木顶棚

木板包面

实木栏杆

过桥正立面图

钢结构刷防锈漆

过桥平面图

园桥汀步239

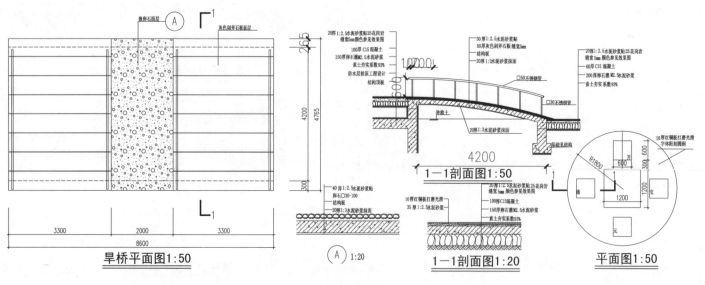

微麻石面层

灰色剁齐石板面层

20厚1:2.5水泥砂浆贴25花岗岩
缝宽5mm颜色参见效果图
100厚C15混凝土
150厚碎石灌M2.5水泥砂浆
素土夯实系数93%
防水层按施工程设计
结构顶板

30厚1:2.5水泥砂浆贴
50厚灰色剁齐石板 缝宽5mm
结构板
20厚1:3水泥砂浆抹面

20厚1:2.5水泥砂浆贴25花岗岩
缝宽5mm颜色参见效果图
60厚C15混凝土
200厚碎石灌M2.5水泥砂浆
素土夯实系数93%

口50不锈钢管

口30不锈钢管

种植土

20厚1:3水泥砂浆抹面

基础梁结构

1—1剖面图1:50

10厚红铜板打磨光滑
字体阴刻圆洞

平面图1:50

40 厚1:2.5水泥砂浆贴
磨石口30~100
结构板
20厚1:3水泥砂浆抹面

10厚红铜板打磨光滑
35厚1:2.5水泥砂浆

20厚1:2.5水泥砂浆贴25花岗岩
缝宽5mm颜色参见效果图
100厚C15混凝土
150厚碎石灌M2.5水泥砂浆
素土夯实系数93%

旱桥平面图1:50

3300   2000   3300
8600

A 1:20

1—1剖面图1:20

园桥汀步240

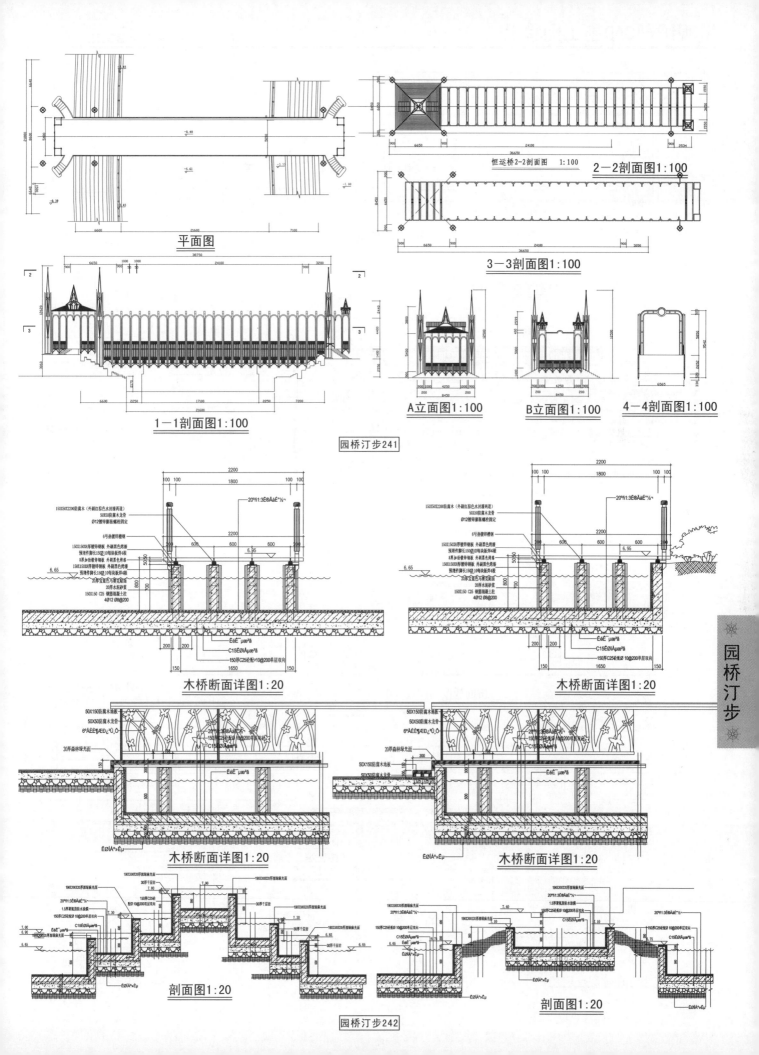

平面图

恒运桥2-2剖面图 1:100

2—2剖面图1:100

3—3剖面图1:100

1—1剖面图1:100

A立面图1:100

B立面图1:100

4—4剖面图1:100

园桥汀步241

木桥断面详图1:20

木桥断面详图1:20

木桥断面详图1:20

木桥断面详图1:20

剖面图1:20

剖面图1:20

园桥汀步242

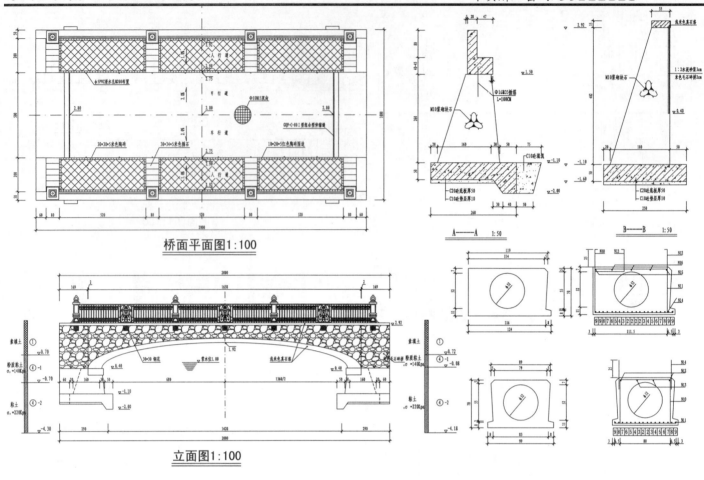

桥面平面图1:100

立面图1:100

园桥汀步243

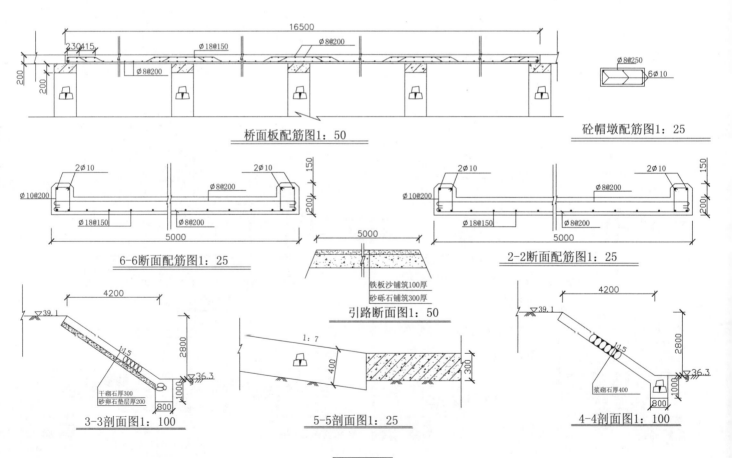

桥面板配筋图1:50

砼帽墩配筋图1:25

6-6断面配筋图1:25

引路断面图1:50

2-2断面配筋图1:25

3-3剖面图1:100

5-5剖面图1:25

4-4剖面图1:100

园桥汀步244

① 石板桥一1:20

1-1剖面图 1:20

青石板
C20细石混凝土
常水位
花岗岩(1000X200X250)
花岗岩(770X200X250)
池底A

花岗岩块石(不规则),表面用斧刷平
天然鹅卵石
常水位
常水位
500
40厚C20细石混凝土
120厚C20细石混凝土
池底B
池底A

③ 汀步 1:20

④ 水中置石 1:20

② 石板桥二 1:20

青石板
60厚200号细石混凝
常水位
池底B

2-2剖面图 1:20

园桥汀步245

钢桥平面1:50

钢桥平面1:50

30X120钢栅
50厚200宽防腐木铺装
25Q高150宽异型支架
300X500钢梁

镀锌钢面
X型立杆
磨砂玻璃

木扶手,断面见异型支架

木扶手,断面见异型支架
5厚镂空不锈钢栅

30X60不锈钢扶手支架
15厚150宽不锈钢栏杆横杆
170X20烧毛面花岗岩收边
30厚橡胶垫层
方格不锈钢管子
25Q高150宽异型钢梁
不锈钢隔栅

30X60不锈钢扶手支架
15厚150宽不锈钢栏杆横杆
170X20烧毛面花岗岩收边
250高150宽异型钢梁
300X500钢梁
不锈钢隔栅

注:放线网格尺寸

钢桥立面1:50

钢桥立面1:50

园桥汀步246

本页解压密码: 99302325

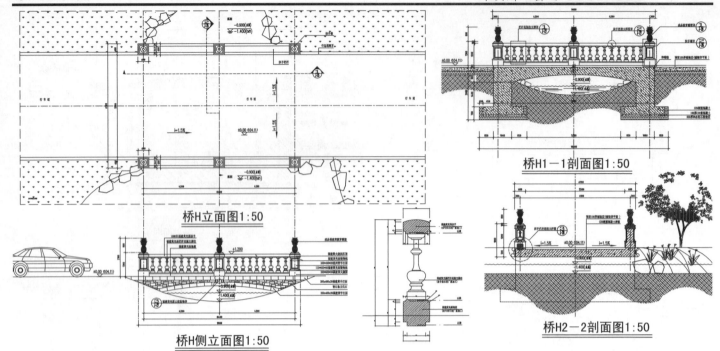

桥H立面图1:50

桥H侧立面图1:50

桥H1—1剖面图1:50

桥H2—2剖面图1:50

园桥汀步247

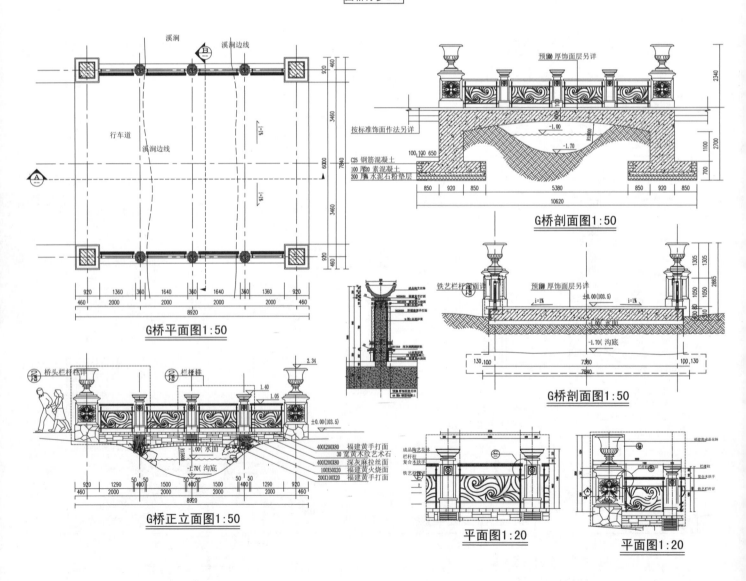

G桥平面图1:50

G桥正立面图1:50

G桥剖面图1:50

G桥剖面图1:50

平面图1:20

平面图1:20

园桥汀步248

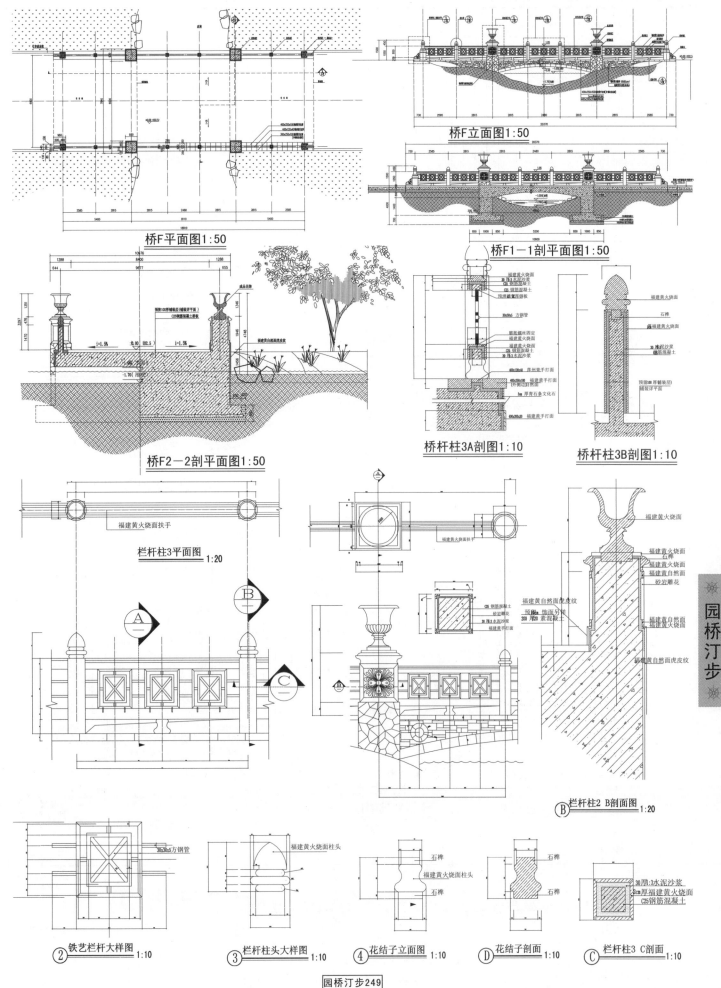

桥F平面图1:50

桥F立面图1:50

桥F1—1剖平面图1:50

桥F2—2剖平面图1:50

桥杆柱3A剖图1:10

桥杆柱3B剖图1:10

福建黄火烧面扶手

栏杆柱3平面图1:20

栏杆柱2 B剖面图1:20

铁艺栏杆大样图 ②1:10

栏杆柱头大样图 ③1:10

花结子立面图 ④1:10

花结子剖面 Ⓓ1:10

栏杆柱3 C剖面 Ⓒ1:10

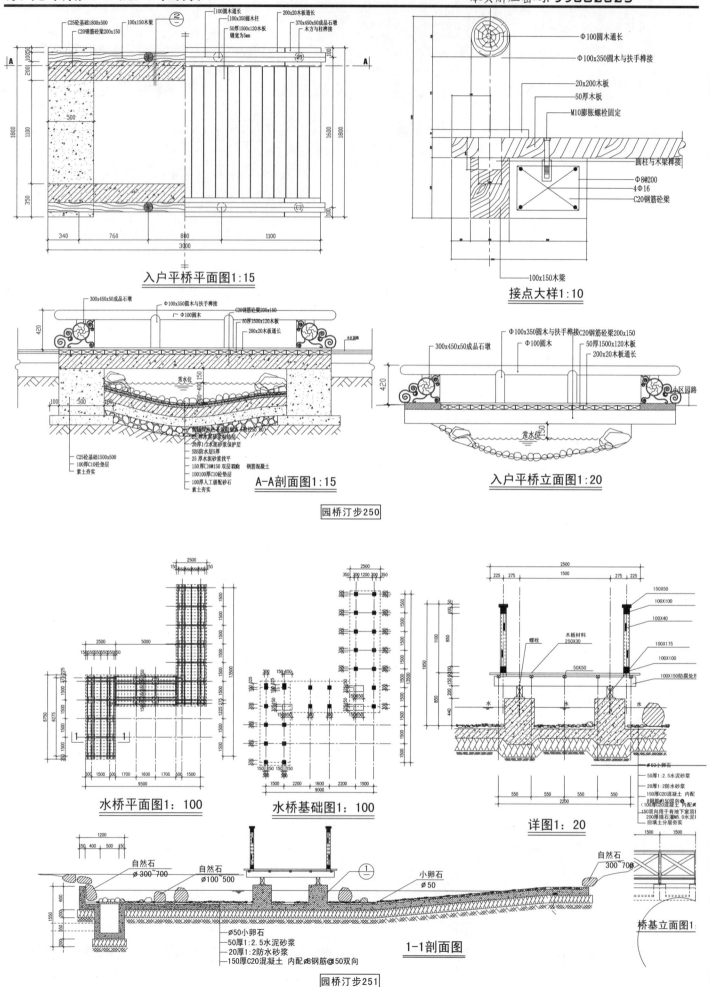

入户平桥平面图1:15

接点大样1:10

A-A剖面图1:15

入户平桥立面图1:20

园桥汀步250

水桥平面图1:100

水桥基础图1:100

详图1:20

1-1剖面图

桥基立面图

园桥汀步251

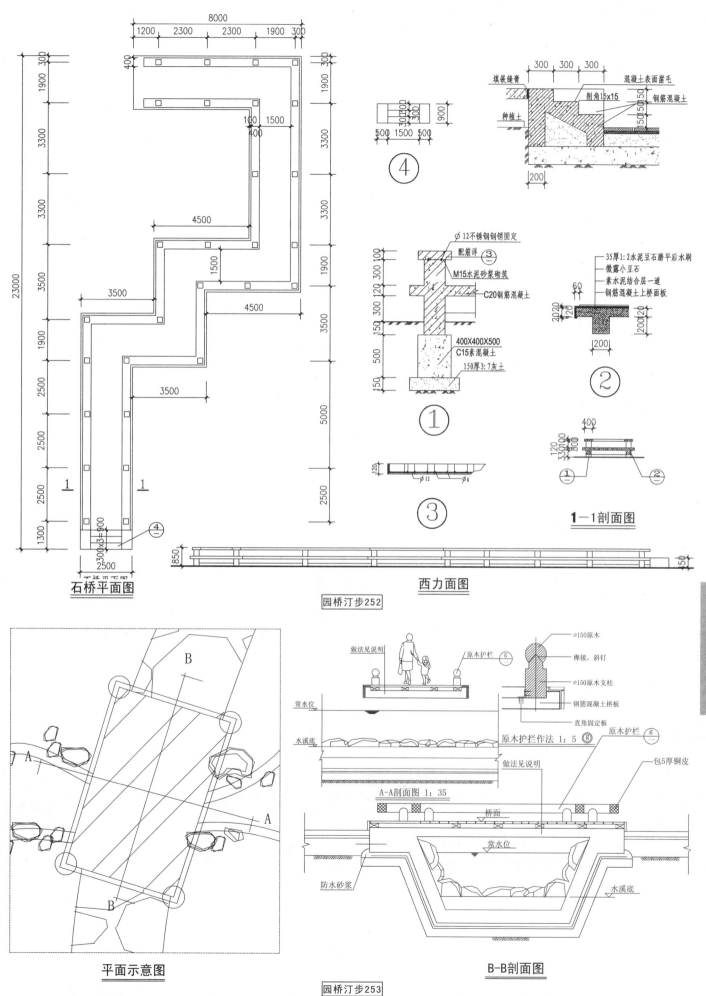

石桥平面图

西力面图

园桥汀步252

①

②

③

④

1—1剖面图

Ø12不锈钢钢锚固定

配筋详 ③

M15水泥砂浆砌筑

C20钢筋混凝土

400X400X500
C15素混凝土

150厚3:7灰土

填嵌缝膏

混凝土表面凿毛

削角15x15

钢筋混凝土

种植土

35厚1:2水泥豆石磨平后水刷

微露小豆石

素水泥结合层一道

钢筋混凝土上桥面板

平面示意图

B—B剖面图

做法见说明

原木护栏

Ø150原木

榫接,斜钉

Ø150原木支柱

钢筋混凝土桥板

直角固定板

常水位

水溪底

原木护栏作法 1:5

A—A剖面图 1:35

做法见说明

原木护栏

包5厚铜皮

桥面

常水位

防水砂浆

水溪底

园
桥
汀
步

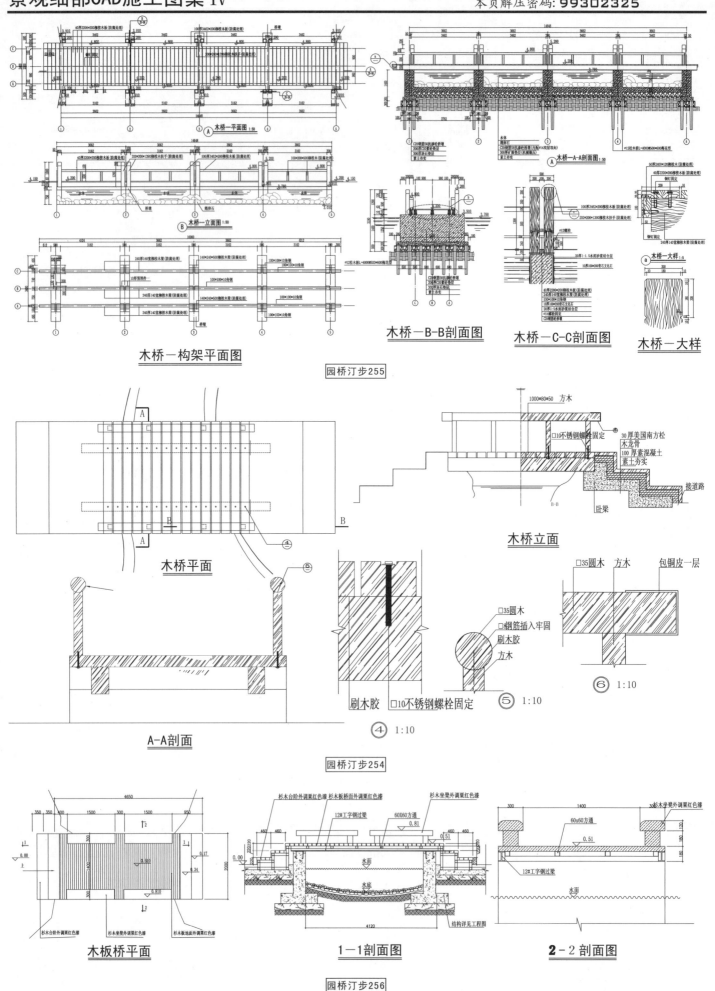

木桥一平面图 1:50

木桥一立面图 1:50

木桥一构架平面图

木桥—B-B剖面图

木桥—C-C剖面图

木桥—A-A剖面图 1:50

木桥一大样

园桥汀步255

木桥平面

木桥立面

A-A剖面

刷木胶

④ 1:10

⑤ 1:10

⑥ 1:10

园桥汀步254

木板桥平面

1—1剖面图

2-2剖面图

园桥汀步256

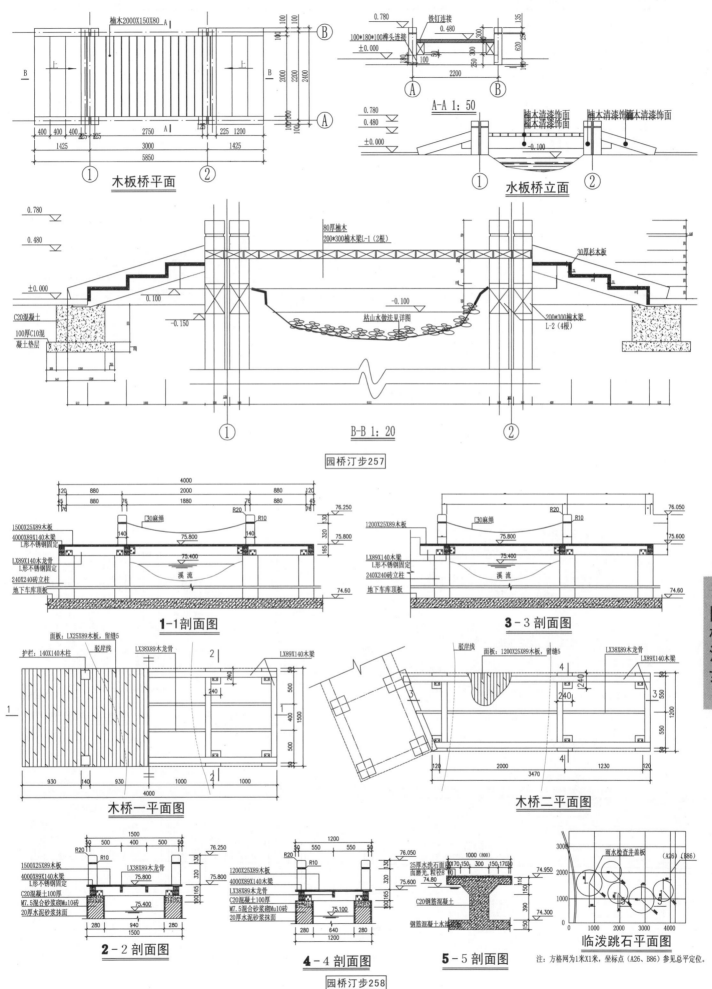

楠木2000X150X80

木板桥平面
①　　　②

铁钉连接
100*180*100榫头连接
A-A 1：50

水板桥立面
①　　　②

楠木清漆饰面
楠木清漆饰面　楠木清漆饰面
楠木清漆饰面

80厚楠木
200*300楠木梁L-1（2根）
30厚杉木板

C20混凝土
100厚C10混凝土垫层

枯山水做法见详图
200*300楠木梁L-2（4根）

B-B 1：20
①　　　②

园桥汀步257

1500X25X89木板
4000X89X140木梁
L形不锈钢固定
LX89X140木龙骨
L形不锈钢固定
240X240砖立柱
地下车库顶板
Ø30麻绳
溪流

1-1剖面图

1200X25X89木板
LX89X140木梁
L形不锈钢固定
240X240砖立柱
地下车库顶板
Ø30麻绳
溪流

3-3剖面图

面板：LX25X89木板，留缝5
护栏：140X140木柱
驳岸线
LX38X89木龙骨
LX89X140木梁

木桥一平面图

驳岸线
面板：1200X25X89木板，留缝5
LX38X89木龙骨
LX89X140木梁

木桥二平面图

1500X25X89木板
4000X89X140木梁
L形不锈钢固定
C20混凝土100厚
M7.5混合砂浆砌Mu10砖
20厚水泥砂浆抹面

2-2剖面图

1200X25X89木板
4000X89X140木梁
LX38X89木龙骨
C20混凝土100厚
M7.5混合砂浆砌Mu10砖
20厚水泥砂浆抹面

4-4剖面图

25厚水洗石面层
面磨光，粒径8
C20钢筋混凝土
钢筋混凝土水泥

5-5剖面图

雨水检查井盖板
(A26)(B86)

临泼跳石平面图
注：方格网为1米X1米，坐标点（A26、B86）参见总平定位。

园桥汀步258

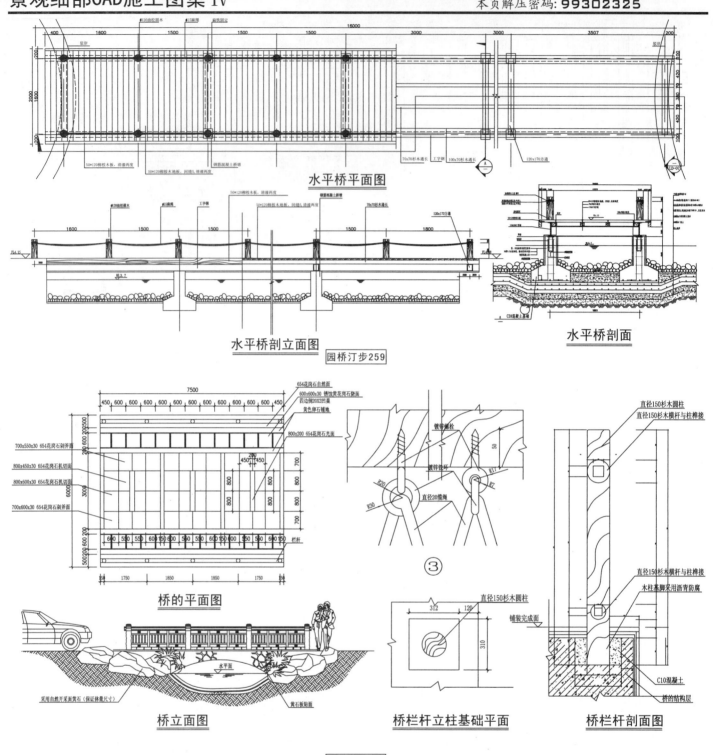

水平桥平面图

水平桥剖立面图

水平桥剖面

园桥汀步259

桥的平面图

桥立面图

桥栏杆立柱基础平面

桥栏杆剖面图

园桥汀步260

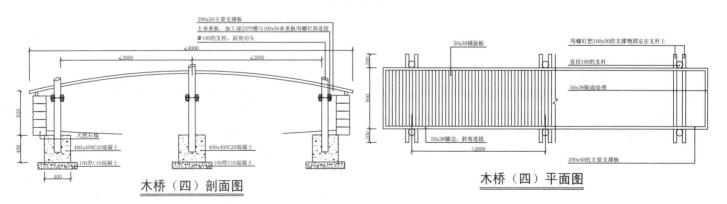

木桥（四）剖面图

木桥（四）平面图

园桥汀步261

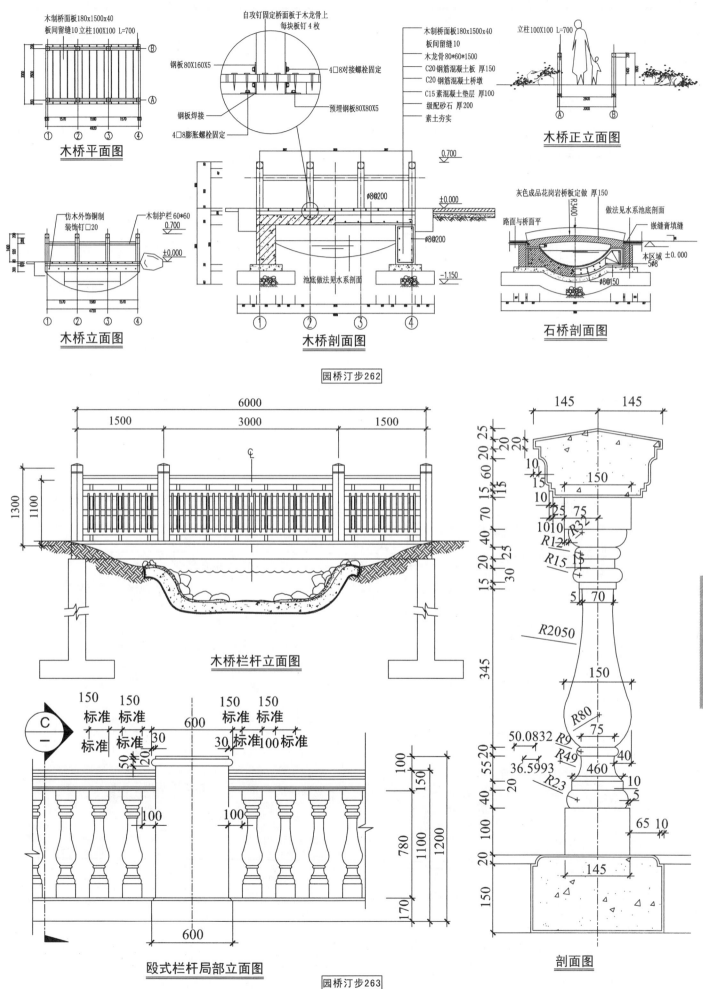

木制桥面板180x1500x40
板间留缝10立柱100X100 L=700

木桥平面图

自攻钉固定桥面板于木龙骨上
每块板钉4枚

钢板80X160X5

钢板焊接

4□8膨胀螺栓固定

4□8对接螺栓固定

预埋钢板80X80X5

木制桥面板180x1500x40
板间留缝10
木龙骨80*60*1500
C20钢筋混凝土板 厚150
C20钢筋混凝土桥墩
C15素混凝土垫层 厚100
级配砂石 厚200
素土夯实

立柱100X100 L=700

木桥正立面图

仿木外饰铜制
装饰钉□20

木制护栏60*60
0.700

±0.000

木桥立面图

灰色成品花岗岩桥板定做 厚150
路面与桥面平
做法见水系池底剖面
嵌缝膏填缝
本区域 ±0.000

石桥剖面图

0.700

±0.000

φ8@200

φ8@200

池底做法见水系剖面

-1.150

木桥剖面图

园桥汀步262

6000
1500   3000   1500

1300
1100

木桥栏杆立面图

150 150   150 150
标准 标准   标准 标准
标准 标准   标准 标准
30   30   100 标准
600

100
150
780
1100
1200
170

殴式栏杆局部立面图

600

145   145

150

剖面图

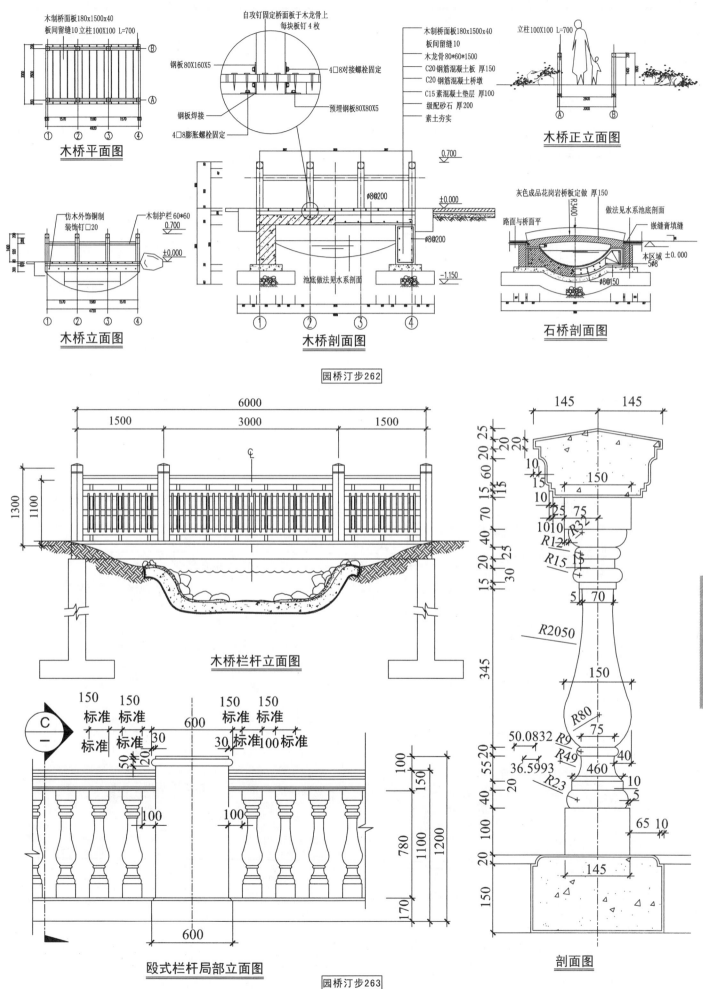

园桥汀步263

园桥汀步

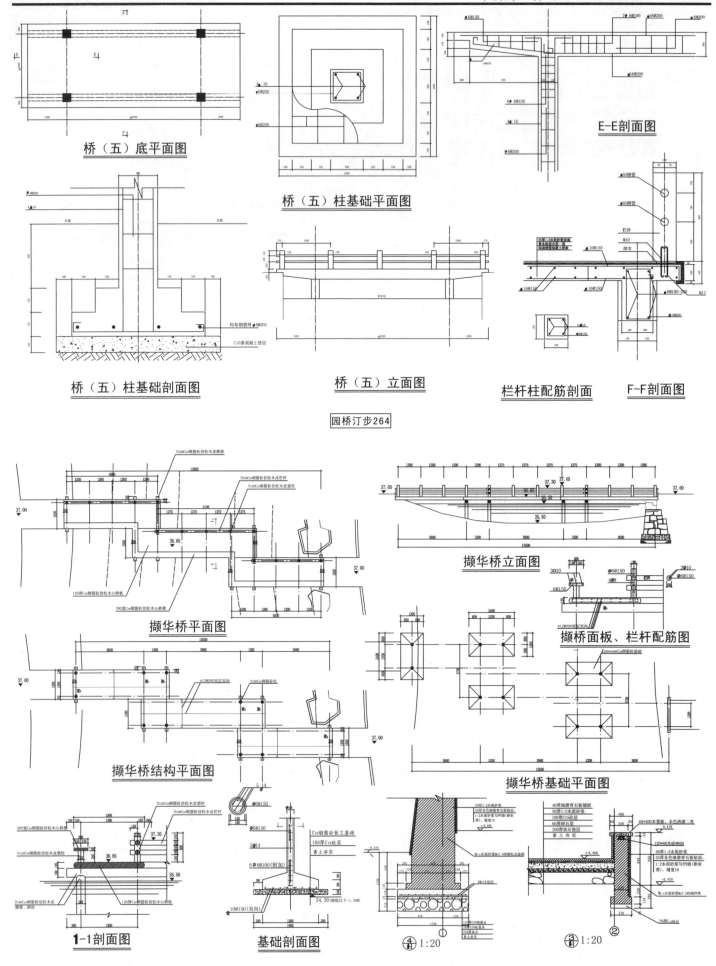

桥（五）底平面图

桥（五）柱基础平面图

E-E剖面图

桥（五）柱基础剖面图

桥（五）立面图

栏杆柱配筋剖面　　F-F剖面图

园桥汀步264

撷华桥平面图

撷华桥立面图

撷华桥结构平面图

撷桥面板、栏杆配筋图

撷华桥基础平面图

1-1剖面图

基础剖面图

①1:20　　③1:20

园桥汀步265

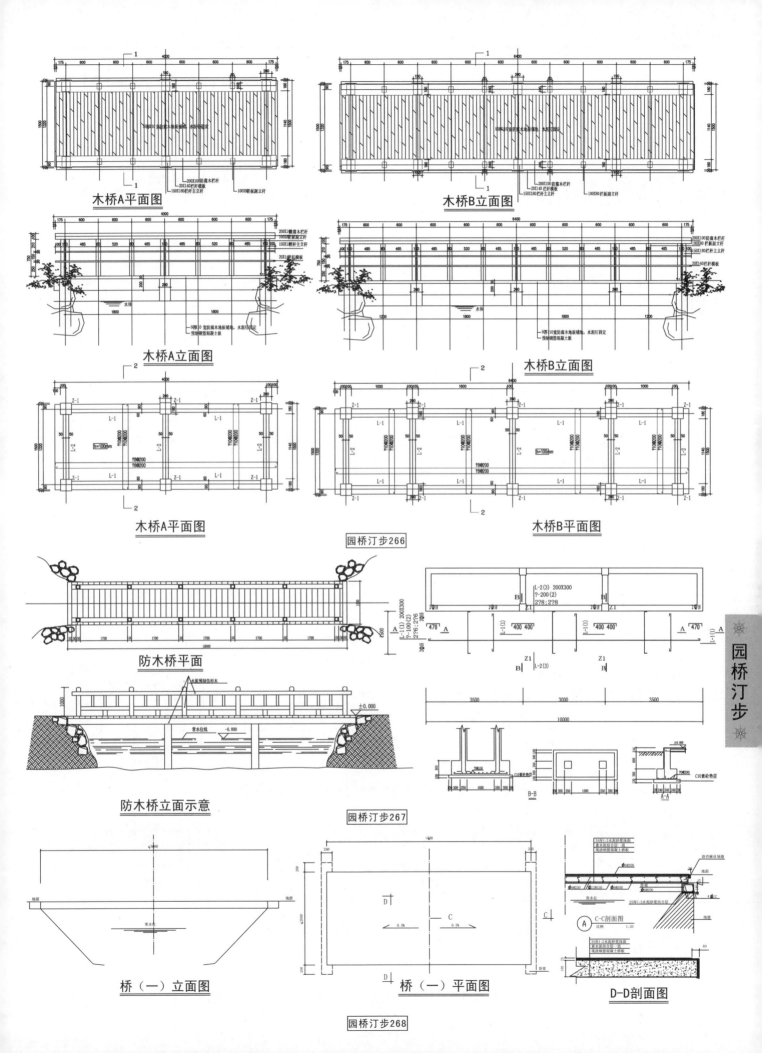

木桥A平面图

木桥B立面图

木桥A立面图

木桥B立面图

木桥A平面图

木桥B平面图

园桥汀步266

防木桥平面

防木桥立面示意

园桥汀步267

B-B

A-A

桥（一）立面图

桥（一）平面图

D-D剖面图

C-C剖面图

园桥汀步268

本页解压密码: 99302325

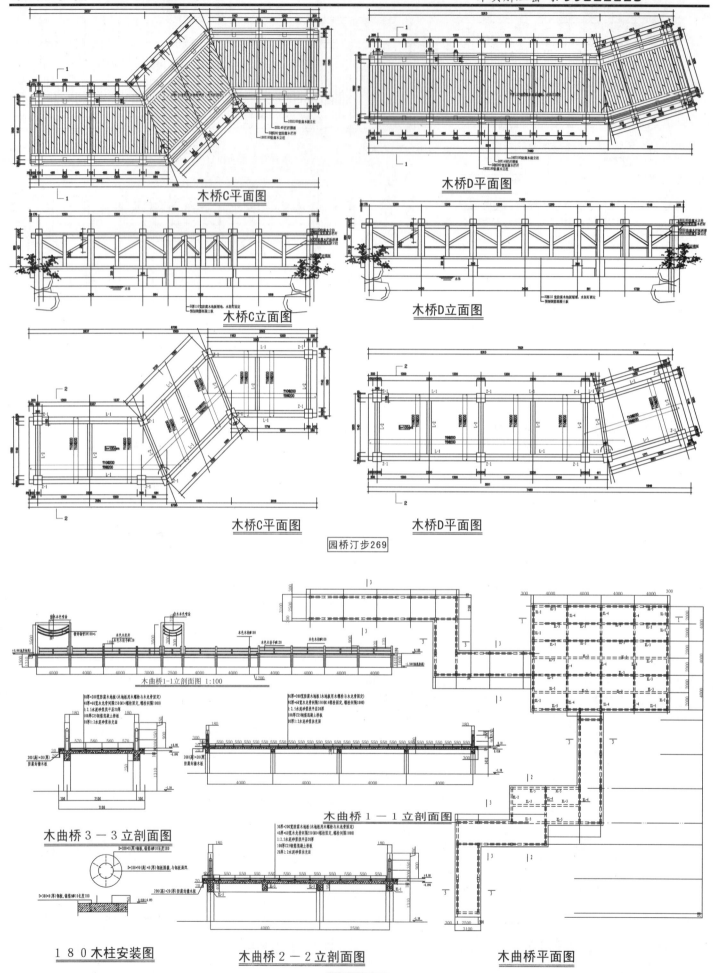

木桥C平面图

木桥D平面图

木桥C立面图

木桥D立面图

木桥C平面图

木桥D平面图

园桥汀步269

木曲桥1-1立剖面图 1:100

木曲桥1—1立剖面图

木曲桥3—3立剖面图

180木柱安装图

木曲桥2—2立剖面图

木曲桥平面图

园桥汀步270

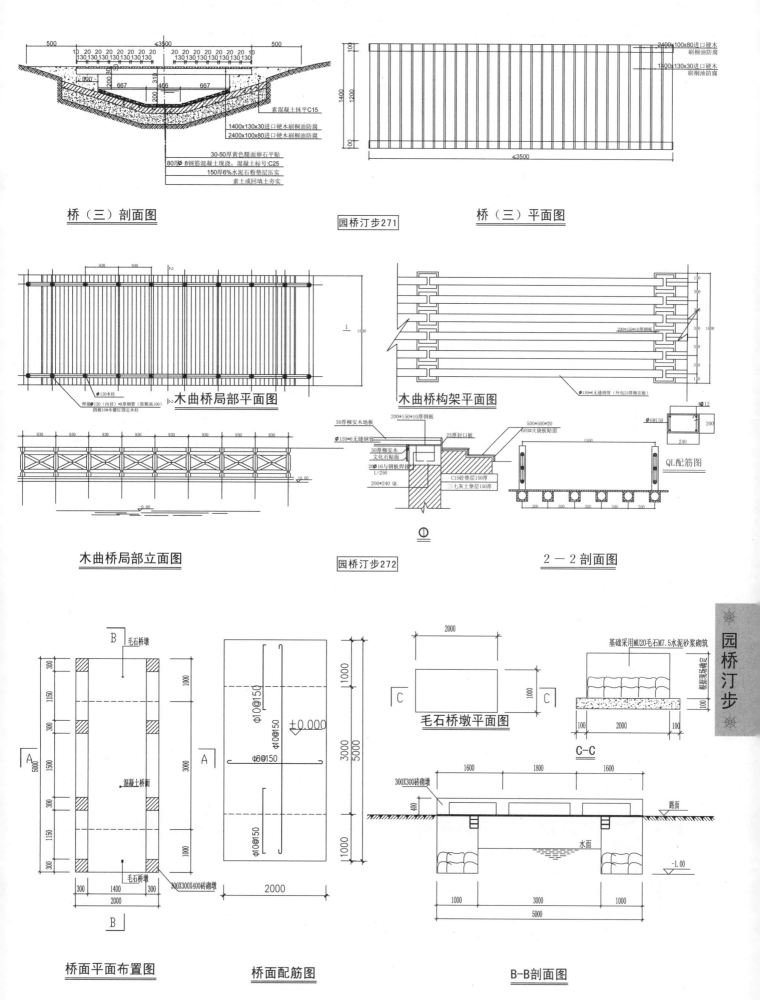

桥（三）剖面图

桥（三）平面图

木曲桥局部平面图

木曲桥构架平面图

木曲桥局部立面图

①

2－2剖面图

QL配筋图

桥面平面布置图

桥面配筋图

毛石桥墩平面图

C－C

B－B剖面图

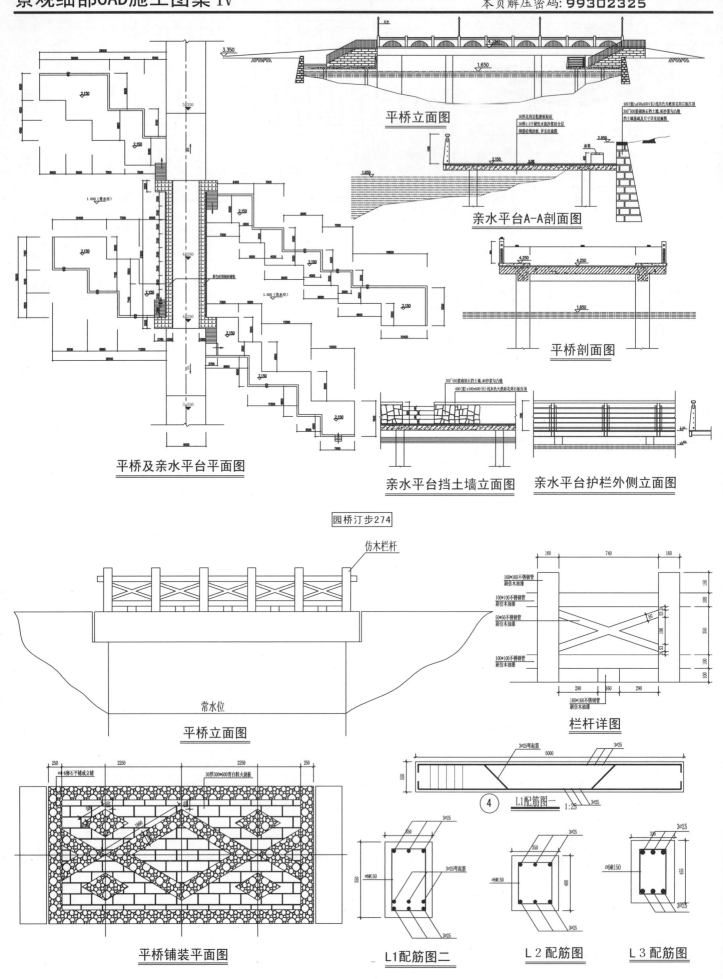

平桥立面图

亲水平台A-A剖面图

平桥剖面图

平桥及亲水平台平面图

亲水平台挡土墙立面图

亲水平台护栏外侧立面图

园桥汀步274

仿木栏杆

平桥立面图

常水位

栏杆详图

平桥铺装平面图

L1配筋图一 1:25

L1配筋图二

L2配筋图

L3配筋图

园桥汀步275

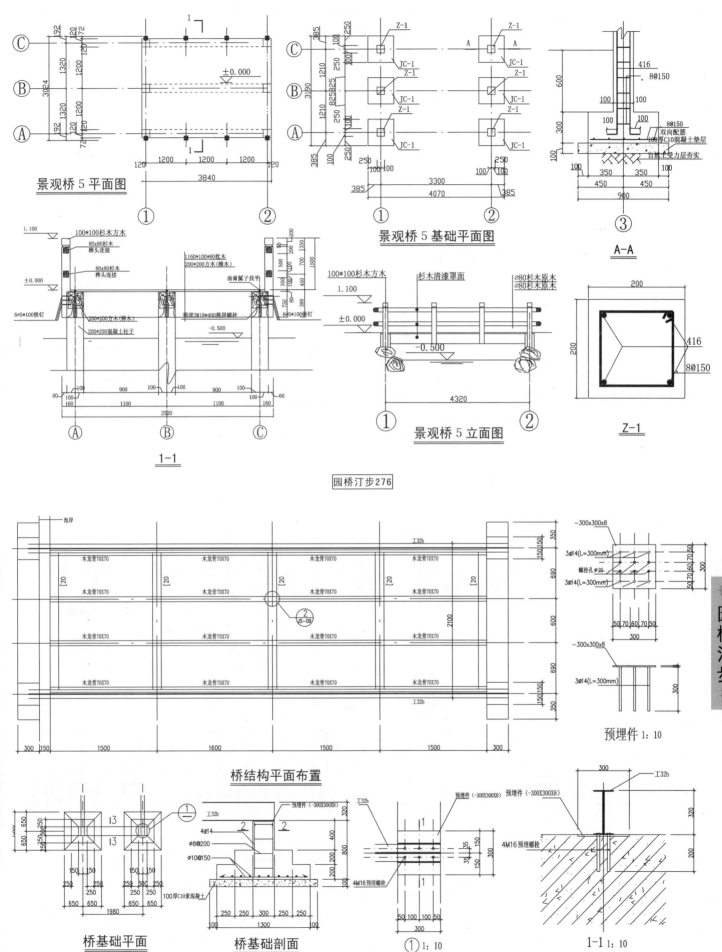

景观桥 5 平面图

景观桥 5 基础平面图

A-A

1-1

景观桥 5 立面图

Z-1

园桥汀步276

桥结构平面布置

预埋件 1:10

桥基础平面

桥基础剖面

① 1:10

1-1 1:10

园桥汀步277

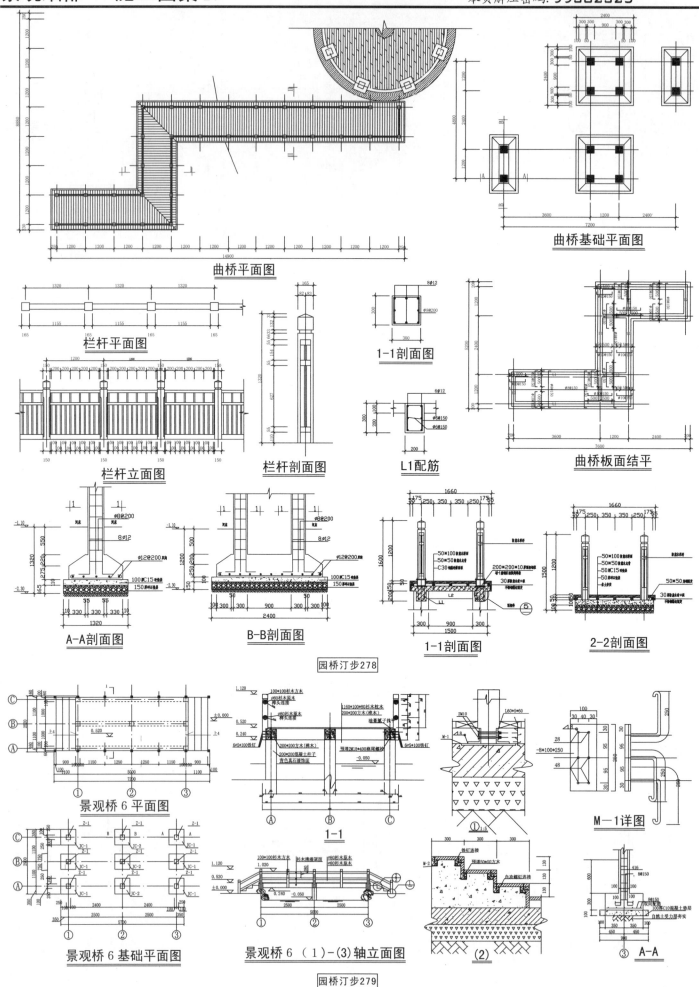

曲桥平面图

曲桥基础平面图

栏杆平面图

1-1剖面图

L1配筋

曲桥板面结平

栏杆立面图

栏杆剖面图

A-A剖面图

B-B剖面图

1-1剖面图

2-2剖面图

园桥汀步278

景观桥6平面图

1-1

M-1详图

景观桥6基础平面图

景观桥6（1）-（3）轴立面图

(2)

③ A-A

园桥汀步279

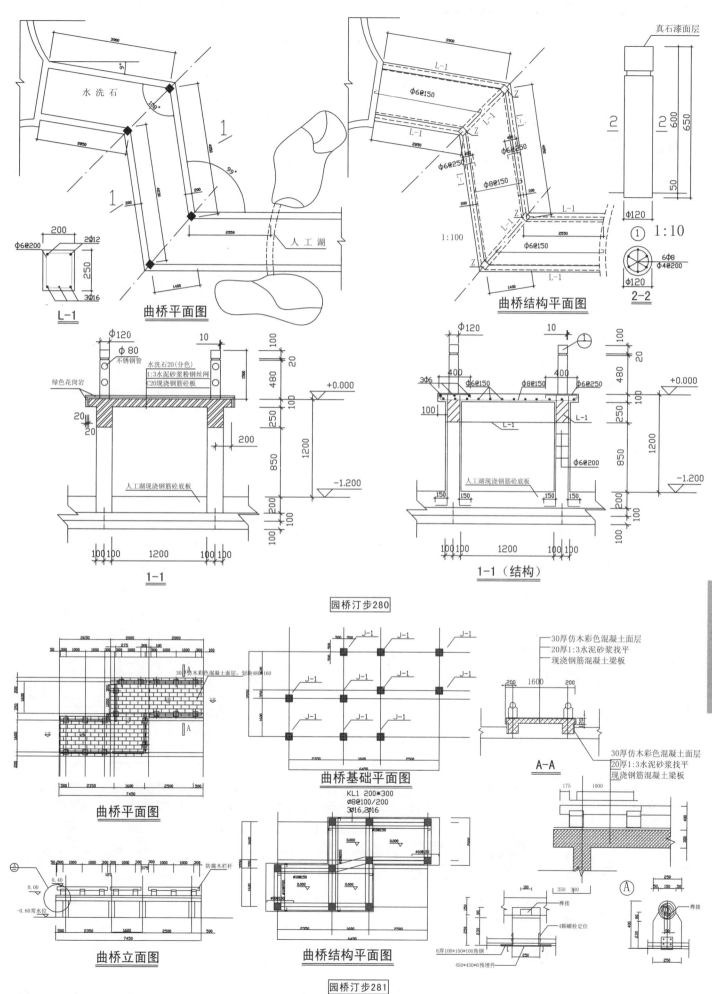

水洗石

人工湖

曲桥平面图

L-1

真石漆面层

曲桥结构平面图

2-2

1-1

1-1（结构）

绿色花岗岩

水洗石20(分色)
1:3水泥砂浆粉钢丝网
C20现浇钢筋砼板

人工湖现浇钢筋砼底板

人工湖现浇钢筋砼底板

园桥汀步280

30厚仿木彩色混凝土面层
20厚1:3水泥砂浆找平
现浇钢筋混凝土梁板

A-A

30厚仿木彩色混凝土面层
20厚1:3水泥砂浆找平
现浇钢筋混凝土梁板

30厚仿木彩色混凝土面层，划缝480*160

曲桥平面图

曲桥基础平面图

KL1 200*300
Ø8@100/200
3Ø16,2Ø16

防腐木栏杆

常水位

曲桥立面图

曲桥结构平面图

榫接

4颗螺栓定位

6厚100*100*100角钢

450*450*6预埋件

榫接

A

园桥汀步281

园桥汀步

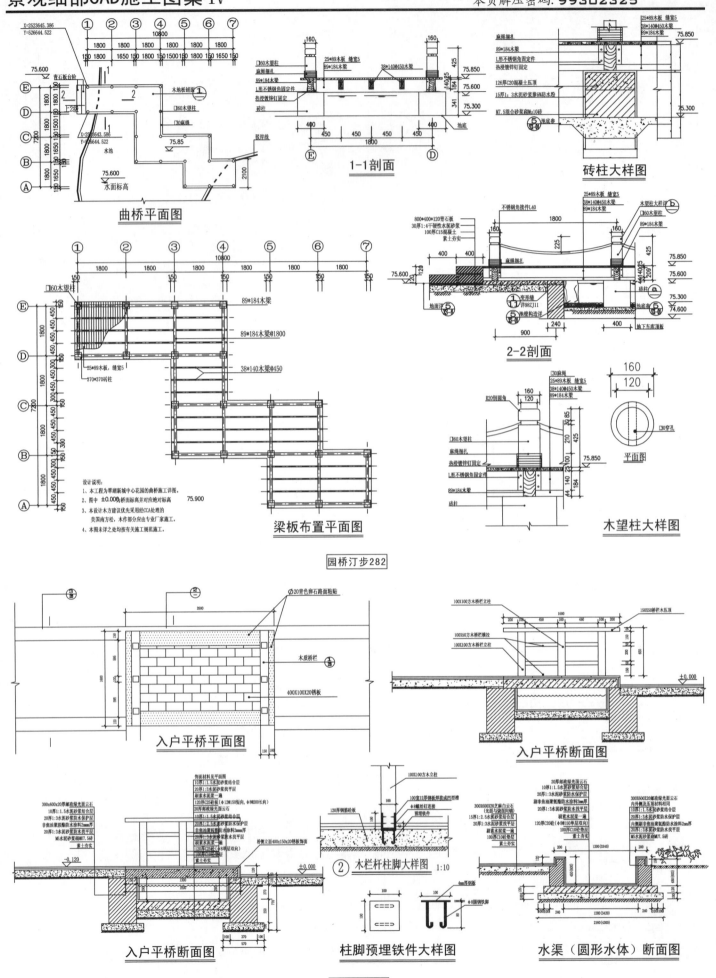

曲桥平面图

1-1剖面

砖柱大样图

梁板布置平面图

2-2剖面

木望柱大样图

设计说明:
1、本工程为翠湖新城中心花园的曲桥施工详图。
2、图中 ±0.000为桥面标高并对应绝对标高。
3、本设计木方建议优先采用经CCA处理的美国南方松,木作部分应由专业厂家施工。
4、本图未详之处均按有关施工规范施工。

园桥汀步282

入户平桥平面图

入户平桥断面图

入户平桥断面图

木栏杆柱脚大样图

柱脚预埋铁件大样图

水渠（圆形水体）断面图

园桥汀步283

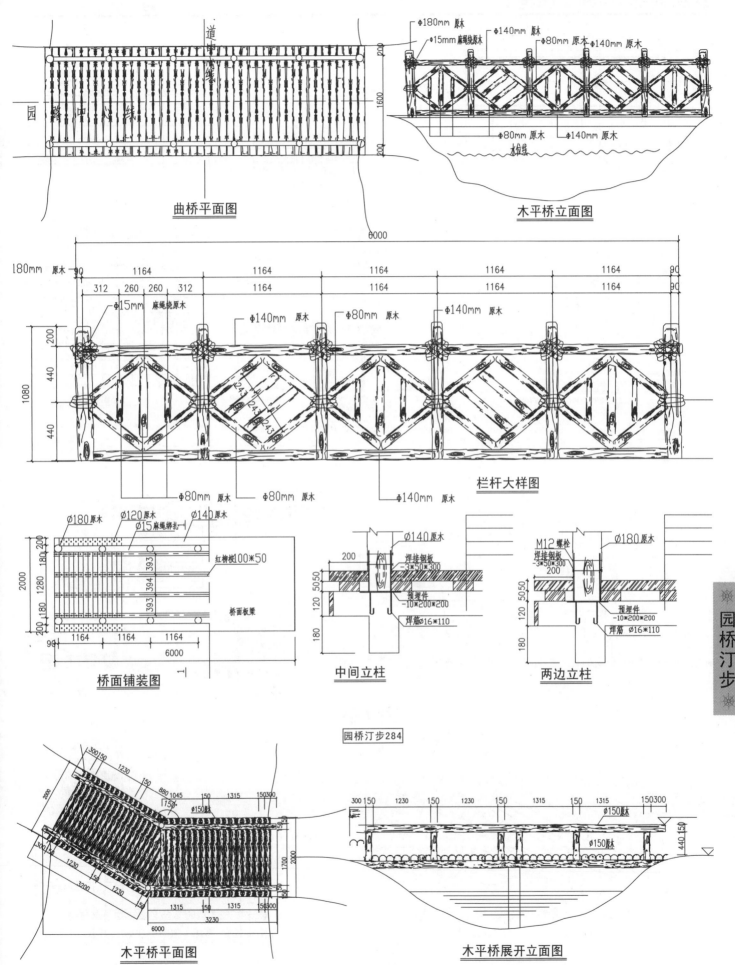

曲桥平面图

木平桥立面图

Φ180mm 原木
Φ15mm 麻绳绕原木
Φ140mm 原木
Φ80mm 原本
Φ140mm 原木

Φ80mm 原木
Φ140mm 原木

水位线

6000

180mm 原木

1164 1164 1164 1164 1164

312 260 260 312 1164 1164 1164 1164

Φ15mm 麻绳绕原木
Φ140mm 原木
Φ80mm 原木
Φ140mm 原木

1080 200 440 440

Φ80mm 原木
Φ80mm 原木
Φ140mm 原木

栏杆大样图

Φ180原木
Φ120原木
Φ15麻绳绑扎
Φ140原木

红柳板100*50

桥面板梁

2000 180 1280 180 200 200

1164 1164 1164
90
6000

桥面铺装图

中间立柱

Φ140原木
焊接钢板
-3*50*300
预埋件
-10*200*200
焊筋Φ16*110

200
5050
120
180

两边立柱

M12 螺栓
焊接钢板
-3*50*300
Φ180原木
200
预埋件
-10*200*200
焊筋 Φ16*110

5050
120
180

木平桥平面图

300 150
1230
150
880 1045 150 1315 150300
150
Φ150原木
1230
150
1315
150300
3200
1315 150 1315 150300
3230
6000

木平桥展开立面图

300 150 1230 150 1230 150 1315 150 1315 150300
Φ150原木
Φ150原木
440 150
1700 2000

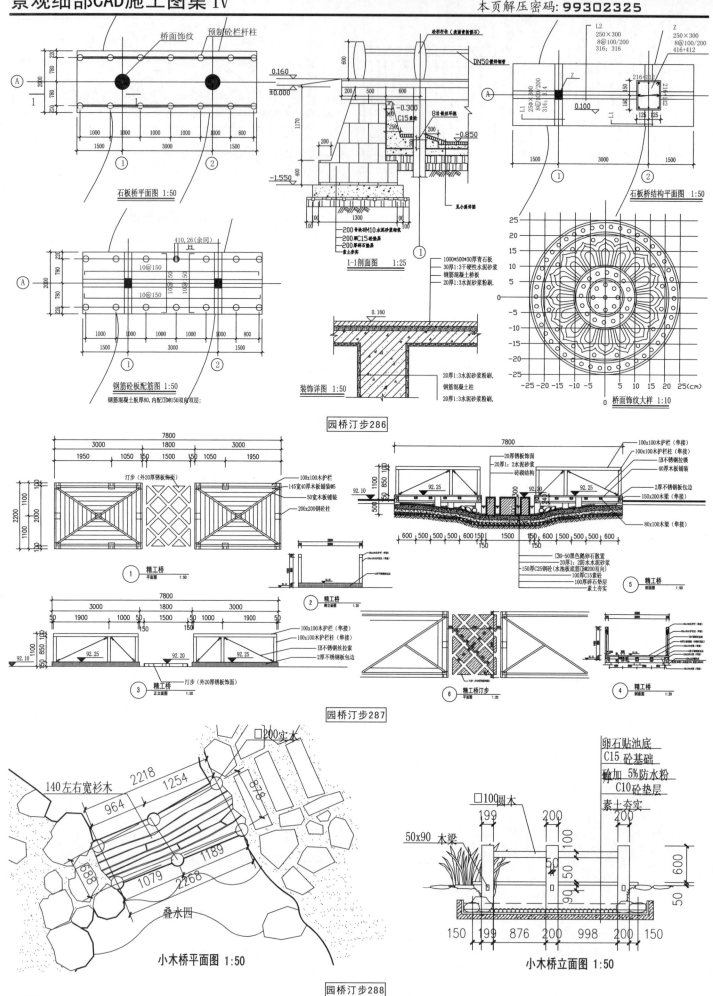

桥面饰纹　预制砼栏杆柱

石板桥平面图 1:50

钢筋砼板配筋图 1:50
钢筋混凝土板厚80，内配Ⅲ D@150双向双层；

1-1剖面图　1:25

200号块石砌M10水泥砂浆砌筑
200厚C15砼垫层
200厚碎石垫层
素土夯实

1000*500*30厚青石板
30厚1:3干硬性水泥砂浆
钢筋混凝土桥板
20厚1:3水泥砂浆粉刷

装饰详图 1:50

20厚1:3水泥砂浆粉刷，
钢筋混凝土柱
20厚1:3水泥砂浆粉刷，

石板桥结构平面图 1:50

桥面饰纹大样 1:10

园桥汀步286

汀步（外20厚锈板饰面）

100x100木护栏
145宽40厚木板铺装@5
50厚木板铺装
200x200钢砼柱

① 精工桥
平面图 1:50

② 精工桥
背立面图 1:25

③ 精工桥
正立面图 1:50

100x100木护栏（隼接）
100x100木护栏柱（隼接）
Φ8不锈钢丝拉索
2厚不锈钢丝包边

100x100木护栏（隼接）
100x100木护栏柱（隼接）
Φ8不锈钢拉锁
40厚木板铺装
2厚不锈钢板包边
150x200木梁（隼接）
80x100木梁（隼接）

Φ30-50黑色鹅卵石散置
20厚1:2防水水泥砂浆
150厚C25钢砼（水池板底筋Φ8@200双向）
100厚C15素砼
100厚碎石垫层
素土夯实

⑤ 精工桥
剖面图 1:50

⑥ 精工桥汀步
平面图 1:20

④ 精工桥
剖面图 1:20

园桥汀步287

□200实木

140左右宽杉木

2218
1254
964
□100圆木
1189
688
1079
2268

叠水四

小木桥平面图 1:50

卵石贴池底
C15砼基础
碎加5%防水粉
C10砼垫层
素土夯实

□100圆木
50x90木梁

小木桥立面图 1:50

园桥汀步288

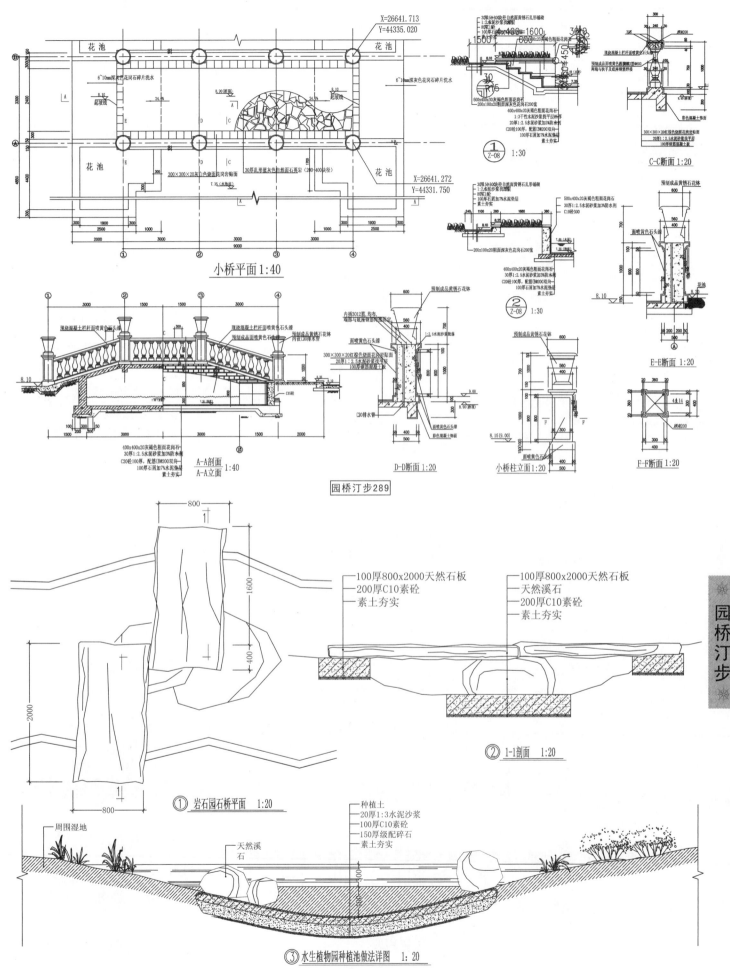

小桥平面 1:40

X=26641.713
Y=44335.020

花池　花池

6~10mm深灰色花岗石碎片洗水

6~10mm深灰色花岗石碎片洗水

花池　花池

X=26641.272
Y=44331.750

300×300×20灰白色烧面花岗岩贴面

30厚乱形灰色自然面英石（200~400块径）

①
Z-08　1:30

C-C断面 1:20

②
Z-08　1:30

E-E断面 1:20

D-D断面 1:20

小桥柱立面 1:20

F-F断面 1:20

A-A剖面 / A-A立面 1:40

园桥汀步289

① 岩石园石桥平面 1:20

② 1-1剖面 1:20

100厚800x2000天然石板
200厚C10素砼
素土夯实

100厚800x2000天然石板
天然溪石
200厚C10素砼
素土夯实

周围湿地
天然溪石

种植土
20厚1:3水泥沙浆
100厚C10素砼
150厚级配碎石
素土夯实

③ 水生植物园种植池做法详图 1:20

园桥汀步290

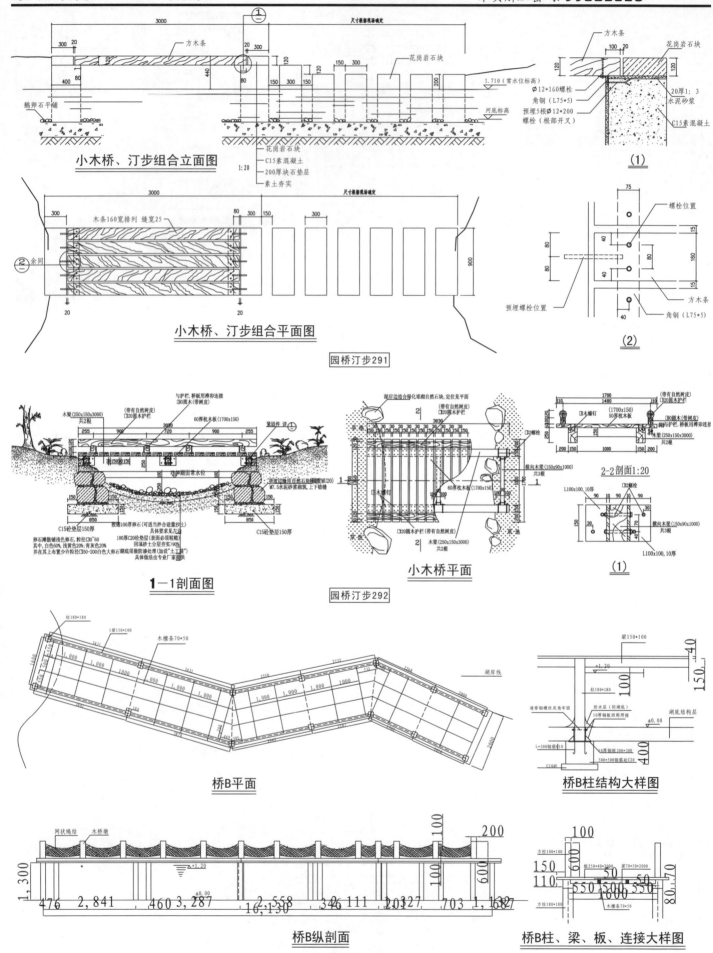

小木桥、汀步组合立面图　1:20

(1)

(2)

小木桥、汀步组合平面图

园桥汀步291

1-1剖面图

小木桥平面

2-2剖面1:20

(1)

园桥汀步292

桥B平面

桥B柱结构大样图

桥B纵剖面

桥B柱、梁、板、连接大样图

园桥汀步293

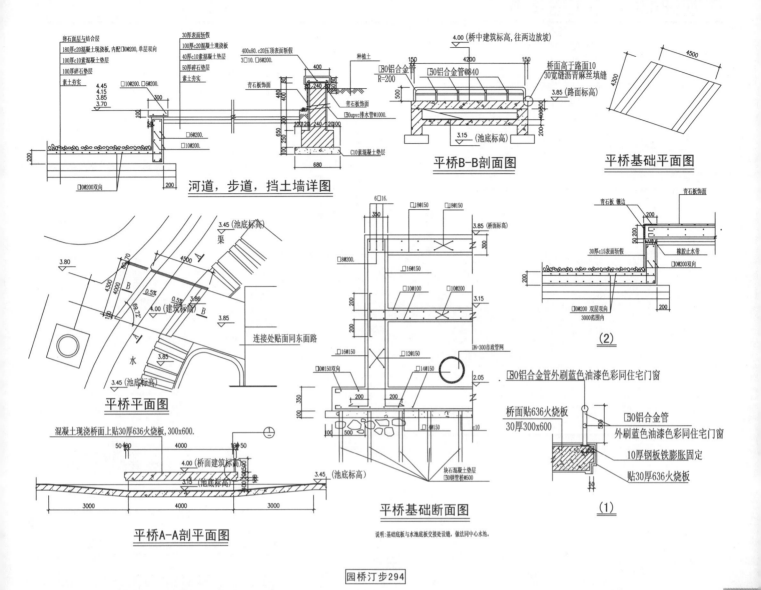

河道，步道，挡土墙详图

平桥B-B剖面图

平桥基础平面图

平桥平面图

平桥A-A剖平面图

平桥基础断面图

说明：基础底板与水池底板交接处做通缝，做法同中心水池。

园桥汀步294

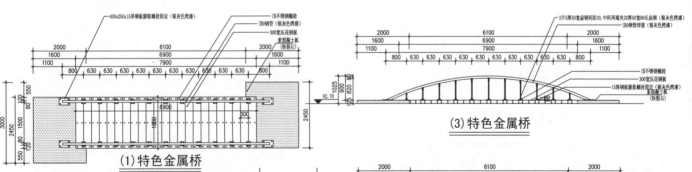

(1)特色金属桥

(2)特色金属桥

(3)特色金属桥

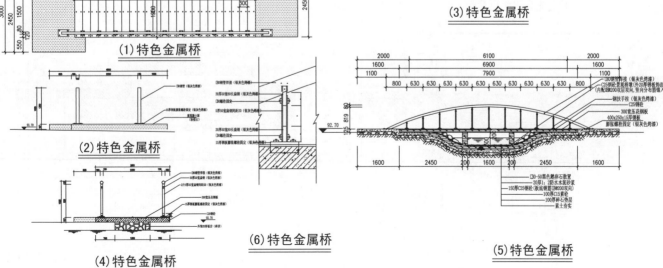

(4)特色金属桥

(6)特色金属桥

(5)特色金属桥

园桥汀步295

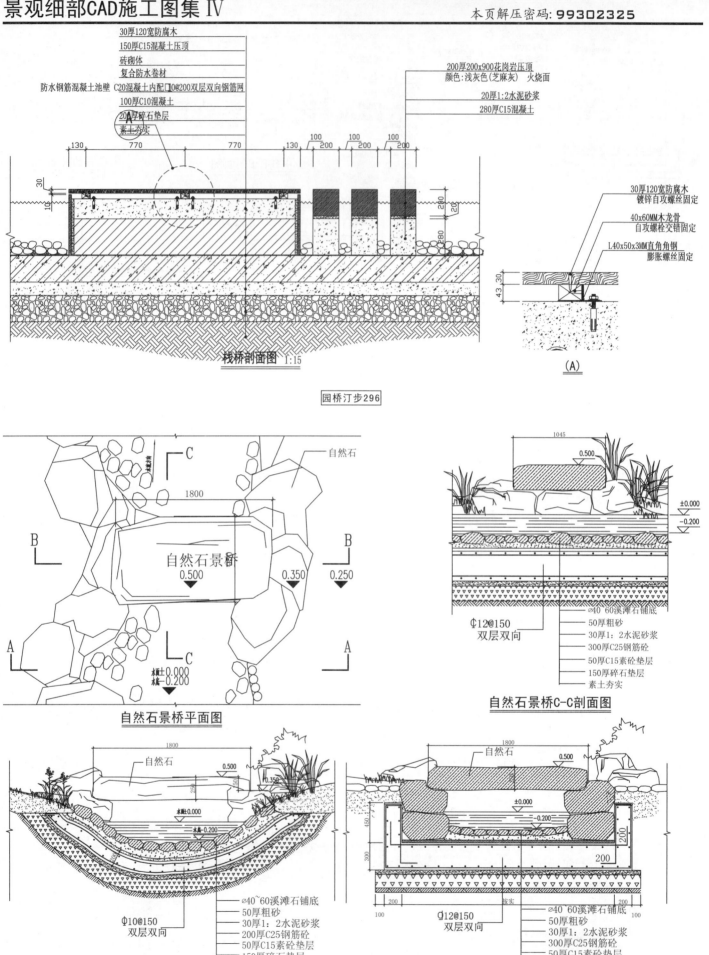

30厚120宽防腐木
150厚C15混凝土压顶
砖砌体
复合防水卷材
防水钢筋混凝土池壁 C20混凝土内配Φ10@200双层双向钢筋网
100厚C10混凝土
200厚碎石垫层
素土夯实

200厚200x900花岗岩压顶
颜色:浅灰色(芝麻灰) 火烧面
20厚1:2水泥砂浆
280厚C15混凝土

栈桥剖面图 1:15

30厚120宽防腐木
镀锌自攻螺丝固定
40x60MM木龙骨
自攻螺栓交错固定
L40x50x3MM直角角钢
膨胀螺丝固定

(A)

园桥汀步296

自然石

自然石景桥
0.500
0.350
0.250
水面±0.000
水底-0.200

自然石景桥平面图

1045
0.500
±0.000
-0.200

Φ12@150
双层双向

∅40~60溪滩石铺底
50厚粗砂
30厚1:2水泥砂浆
300厚C25钢筋砼
50厚C15素砼垫层
150厚碎石垫层
素土夯实

自然石景桥C-C剖面图

自然石
0.500
0.350
水面0.000
水底-0.200

Φ10@150
双层双向

∅40~60溪滩石铺底
50厚粗砂
30厚1:2水泥砂浆
200厚C25钢筋砼
50厚C15素砼垫层
150厚碎石垫层
素土夯实

注:块石垫层视现场地质情况定是否需要,余同

自然石景桥A-A剖面图

自然石
0.500
±0.000
-0.200

Φ12@150
双层双向

∅40~60溪滩石铺底
50厚粗砂
30厚1:2水泥砂浆
300厚C25钢筋砼
50厚C15素砼垫层
150厚碎石垫层
素土夯实

自然石景桥B-B剖面图

园桥汀步297

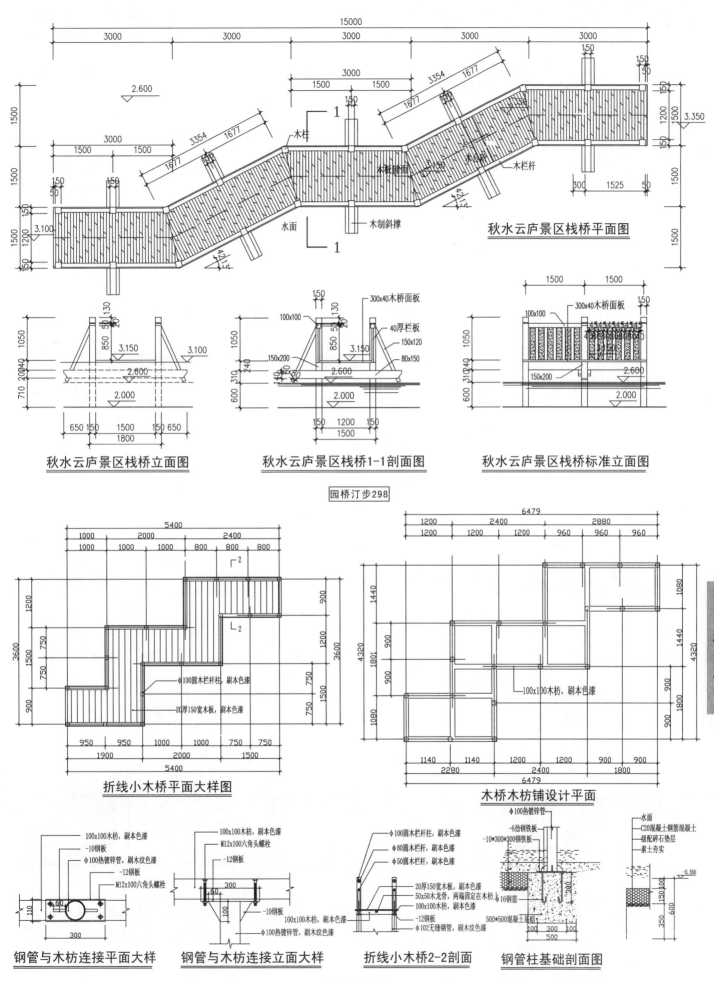

秋水云庐景区栈桥平面图

秋水云庐景区栈桥立面图

秋水云庐景区栈桥1-1剖面图

秋水云庐景区栈桥标准立面图

园桥汀步298

折线小木桥平面大样图

木桥木枋铺设计平面

钢管与木枋连接平面大样

钢管与木枋连接立面大样

折线小木桥2-2剖面

钢管柱基础剖面图

园桥汀步

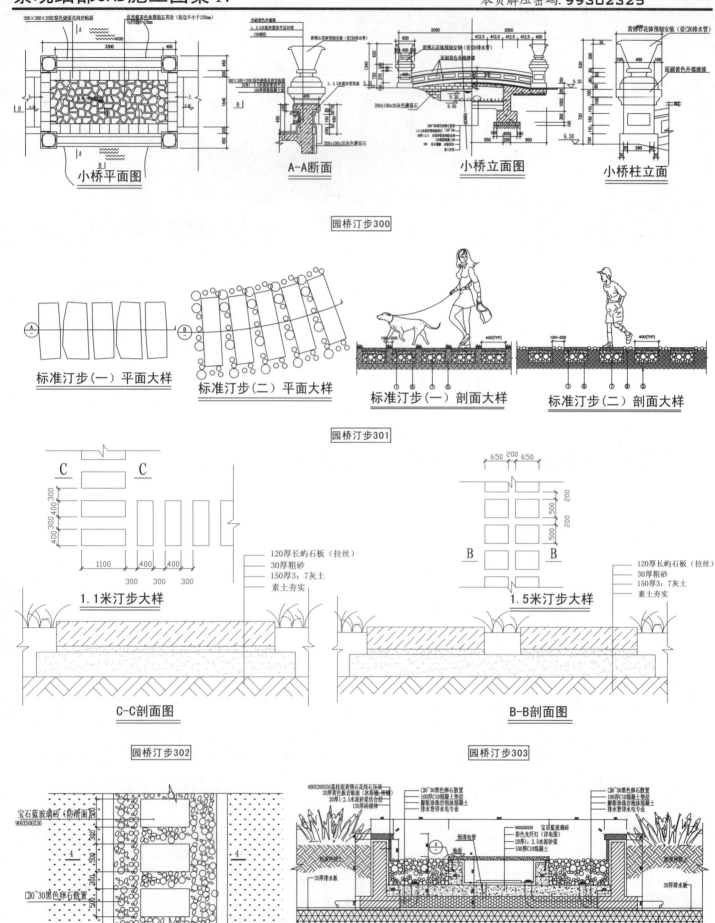

小桥平面图

A-A断面

小桥立面图

小桥柱立面

园桥汀步300

标准汀步（一）平面大样

标准汀步（二）平面大样

标准汀步（一）剖面大样

标准汀步（二）剖面大样

园桥汀步301

1.1米汀步大样

120厚长屿石板（拉丝）
30厚粗砂
150厚3：7灰土
素土夯实

1.5米汀步大样

120厚长屿石板（拉丝）
30厚粗砂
150厚3：7灰土
素土夯实

C-C剖面图

B-B剖面图

园桥汀步302

园桥汀步303

宝石蓝玻璃砖（防滑面层）
900X500X30

玻璃汀步标准段平面

4—4

园桥汀步304

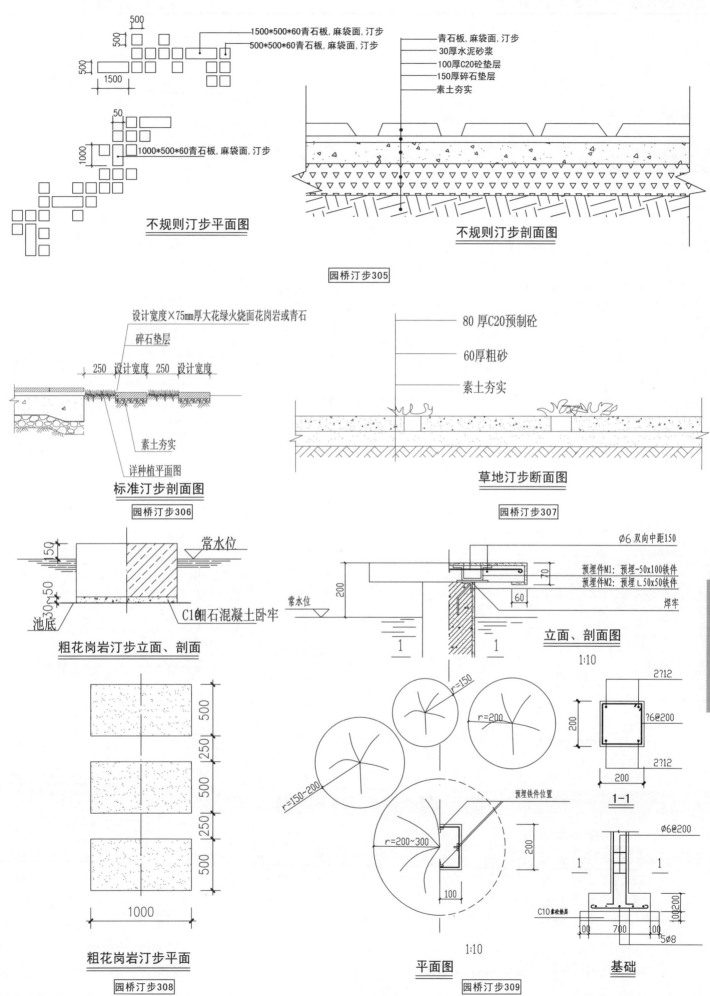

500
500
500
1500

1500*500*60青石板,麻袋面,汀步
500*500*60青石板,麻袋面,汀步

50
1000

1000*500*60青石板,麻袋面,汀步

不规则汀步平面图

青石板,麻袋面,汀步
30厚水泥砂浆
100厚C20砼垫层
150厚碎石垫层
素土夯实

不规则汀步剖面图

园桥汀步305

设计宽度×75mm厚大花绿火烧面花岗岩或青石
碎石垫层
250 设计宽度 250 设计宽度
素土夯实
详种植平面图

标准汀步剖面图

园桥汀步306

80 厚C20预制砼
60厚粗砂
素土夯实

草地汀步断面图

园桥汀步307

150
常水位
30 50
池底
C10细石混凝土卧牢

粗花岗岩汀步立面、剖面

Ø6 双向中距150
预埋件M1:预埋-50x100铁件
预埋件M2:预埋 L 50x50铁件
70
60
焊牢
常水位
200

立面、剖面图
1:10

500
250
500
250
500
1000

粗花岗岩汀步平面

园桥汀步308

r=150
r=200
r=150~200
r=200~300
预埋铁件位置
200
100
1:10

平面图

2Ø12
200
Ø6@200
2Ø12
200

1-1

Ø6@200
C10素砼垫层
100 200
100 700 100
5Ø8

基础

园桥汀步309

园桥汀步

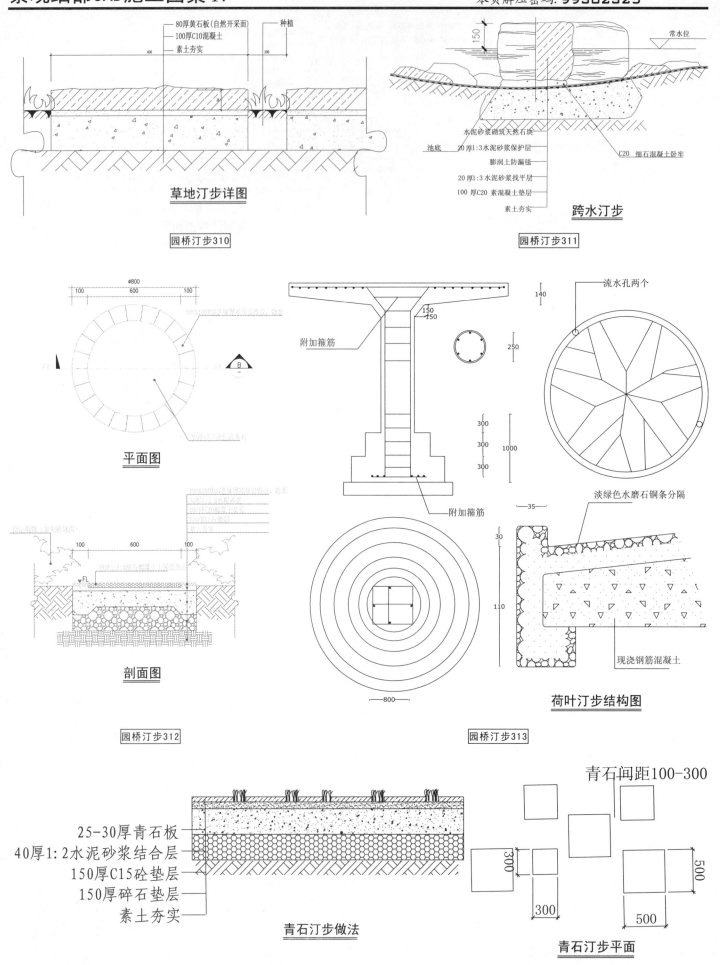

草地汀步详图

园桥汀步310

跨水汀步

80厚黄石板(自然开采面)
100厚C10混凝土
素土夯实
种植

常水位

水泥砂浆砌筑天然石块
池底
20厚1:3水泥砂浆保护层
膨润土防漏毯
20厚1:3水泥砂浆找平层
100厚C20素混凝土垫层
素土夯实
C20细石混凝土卧牢

园桥汀步311

平面图

剖面图

附加箍筋
附加箍筋

流水孔两个

淡绿色水磨石铜条分隔
现浇钢筋混凝土

荷叶汀步结构图

园桥汀步312

园桥汀步313

25-30厚青石板
40厚1:2水泥砂浆结合层
150厚C15砼垫层
150厚碎石垫层
素土夯实

青石汀步做法

青石间距100-300

青石汀步平面

园桥汀步314

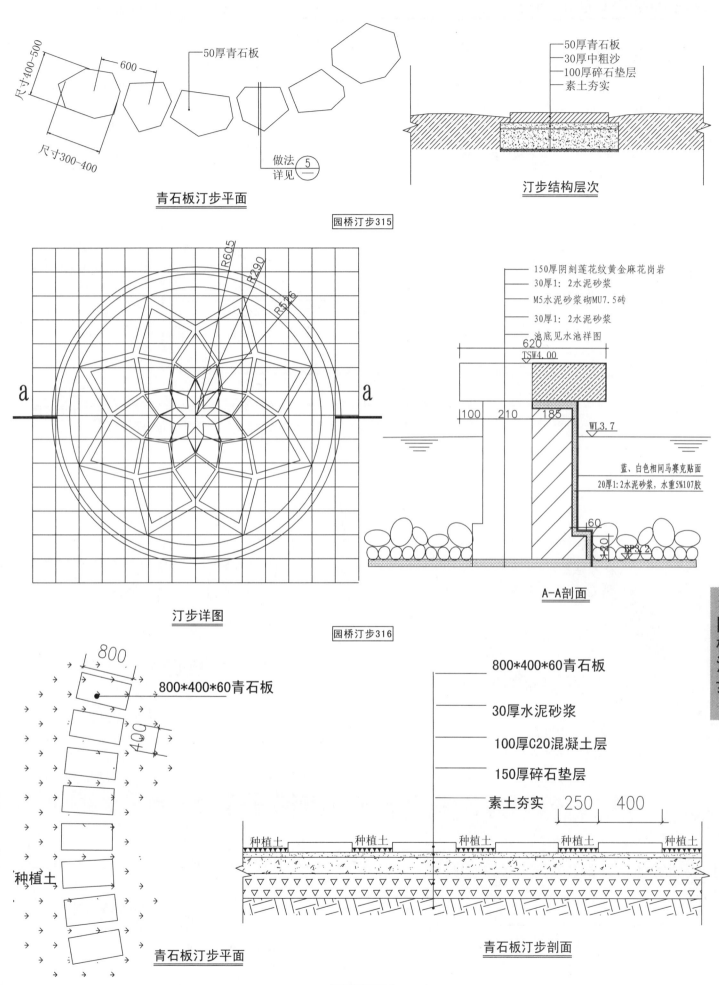

50厚青石板

尺寸400-500

600

尺寸300-400

做法 ⑤
详见 ——

青石板汀步平面

50厚青石板
30厚中粗沙
100厚碎石垫层
素土夯实

汀步结构层次

园桥汀步315

R605
R290
R526

a ——— a

汀步详图

150厚阴刻莲花纹黄金麻花岗岩
30厚1：2水泥砂浆
M5水泥砂浆砌MU7.5砖
30厚1：2水泥砂浆
池底见水池详图

620
TSW4.00

100 210 185

WL3.7

蓝、白色相间马赛克贴面
20厚1:2水泥砂浆，水重5%107胶

60

A-A剖面

园桥汀步316

800

800*400*60青石板

400

种植土

青石板汀步平面

800*400*60青石板

30厚水泥砂浆

100厚C20混凝土层

150厚碎石垫层

素土夯实 250 400

种植土   种植土   种植土   种植土   种植土

青石板汀步剖面

园桥汀步317

园桥汀步

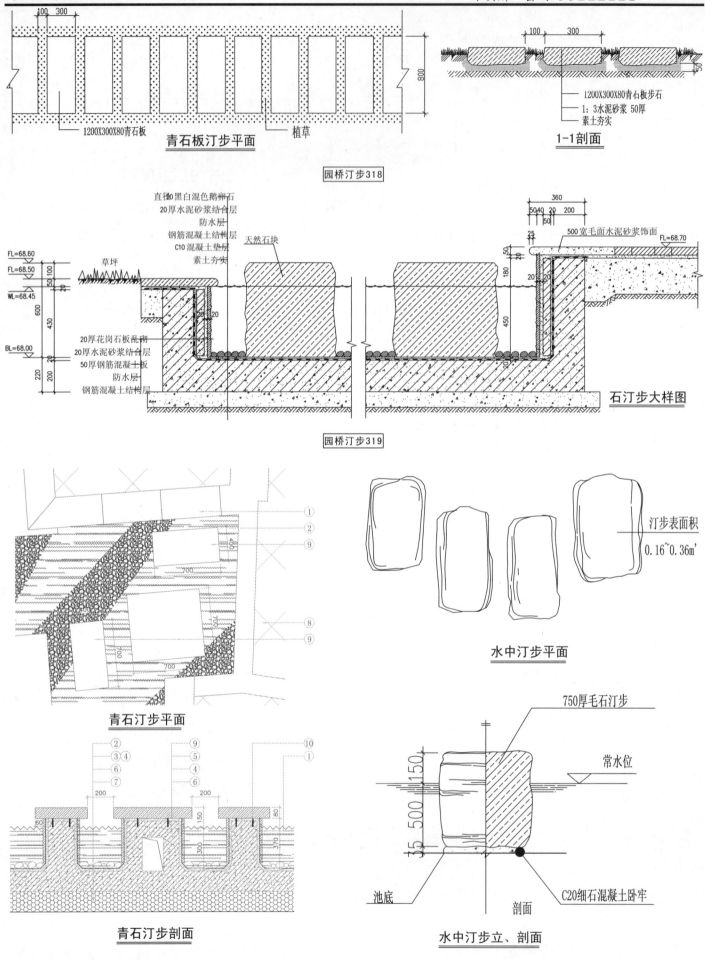

1200X300X80青石板

青石板汀步平面

植草

1200X300X80青石板步石
1:3水泥砂浆 50厚
素土夯实

1-1剖面

园桥汀步318

直径50黑白混色鹅卵石
20厚水泥砂浆结合层
防水层
钢筋混凝土结构层
C10混凝土垫层
素土夯实

天然石块

草坪

FL=68.60
FL=68.50
WL=68.45
600
BL=68.00

20厚花岗石板乱铺
20厚水泥砂浆结合层
50厚钢筋混凝土板
防水层
钢筋混凝土结构层

500宽毛面水泥砂浆饰面
FL=68.70

石汀步大样图

园桥汀步319

青石汀步平面

汀步表面积
0.16~0.36m²

水中汀步平面

750厚毛石汀步

常水位

池底

C20细石混凝土卧牢

剖面

青石汀步剖面

水中汀步立、剖面

园桥汀步320

园桥汀步321

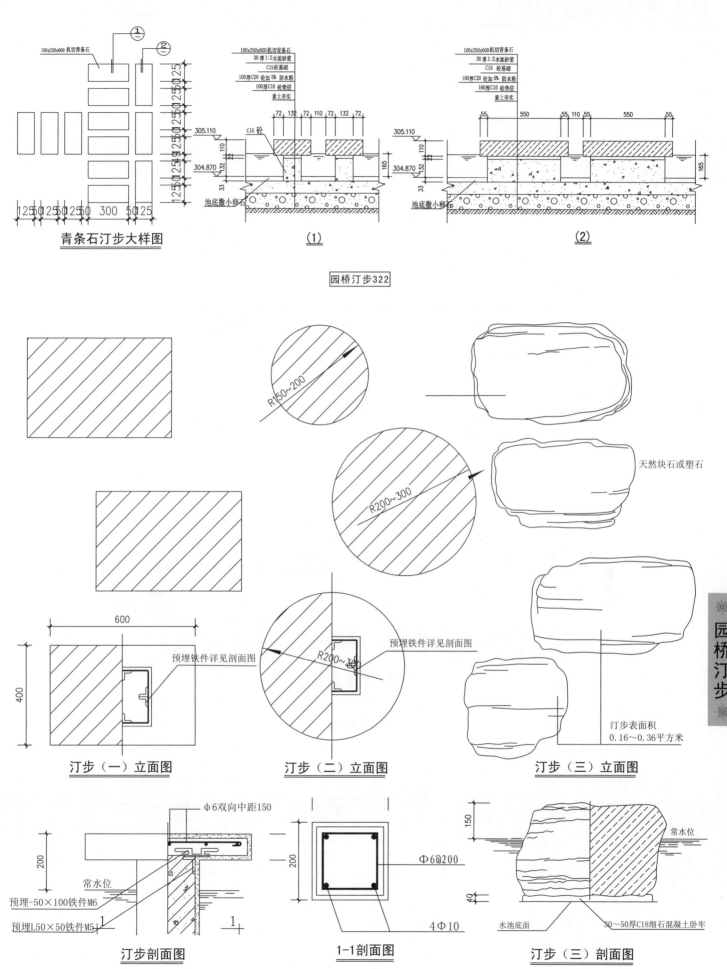

100x250x600 机切青条石

青条石汀步大样图

100x250x600 机切青条石
30 厚 1:2 水泥砂浆
C15砼基础
100厚C20 砼加 5% 防水粉
100厚C10 砼垫层
素土夯实

305.110
304.870

C15 砼

池底撒小卵石

(1)

100x250x600 机切青条石
30 厚 1:2 水泥砂浆
C15砼基础
100厚C20 砼加 5% 防水粉
100厚C10 砼垫层
素土夯实

305.110
304.870

池底撒小卵石

(2)

园桥汀步322

600
400

预埋铁件详见剖面图

汀步（一）立面图

R150~200

R200~300

R200~300

预埋铁件详见剖面图

汀步（二）立面图

天然块石或塑石

汀步表面积
0.16～0.36平方米

汀步（三）立面图

Φ6双向中距150

200

常水位

预埋-50×100铁件M6
预埋L50×50铁件M5

汀步剖面图

1

1-1剖面图

200

Φ6@200

4Φ10

150
40

常水位

水池底面

30～50厚C18细石混凝土卧牢

汀步（三）剖面图

园桥汀步323

园桥汀步

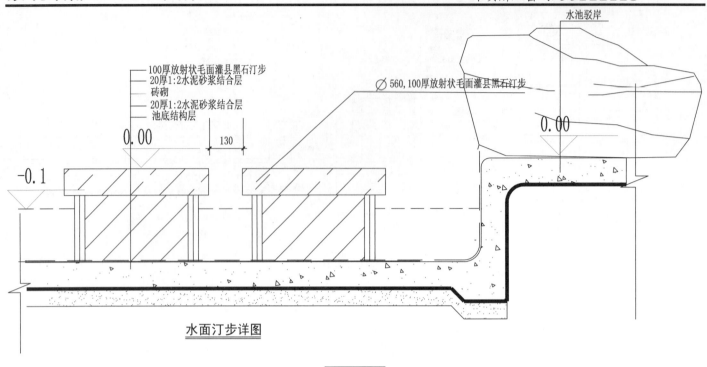

100厚放射状毛面灌县黑石汀步
20厚1:2水泥砂浆结合层
砖砌
20厚1:2水泥砂浆结合层
池底结构层

Ø 560,100厚放射状毛面灌县黑石汀步

水池驳岸

0.00
0.00
-0.1
130

水面汀步详图

园桥汀步324

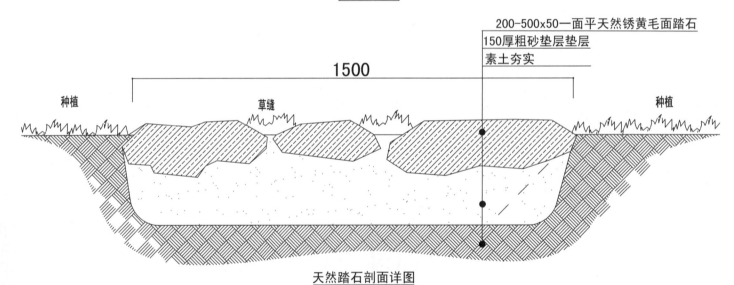

200-500x50一面平天然锈黄毛面踏石
150厚粗砂垫层垫层
素土夯实

1500

种植
草缝
种植

天然踏石剖面详图

园桥汀步325

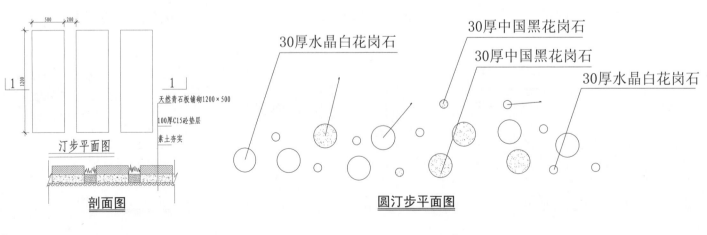

500　200
1200

汀步平面图

天然青石板铺砌1200×500
100厚C15砼垫层
素土夯实

剖面图

园桥汀步326

30厚水晶白花岗石
30厚中国黑花岗石
30厚中国黑花岗石
30厚水晶白花岗石

圆汀步平面图

园桥汀步327

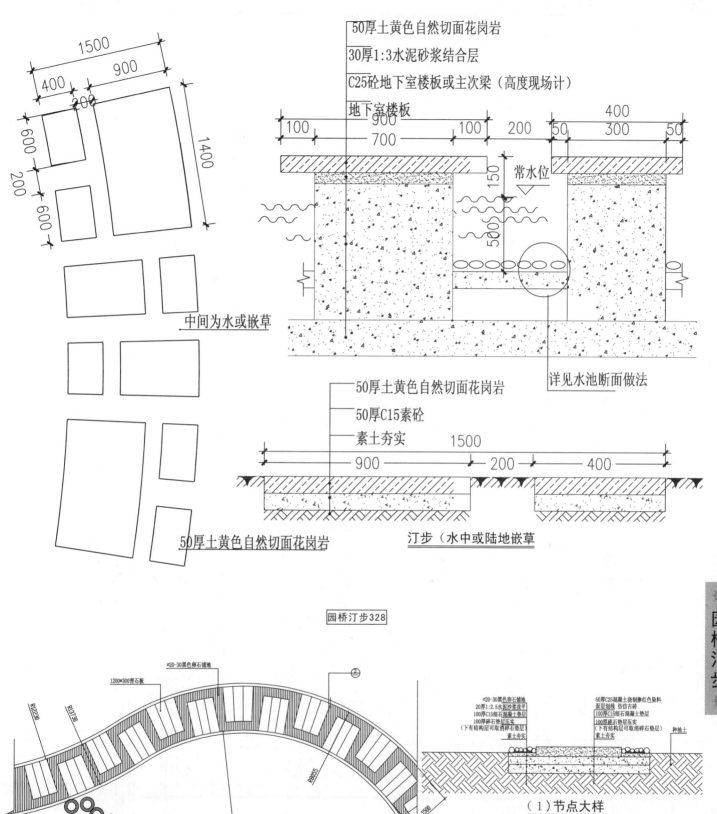

50厚土黄色自然切面花岗岩

30厚1:3水泥砂浆结合层

C25砼地下室楼板或主次梁（高度现场计）

地下室楼板

常水位

中间为水或嵌草

详见水池断面做法

50厚土黄色自然切面花岗岩

50厚C15素砼

素土夯实

50厚土黄色自然切面花岗岩

汀步（水中或陆地嵌草

∅20-30黑色卵石铺地

1200*300青石板

∅20-30黑色卵石铺地
20厚1:2.5水泥沙浆找平
100厚C15细石混凝土垫层
100厚碎石垫层压实
（下有结构层可取消碎石垫层）
素土夯实

50厚C25混凝土浇制掺红色染料
面层划线 仿古砖
100厚C15细石混凝土垫层
100厚碎石垫层压实
（下有结构层可取消碎石垫层）
素土夯实

种植土

（1）节点大样

∅20-30黑色卵石铺地
20厚1:2.5水泥沙浆找平
100厚C15细石混凝土垫层
100厚碎石垫层压实
（下有结构层可取消碎石垫层）
素土夯实

50厚C25混凝土浇制掺青色染料
面层划线 仿青石板
100厚C15细石混凝土垫层
100厚碎石垫层压实
（下有结构层可取消碎石垫层）
素土夯实

青石路沿

种植土

混凝土地面划线仿青石

∅20-30黑色卵石铺地

汀步林荫小道平面图

（2）节点大样

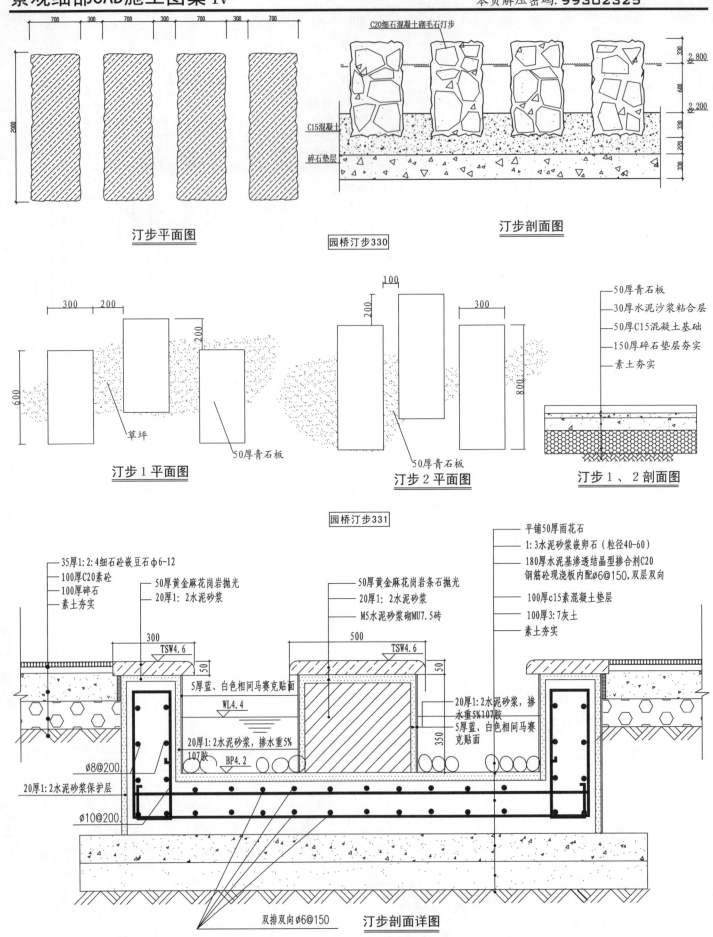

C20细石混凝土砌毛石汀步

C15混凝土

碎石垫层

汀步平面图

汀步剖面图

园桥汀步330

草坪

50厚青石板

汀步1平面图

50厚青石板

汀步2平面图

50厚青石板

50厚青石板
30厚水泥沙浆粘合层
50厚C15混凝土基础
150厚碎石垫层夯实
素土夯实

汀步1、2剖面图

园桥汀步331

35厚1:2:4细石砼嵌豆石φ6-12
100厚C20素砼
100厚碎石
素土夯实

50厚黄金麻花岗岩抛光
20厚1:2水泥砂浆

50厚黄金麻花岗岩条石抛光
20厚1:2水泥砂浆
M5水泥砂浆砌MU7.5砖

平铺50厚雨花石
1:3水泥砂浆嵌卵石（粒径40-60）
180厚水泥基渗透结晶型掺合剂C20
钢筋砼现浇板内配φ6@150,双层双向
100厚c15素混凝土垫层
100厚3:7灰土
素土夯实

300
TSW4.6
50

500
TSW4.6
50

5厚蓝、白色相间马赛克贴面

WL4.4

20厚1:2水泥砂浆，掺
水重5%107胶
5厚蓝、白色相间马赛克贴面

350

20厚1:2水泥砂浆，掺水重5%
107胶 BP4.2

φ8@200

20厚1:2水泥砂浆保护层

φ10@200

双排双向φ6@150

汀步剖面详图

园桥汀步332

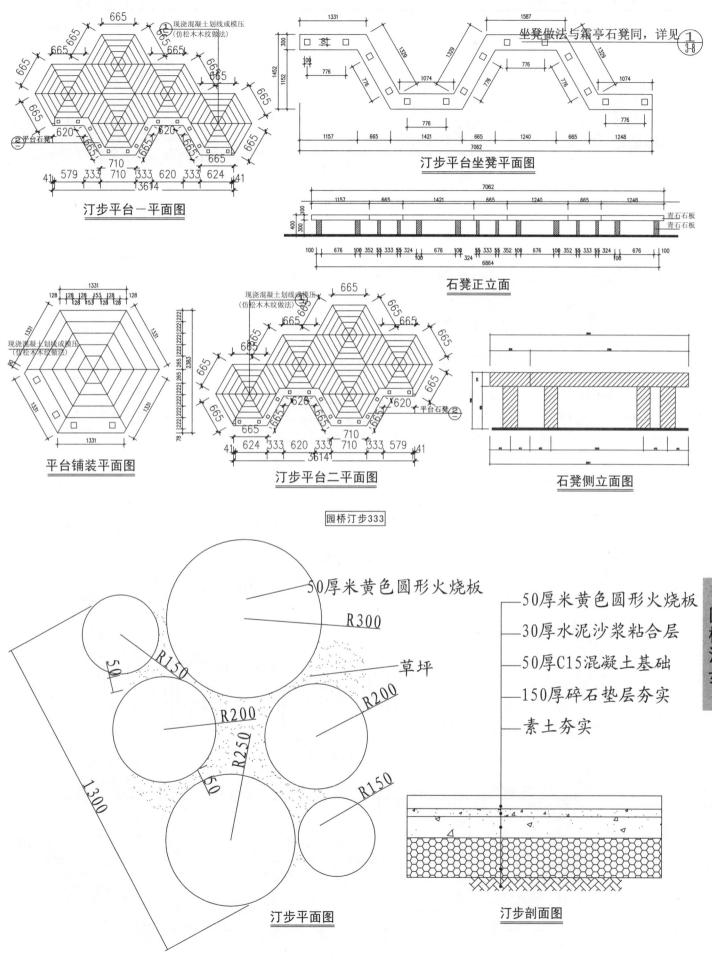

现浇混凝土划线或模压
(仿松木木纹做法)

坐凳做法与霜亭石凳同，详见 1/3-8

汀步平台一平面图

汀步平台坐凳平面图

青石石板
青石石板

石凳正立面

现浇混凝土划线或模压
(仿松木木纹做法)

平台石凳②

现浇混凝土划线或模压
(仿松木木纹做法)

平台铺装平面图

汀步平台二平面图

石凳侧立面图

园桥汀步333

50厚米黄色圆形火烧板
R300

草坪

R200

R150

R250

R200

R150

1300

汀步平面图

50厚米黄色圆形火烧板
30厚水泥沙浆粘合层
50厚C15混凝土基础
150厚碎石垫层夯实
素土夯实

汀步剖面图

园桥汀步334

园
桥
汀
步

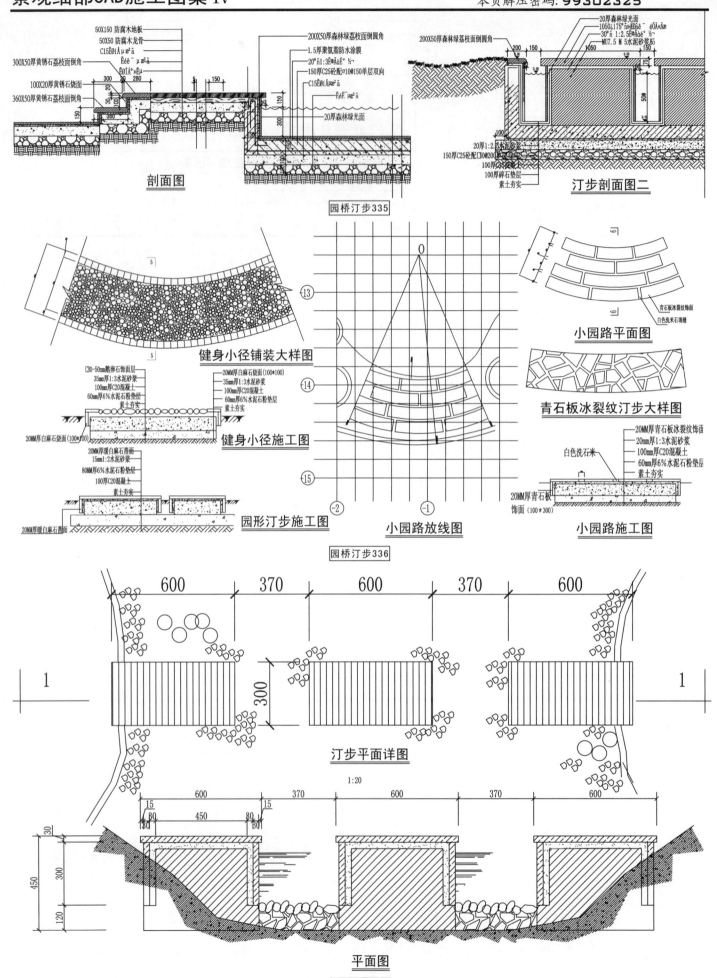

剖面图

园桥汀步335

汀步剖面图二

健身小径铺装大样图

健身小径施工图

园形汀步施工图

小园路放线图

小园路平面图

青石板冰裂纹汀步大样图

小园路施工图

园桥汀步336

汀步平面详图

1:20

平面图

园桥汀步337

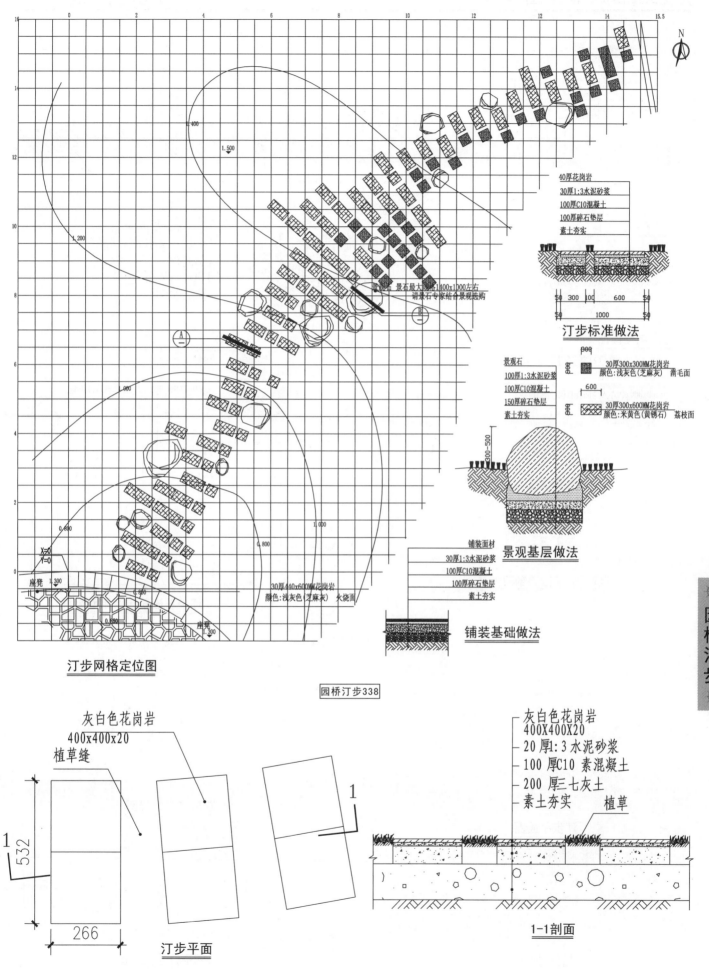

N

40厚花岗岩
30厚1:3水泥砂浆
100厚C10混凝土
100厚碎石垫层
素土夯实

50 300 100 600 50
50   1000

汀步标准做法

景观石
100厚1:3水泥砂浆
100厚C10混凝土
150厚碎石垫层
素土夯实

30厚300x300MM花岗岩
颜色:浅灰色(芝麻灰) 蓄毛面

600

30厚300x600MM花岗岩
颜色:米黄色(黄锈石) 荔枝面

景观石 景石最大规格1400x1000左右
请景石专家结合景观选购

景观基层做法

铺装面材
30厚1:3水泥砂浆
100厚C10混凝土
100厚碎石垫层
素土夯实

座凳 1.300

30厚440x600MM花岗岩
颜色:浅灰色(芝麻灰) 火烧面

座凳 1.300

铺装基础做法

汀步网格定位图

园桥汀步338

园桥汀步

灰白色花岗岩

400x400x20

植草缝

532

266

汀步平面

1

1

灰白色花岗岩
400X400X20
20厚1:3水泥砂浆
100厚C10素混凝土
200厚三七灰土
素土夯实   植草

1-1剖面

园桥汀步339

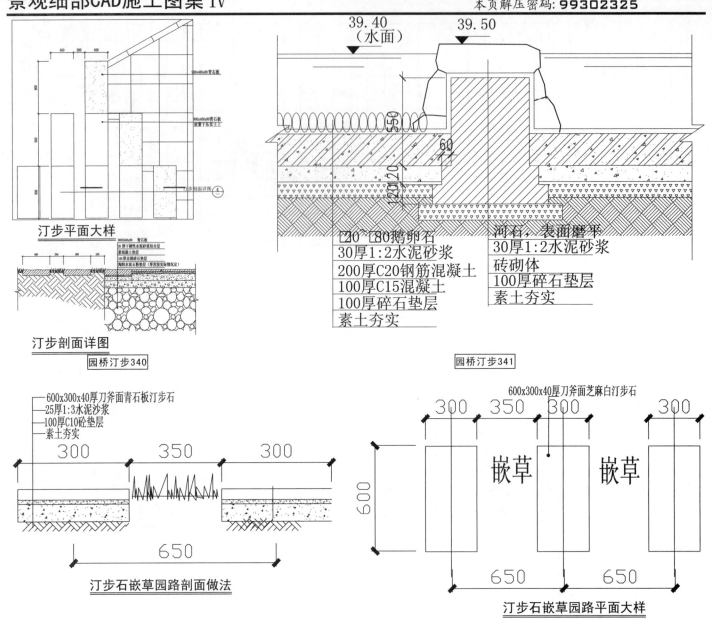

汀步平面大样

汀步剖面详图

园桥汀步340

39.40
（水面）

39.50

□20～□80鹅卵石
30厚1:2水泥砂浆
200厚C20钢筋混凝土
100厚C15混凝土
100厚碎石垫层
素土夯实

河石，表面磨平
30厚1:2水泥砂浆
砖砌体
100厚碎石垫层
素土夯实

园桥汀步341

600x300x40厚刀斧面青石板汀步石
25厚1:3水泥沙浆
100厚C10砼垫层
素土夯实

300   350   300

650

汀步石嵌草园路剖面做法

600x300x40厚刀斧面芝麻白汀步石

300   350   300   300

600

嵌草   嵌草

650   650

汀步石嵌草园路平面大样

园桥汀步342

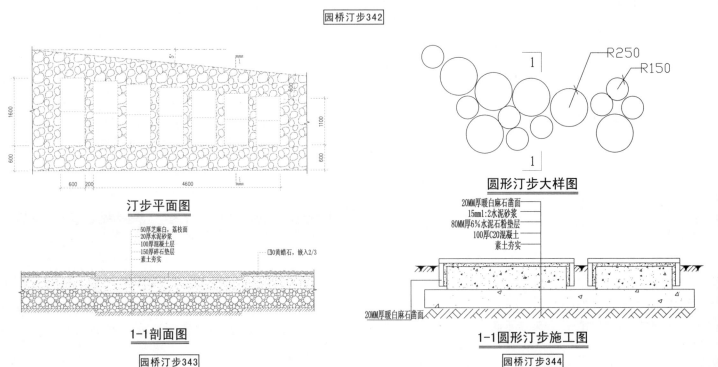

汀步平面图

50厚芝麻白，荔枝面
20厚水泥砂浆
100厚混凝土层
150厚碎石垫层
素土夯实

□30黄蜡石，嵌入2/3

1-1剖面图

园桥汀步343

R250
R150

圆形汀步大样图

20MM厚暖白麻石凿面
15mm1:2水泥砂浆
80MM厚6%水泥石粉垫层
100厚C20混凝土
素土夯实

20MM厚暖白麻石凿面

1-1圆形汀步施工图

园桥汀步344

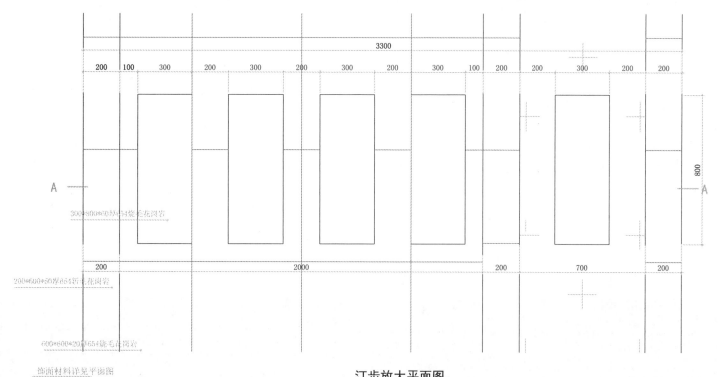

汀步放大平面图

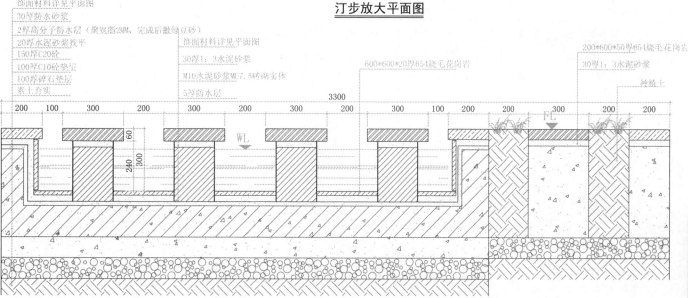

A-A断面图

園橋汀步345

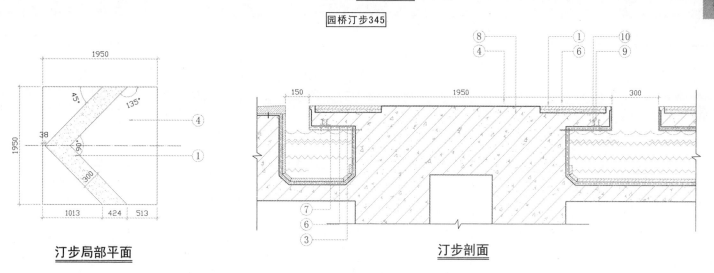

汀步局部平面　　　　　　　　　　汀步剖面

園橋汀步346

各式铺装

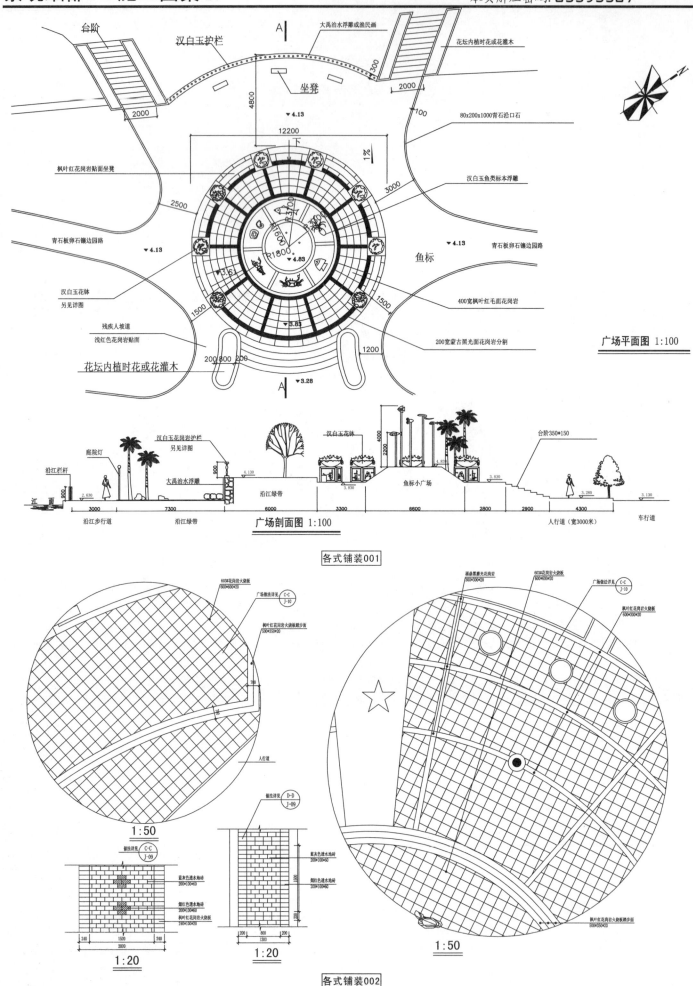

台阶

汉白玉护栏

大禹治水浮雕或渔民画

花坛内植时花或花灌木

坐凳

4.13

80x200x1000青石沿口石

枫叶红花岗岩贴面坐凳

青石板卵石镶边园路

汉白玉鱼类标本浮雕

4.13

青石板卵石镶边园路

鱼标

汉白玉花钵
另见详图

残疾人坡道
浅红色花岗岩贴面

400宽枫叶红毛面花岗岩

200宽蒙古黑光面花岗岩分割

花坛内植时花或花灌木

广场平面图 1:100

沿江栏杆

庭院灯

汉白玉花岗岩护栏
另见详图

汉白玉花钵

台阶350*150

大禹治水浮雕

沿江绿带

鱼标小广场

沿江步行道

沿江绿带

广场剖面图 1:100

人行道（宽3000米）

车行道

各式铺装001

603#花岗岩火烧板
600*600*20

广场做法详见 J-10

枫叶红花岗岩火烧板跳步面
500*350*20

人行道

福鼎黑磨光花岗岩
300*300*20

603#花岗岩火烧板
600*600*20

广场做法详见 J-10

枫叶红花岗岩火烧板
600*300*20

1:50

做法详见 D-D J-09

蓝灰色透水地砖
200*100*60

烟红色透水地砖
200*100*60

做法详见 C-C J-09

蓝灰色透水地砖
200*100*60

烟红色透水地砖
200*100*60

枫叶红花岗岩火烧板
240*100*20

1:20

1:20

枫叶红花岗岩火烧板跳步面
500*350*20

1:50

各式铺装002

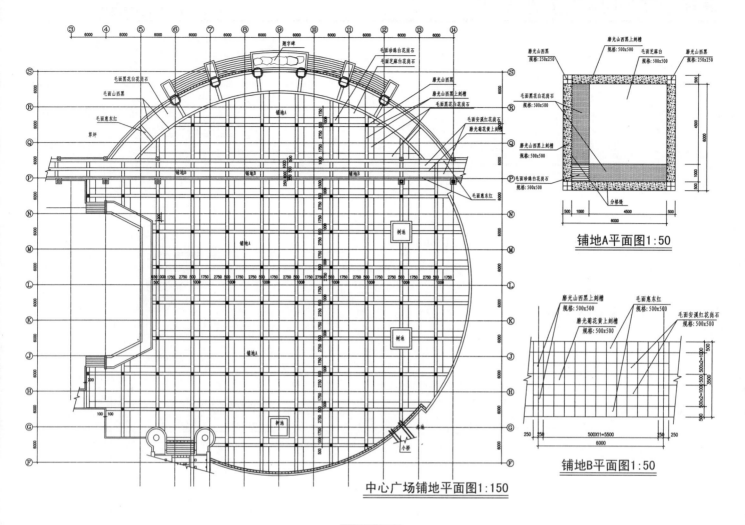

毛面珍珠白花岗石
毛面芝麻白花岗石

磨光山西黑
磨光山西黑上剑槽
毛面黑花白花岗石

毛面安溪红花岗石
磨光菊花黄上剑槽

毛面惠东红

毛面黑花白花岗石

毛面山西黑

毛面惠东红

草坪

铺地A

铺地B   铺地B   铺地B

铺地A

树池

铺地A   树池

树池

小桥

中心广场铺地平面图1:50

磨光山西黑
规格:250x250

磨光山西黑上剑槽
规格:500x500

毛面芝麻白
规格:500x500

磨光山西黑
规格:250x250

毛面黑花白花岗石
规格:500x500

磨光山西黑上剑槽
规格:500x500

毛面珍珠白花岗石
规格:500x500

分格缝

铺地A平面图1:50

磨光山西黑上剑槽
规格:500x500

磨光菊花黄上剑槽
规格:500x500

毛面惠东红
规格:500x500

毛面安溪红花岗石
规格:500x500

铺地B平面图1:50

各式铺装003

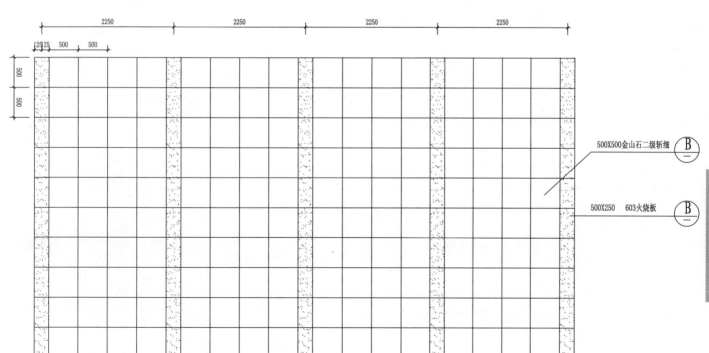

500X500金山石二级斩细 Ⓑ

500X250 603火烧板 Ⓐ

Ⓐ 东入口广场铺装图案 1:30

各式铺装004

各式铺装

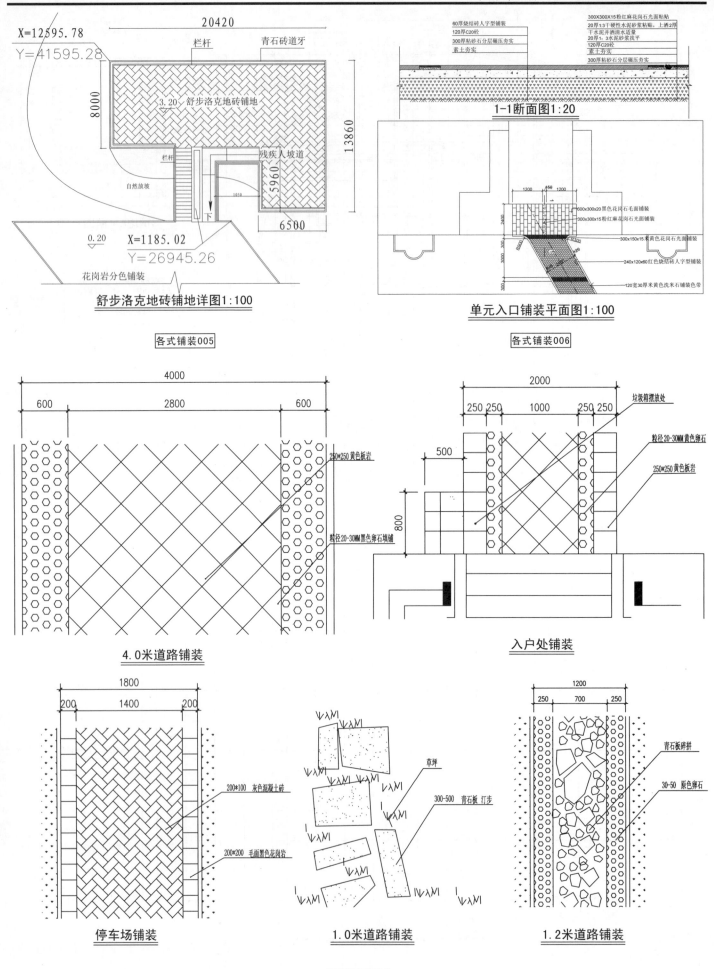

舒步洛克地砖铺地详图1:100

各式铺装005

单元入口铺装平面图1:100

各式铺装006

4.0米道路铺装

入户处铺装

停车场铺装

1.0米道路铺装

1.2米道路铺装

各式铺装007

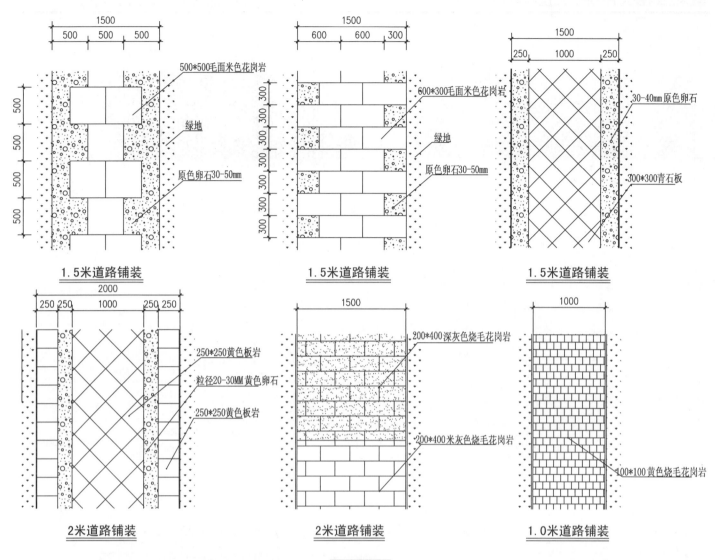

1500
500 500 500
500*500毛面米色花岗岩
500
500
500
500
500
绿地
原色卵石30-50mm

1.5米道路铺装

1500
600 600 300
600*300毛面米色花岗岩
300
300
300
300
300
绿地
原色卵石30-50mm

1.5米道路铺装

1500
250 1000 250
30-40mm原色卵石
300*300青石板

1.5米道路铺装

2000
250 250 1000 250 250
250*250黄色板岩
粒径20-30MM黄色卵石
250*250黄色板岩

2米道路铺装

1500
200*400深灰色烧毛花岗岩
200*400米灰色烧毛花岗岩

2米道路铺装

1000
100*100黄色烧毛花岗岩

1.0米道路铺装

各式铺装008

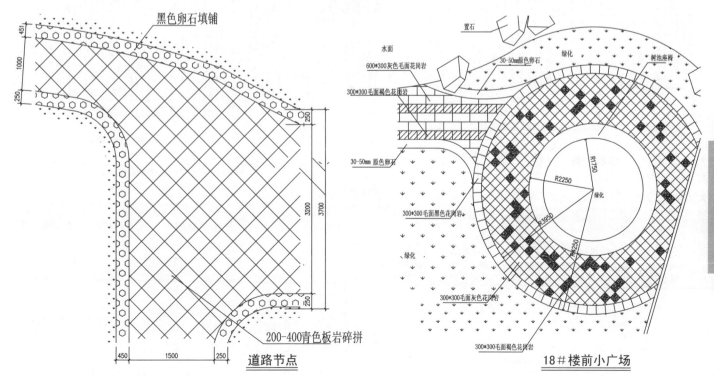

黑色卵石填铺

451
1000
250
250
3200
3700
250
250
450 1500 250
200-400青色板岩碎拼

道路节点

置石
水面
600*300毛面灰色花岗岩
300*300毛面褐色花岗岩
30-50mm原色卵石
绿化
树池座椅
30-50 原色卵石
300*300毛面黑色花岗岩
R1750
R2250
绿化
R3950
R250
绿化
300*300毛面灰色花岗岩
300*300毛面褐色花岗岩

18＃楼前小广场

各式铺装009

各式铺装

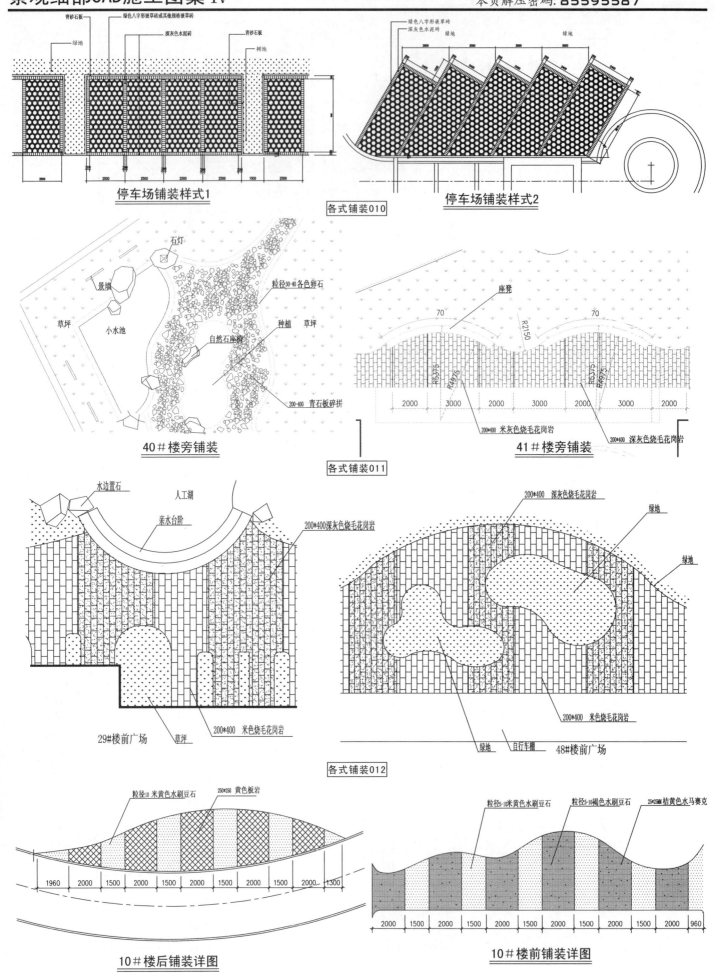

停车场铺装样式1

停车场铺装样式2

各式铺装010

40#楼旁铺装

41#楼旁铺装

各式铺装011

29#楼前广场

48#楼前广场

各式铺装012

10#楼后铺装详图

10#楼前铺装详图

各式铺装013

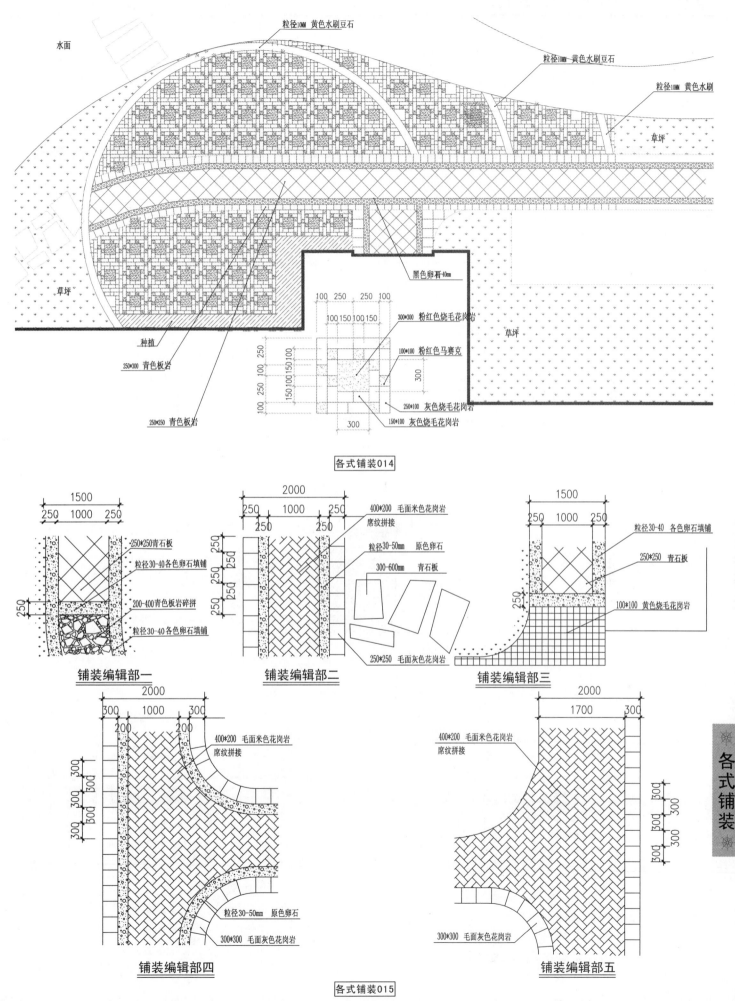

水面

粒径10mm 黄色水刷豆石

粒径10mm~黄色水刷豆石

粒径10mm 黄色水刷

草坪

草坪

黑色卵哥40mm

100 250 250 100

100 150 100 150

300*300 粉红色烧毛花岗岩

250 100

250

100 150 100 150 100

100*100 粉红色马赛克

300

250 100

种植

250*300 青色板岩

草坪

250*100 灰色烧毛花岗岩

150*100 灰色烧毛花岗岩

300

250*250 青色板岩

各式铺装014

1500

250 1000 250

-250*250青石板

粒径30-40各色卵石铺

250

200-400青色板岩碎拼

粒径30-40各色卵石铺

铺装编辑部一

2000

250 1000 250

250

250

250d

250d

250

250

400*200 毛面米色花岗岩
席纹拼接

粒径30-50mm 原色卵石

300-600mm 青石板

250*250 毛面灰色花岗岩

铺装编辑部二

1500

250 1000 250

粒径30-40 各色卵石铺

250*250 青石板

250

100*100 黄色烧毛花岗岩

铺装编辑部三

2000

300 1000 300

200 200

300 300

300d 300d

300 300

400*200 毛面米色花岗岩
席纹拼接

粒径30-50mm 原色卵石

300*300 毛面灰色花岗岩

铺装编辑部四

2000

1700 300

400*200 毛面米色花岗岩
席纹拼接

300d 300d

300 300

300d

300*300 毛面灰色花岗岩

铺装编辑部五

各式铺装015

各式铺装

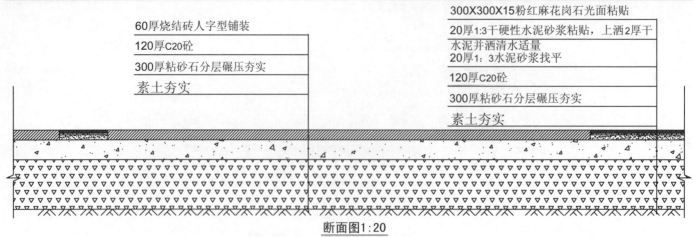

60厚烧结砖人字型铺装

120厚C20砼

300厚粘砂石分层碾压夯实

素土夯实

300X300X15粉红麻花岗石光面粘贴

20厚1:3干硬性水泥砂浆粘贴,上洒2厚干水泥并洒清水适量

20厚1:3水泥砂浆找平

120厚C20砼

300厚粘砂石分层碾压夯实

素土夯实

断面图1:20

2400   300   2400

2400

900

3000

900

600x300x20黑色花岗石毛面铺装

300x300x15粉红麻花岗石光面铺装

300x150x15米黄色花岗石光面铺装

240x120x60红色烧结砖人字型铺装

120宽30厚米黄色洗米石铺装色带

2400

120 2640 120

单元入口铺装平面图三1:100

各式铺装016

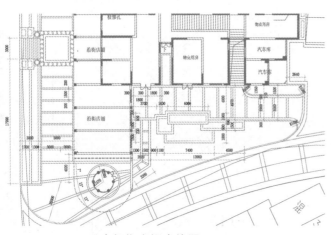

步行街广场定位图1:150

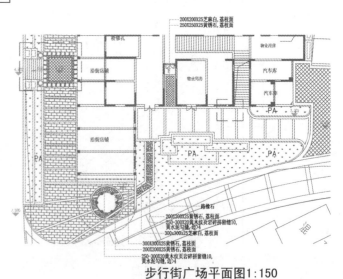

步行街广场平面图1:150

各式铺装017

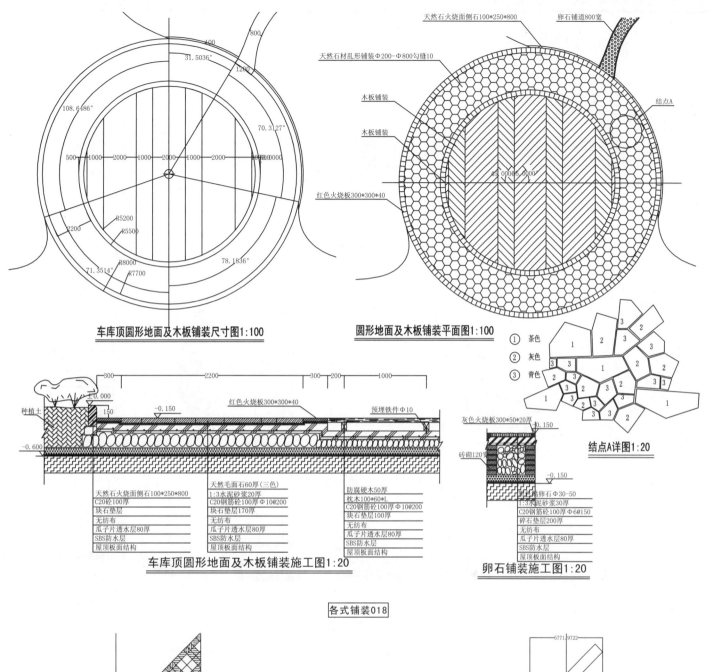

车库顶圆形地面及木板铺装尺寸图1:100

圆形地面及木板铺装平面图1:100

天然石火烧面侧石100*250*800
卵石铺道800宽
天然石材乱形铺装Φ200-Φ800勾缝10
木板铺装
木板铺装
红色火烧板300*300*40
结点A

① 茶色
② 灰色
③ 青色

结点A详图1:20

种植土
±0.000
-0.150
红色火烧板300*300*40
预埋铁件Φ10
-0.600

天然石火烧面侧石100*250*800
天然毛面石60厚(三色)
防腐硬木50厚
C20砼100厚
1:3水泥砂浆20厚
枕木100*60*L
块石垫层
C20钢筋砼100厚Φ10@200
C20钢筋砼100厚Φ10@200
无纺布
块石垫层170厚
块石垫层100厚
瓜子片透水层80厚
无纺布
无纺布
SBS防水层
瓜子片透水层80厚
瓜子片透水层80厚
屋顶板面结构
SBS防水层
SBS防水层
屋顶板面结构
屋顶板面结构

车库顶圆形地面及木板铺装施工图1:20

灰色火烧板300*50*20厚
-0.150
砖砌120宽
-0.150
白色卵石Φ30-50
1:3水泥砂浆30厚
C20钢筋砼100厚Φ6@150
碎石垫层200厚
无纺布
瓜子片透水层80厚
SBS防水层
屋顶板面结构

卵石铺装施工图1:20

各式铺装018

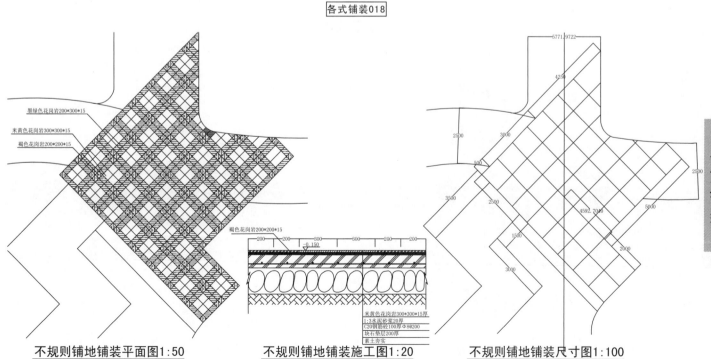

墨绿色花岗岩200*300*15
米黄色花岗岩300*300*15
褐色花岗岩200*200*15

褐色花岗岩200*200*15

-0.150
米黄色花岗岩300*300*15厚
1:3水泥砂浆20厚
C20钢筋砼100厚Φ8@200
块石垫层200厚
素土夯实

不规则铺地铺装平面图1:50
不规则铺地铺装施工图1:20
不规则铺地铺装尺寸图1:100

各式铺装019

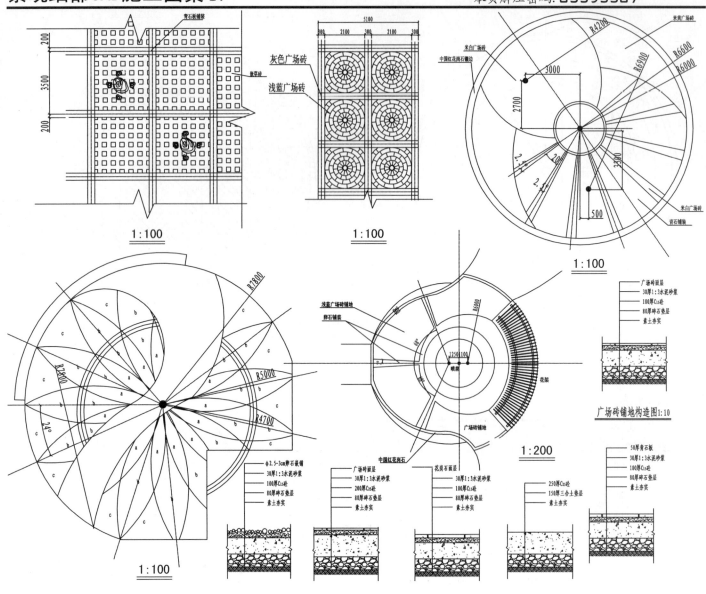

各式铺装020

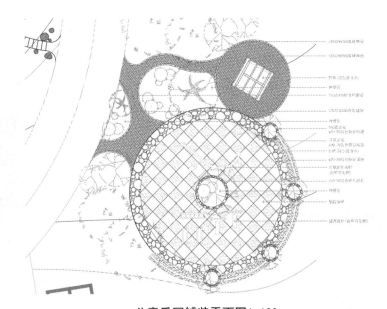

儿童乐园铺装平面图1:100

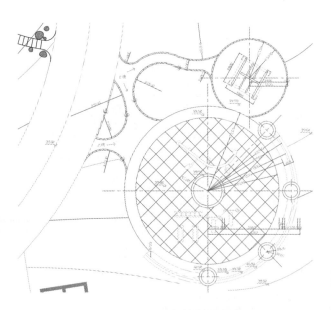

儿童乐园平面图1:100

各式铺装021

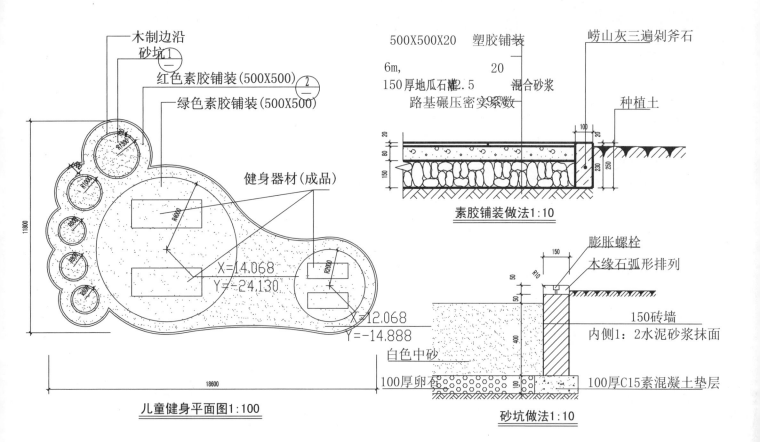

木制边沿
砂坑①
红色素胶铺装(500X500)②
绿色素胶铺装(500X500)

健身器材(成品)

X=14.068
Y=-24.130

X=12.068
Y=-14.888

白色中砂
100厚卵石

儿童健身平面图1:100

500X500X20 塑胶铺装
6m,   20
150厚地瓜石 2.5 混合砂浆
路基碾压密实系数

崂山灰三遍剁斧石

种植土

素胶铺装做法1:10

膨胀螺栓
木缘石弧形排列

150砖墙
内侧1：2水泥砂浆抹面

100厚C15素混凝土垫层

砂坑做法1:10

各式铺装022

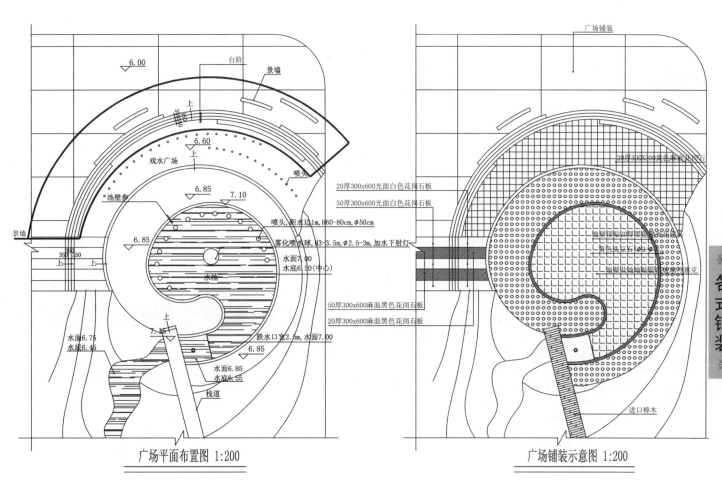

6.00
台阶
景墙

6.60

戏水广场

喷头

池壁参

6.85   7.10

喷头,距水边1m,H60-80cm,Ø50cm
雾化喷水球,M3-3.5m,Ø2.5-3m,加水下射灯

6.85

20厚300x600光面白色花岗石板
50厚300x600光面白色花岗石板

景墙

350 350
上   上

水面7.00
水底6.50(中心)

水池

50厚300x600麻面黑色花岗石板
20厚300x600麻面黑色花岗石板

跌水口宽2.5m,水面7.00

水面6.75
水底6.45

6.85

水面6.85
水底6.55

栈道

广场平面布置图 1:200

广场铺装

20厚300x300黄色亚面花岗石

地砖顶贴20厚塑胶地砖面层
黄色选亚面Ø2-4

地砖及地面贴300厚黑色马赛克

进口樟木

广场铺装示意图 1:200

各式铺装

各式铺装023

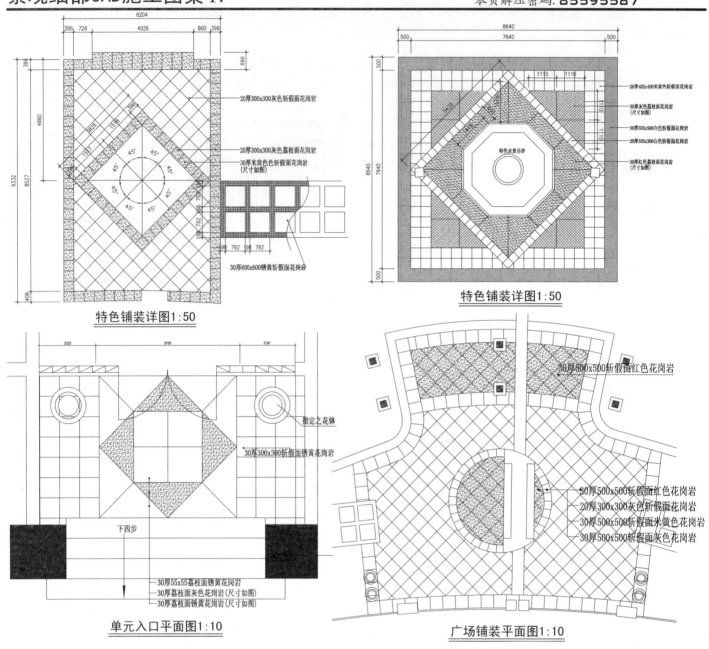

20厚300x300灰色斩假面花岗岩

20厚300x300灰色荔枝面花岗岩

30厚米黄色色斩假面花岗岩
(尺寸如图)

30厚600x600锈黄斩假面花岗岩

特色铺装详图1:50

20厚400x400米黄色斩假面花岗岩

30厚灰色荔枝面花岗岩
(尺寸如图)

30厚500x500白色斩假面花岗岩

20厚300x300白色斩假面花岗岩

30厚红色荔枝面花岗岩
(尺寸如图)

特色水景另详

特色铺装详图1:50

指定之花钵

30厚300x300斩假面锈黄花岗岩

下四步

30厚55x55荔枝面锈黄花岗岩
30厚荔枝面灰色花岗岩(尺寸如图)
30厚荔枝面锈黄花岗岩(尺寸如图)

单元入口平面图1:10

30厚500x500斩假面红色花岗岩

30厚500x500斩假面红色花岗岩
20厚300x300灰色斩假面花岗岩
30厚500x500斩假面米黄色花岗岩
30厚500x500斩假面灰色花岗岩

广场铺装平面图1:10

各式铺装024

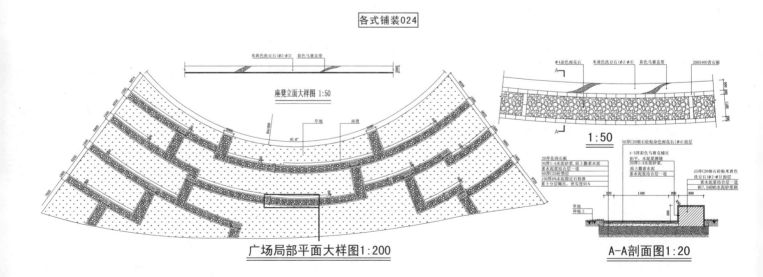

米黄色洗豆石(φ2-φ3)   彩色马赛克带

座凳立面大样图1:50

草地   座凳

φ4杂色雨花石
米黄色洗豆石(φ2-φ3)
彩色马赛克带
200x400青石板

1:50

20厚花岗石板
30厚1:4水泥砂浆, 面上撒素水泥
素水泥浆结合层一道
60厚C25砼垫层
150厚级配碎石稳定石粉渣
素土分层碾实, 密实度≥95%

50厚C20细石砼贴杂色雨花石(φ4)面层
4-5厚彩色马赛克铺实
拍平, 水泥浆擦缝
撒上撒素水泥
素水泥浆结合层一道

25厚C20细石砼贴米黄色
洗豆石(φ2-φ3)面层
素水泥浆结合层一道
厚7.5砼M5水泥砂浆砌

草地
种植土

广场局部平面大样图1:200

A—A剖面图1:20

各式铺装025

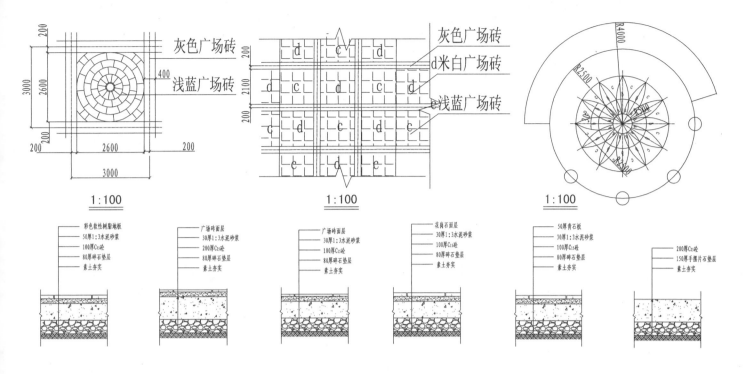

灰色广场砖
浅蓝广场砖

1:100

灰色广场砖
d米白广场砖
e浅蓝广场砖

1:100

1:100

各式铺装026

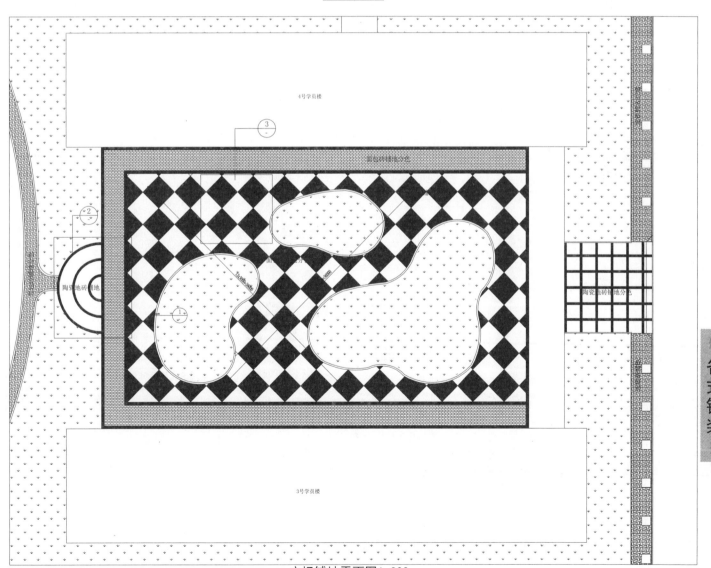

4号学员楼

3号学员楼

广场铺地平面图1:200

各式铺装027

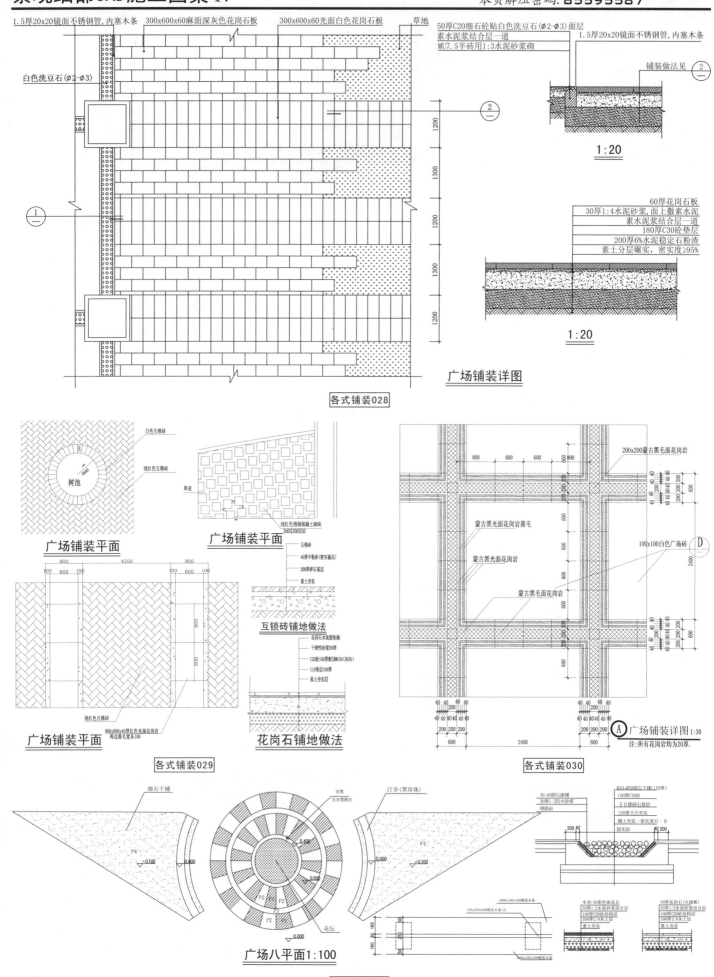

1.5厚20x20镜面不锈钢管,内塞木条
300x600x60麻面深灰色花岗石板
300x600x60光面白色花岗石板
草地

50厚C20细石砼贴白色洗豆石(∅2-∅3)面层
素水泥浆结合层一道
MU7.5半砖用1:3水泥砂浆砌

白色洗豆石(∅2-∅3)

1.5厚20x20镜面不锈钢管,内塞木条

铺装做法见

1:20

60厚花岗石板
30厚1:4水泥砂浆,面上撒素水泥
素水泥浆结合层一道
180厚C30砼垫层
200厚6%水泥稳定石粉渣
素土分层碾实,密实度≥95%

1:20

广场铺装详图

各式铺装028

白色互锁砖
浅红色互锁砖
树池

广场铺装平面

白色互锁砖
草皮
浅红色预制凝凝土镜块
300X300X50

广场铺装平面

互锁砖
40厚中粗砂(密实振压)
200厚碎石基层
素土夯实

互锁砖铺地做法

花岗石水泥胶粘贴
干硬性砂浆50厚
C20砼150厚配Φ8@150(双向)
C10垫层100厚
原土夯实层

花岗石铺地做法

浅红色互锁砖
800x800x40厚红色光面花岗岩
两边蓄毛宽各100

广场铺装平面

各式铺装029

800x200蒙古黑毛面花岗岩
蒙古黑光面花岗岩蓄毛
蒙古黑光面花岗岩
蒙古黑毛面花岗岩
100x100白色广场砖

A 广场铺装详图 1:30
注:所有花岗岩均为20厚.

各式铺装030

细石干铺
坐凳
呈坐凳做法
打步(黑珍珠)

P4
-0.100
0.800
0.400

P2
P2
P2
0.000

花坛

广场八平面 1:100

Ø10-Ø50细石干铺(150厚)
100厚C20砼
5.0厚碎石垫层
250厚大片夯实
壤土夯实·密实度0·9
按实际

30-60卵石嵌铺
20厚1:2防水砂浆
钢筋砼

1600x160x300硬质木条
150x250x300硬质木条(2)
740x160x100硬质木条

Φ30-50彩色雨花石
30厚1:2水泥砂浆结合层
100厚C20砼结构层
300厚2:8灰土层
素土夯实

30厚花岗石(火烧板)
30厚1:2水泥砂浆结合层
100厚C20砼结构层
300厚2:8灰土层
素土夯实

各式铺装031

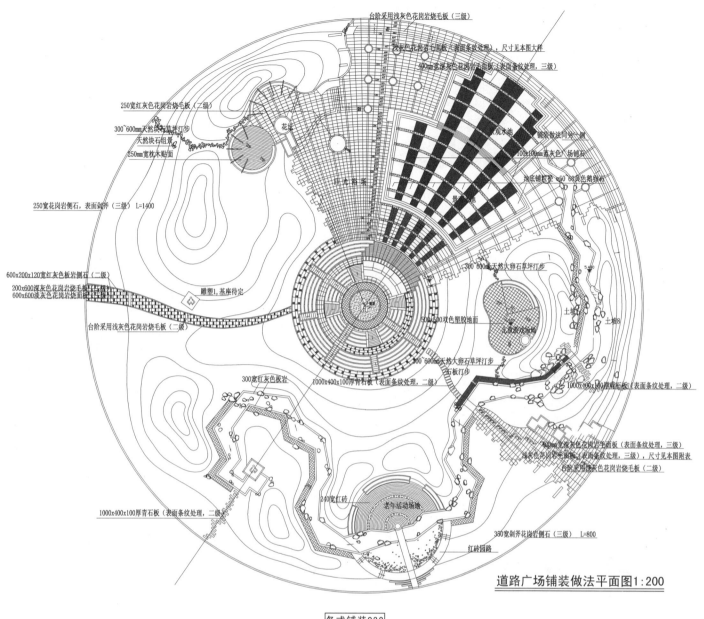

台阶采用浅灰色花岗岩烧毛板（三级）

浅灰色花岗岩烧毛面板（表面条纹处理）尺寸见本图大样

400mm宽深灰色花岗岩烧毛面板（表面条纹处理，三级）

250宽灰色花岗岩烧毛板（二级）

300~600mm天然块石草坪汀步

天然块石组景

250宽枕木贴面

250宽花岗岩侧石，表面剁斧（三级）L=1400

600x200x120宽红灰色板岩侧石（二级）

200x600深灰色花岗岩烧毛板（二级）

600x600淡灰色花岗岩烧毛面板（二级）

台阶采用浅灰色花岗岩烧毛板（二级）

300红灰色板岩

1000x400x100厚青石板（表面条纹处理，二级）

1000x400x100厚青石板（表面条纹处理，二级）

240宽红砖

1000x400x100厚青石板（表面条纹处理，二级）

雕塑1，基座待定

观水池

铺装做法同另一侧

100x100mm蓝灰色广场铺石

池底铺粒径Φ50~60黄色鹅卵石

300~600mm天然大卵石草坪汀步

50x50双色塑胶地面

北京碗豆草地

300~600mm天然大卵石草坪汀步

石板汀步

土坡

土坡B

1000x400x100厚磨面板（表面条纹处理，二级）

300mm宽深灰色花岗岩烧毛板（表面条纹处理，三级）

浅灰色花岗岩烧毛面板（表面条纹处理，三级），尺寸见本图附表

台阶采用深灰色花岗岩烧毛板（二级）

老年活动场地

350宽剁斧花岗岩侧石（三级）L=800

红砖园路

道路广场铺装做法平面图1:200

各式铺装032

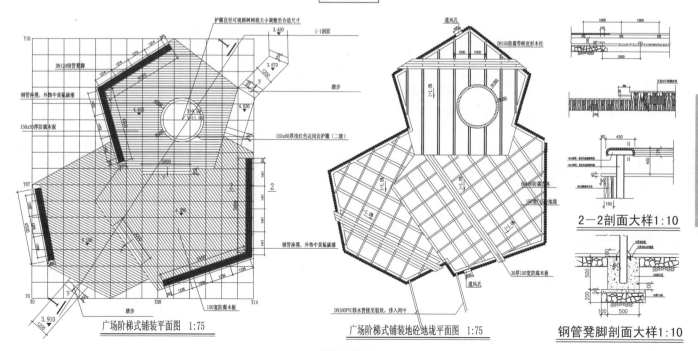

DN120钢管凳脚

钢管座凳，外饰中黄氟碳漆

150x30厚防腐木板

护圈直径可视榕树树根大小调整至合适尺寸

1-1剖面

踏步

150x60厚浅红色花岗岩护圈（二级）

钢管座凳，外饰中黄氟碳漆

150宽防腐木板

广场阶梯式铺装平面图 1:75

通风孔

DN150防腐带树皮杉木柱

60厚防腐木

150x150宽地垄

30厚150宽防腐木板

通风孔

DN100PVC排水管接至级坎，排入河中

广场阶梯式铺装地砼地垄平面图 1:75

2－2剖面大样1:10

钢管凳脚剖面大样1:10

各式铺装

各式铺装033

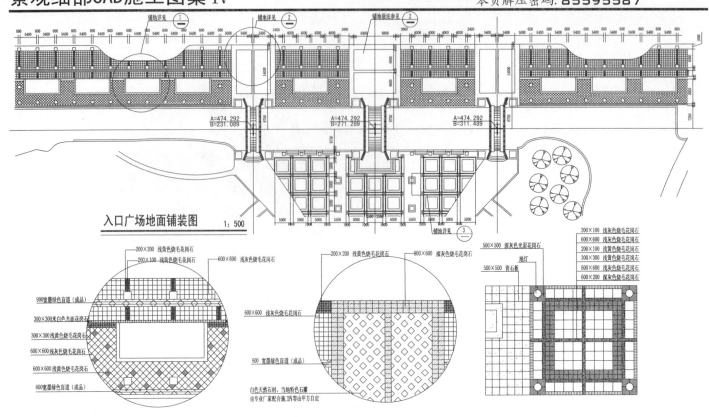

入口广场地面铺装图 1:500

各式铺装034

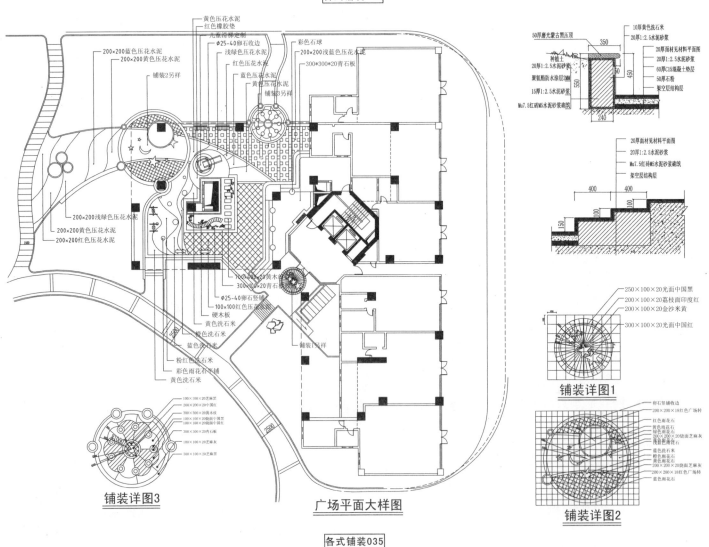

铺装详图3

广场平面大样图

铺装详图1

铺装详图2

各式铺装035

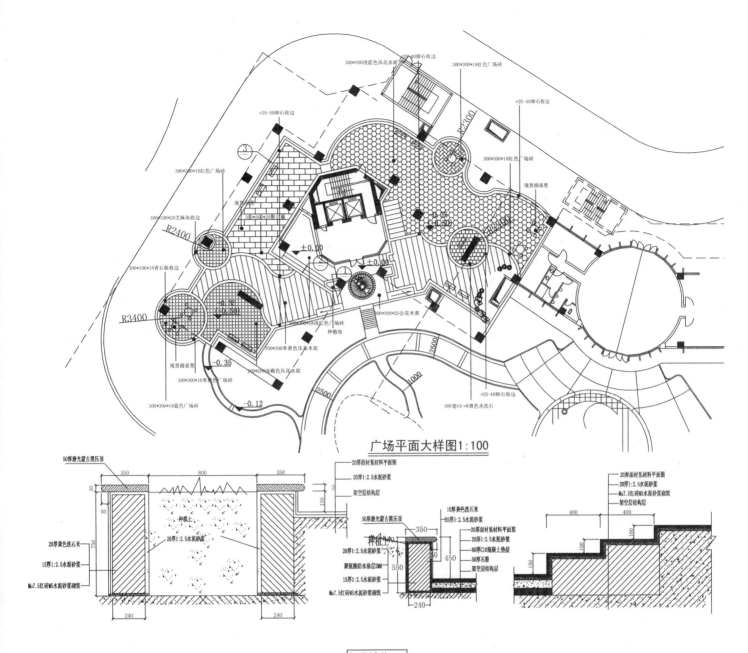

广场平面大样图1:100

各式铺装036

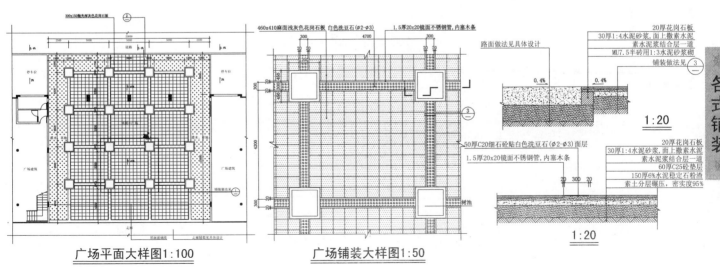

广场平面大样图1:100　　　　广场铺装大样图1:50

各式铺装

各式铺装037

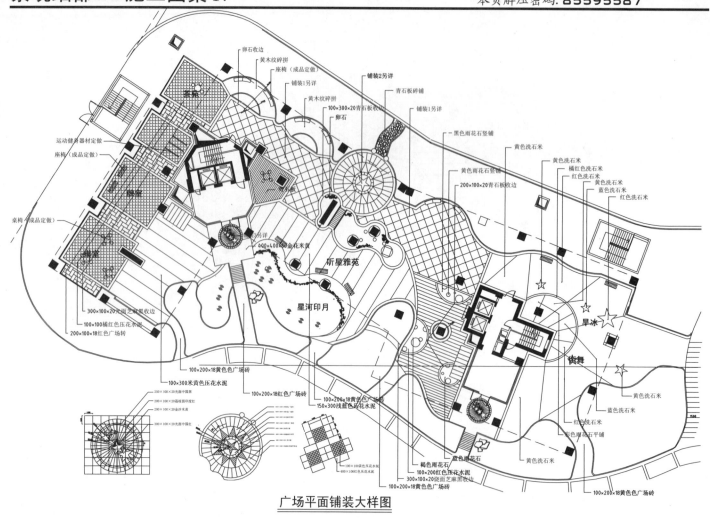

广场平面铺装大样图

各式铺装038

场地放线图1:200

青石机刨

场地铺装构造图1:10   道路铺装构造图1:10   道路铺装构造图1:10

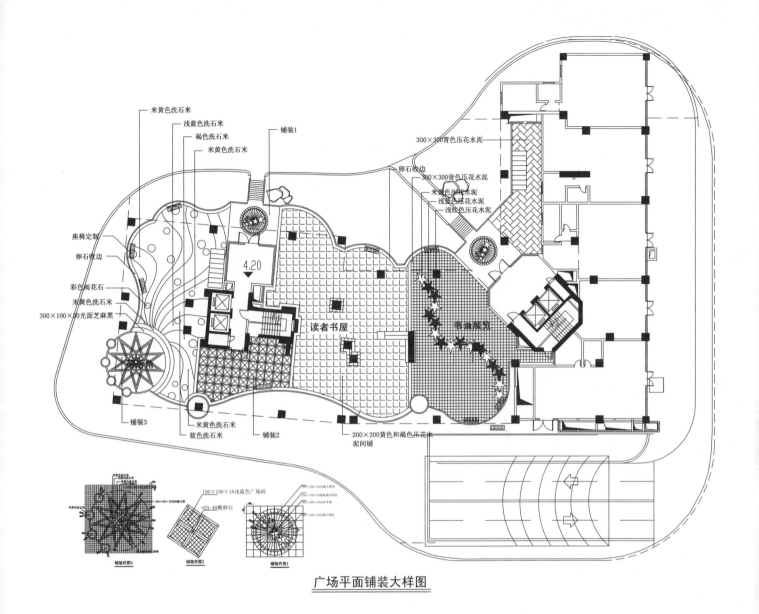

米黄色洗石米
浅蓝色洗石米
褐色洗石米
米黄色洗石米
铺装1

300×300青色压花水泥
卵石收边
300×300青色压花水泥
米黄色压花水泥
浅蓝色压花水泥
浅红色压花水泥

座椅定制
卵石收边
彩色梅花石
米黄色洗石米
300×100×20光面芝麻黑

4.20

读者书屋

书画展览

铺装3
米黄色洗石米
蓝色洗石米
铺装2
200×200黄色和褐色压花米泥间铺

铺装祥图3
铺装祥图2
铺装祥图1

100×100×18浅蓝色广场砖
Φ25-40卵石

广场平面铺装大样图

各式铺装040

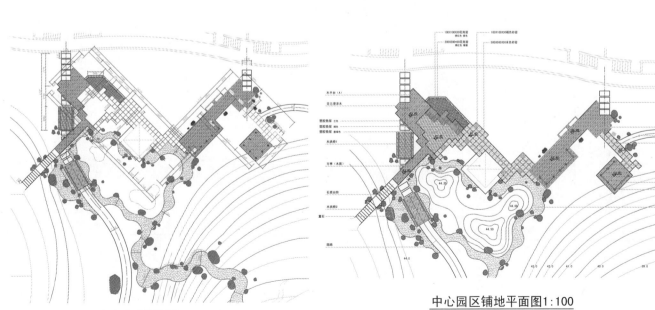

中心园区平面图1:100

中心园区铺地平面图1:100

各式铺装041

本页解压密码: 85595587

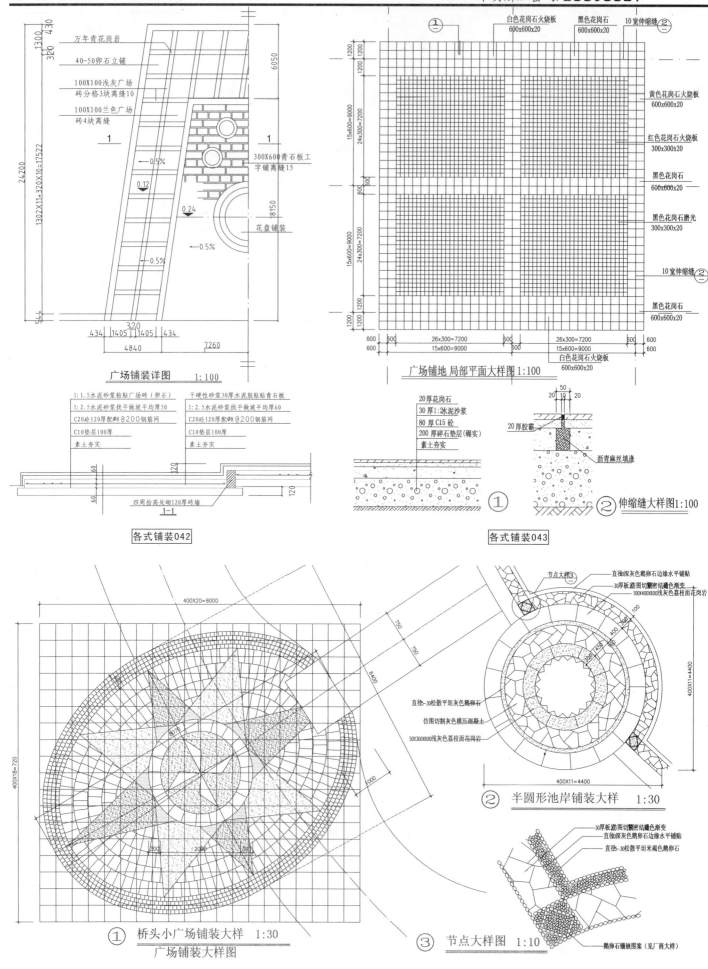

万年青花岗岩
40-50卵石立铺
100X100浅灰广场砖分格3块离缝10
100X100兰色广场砖4块离缝

1

-0.5%

0.12

0.24

-0.5%

-0.5%

300X600青石板工字铺离缝15

花盘铺装

广场铺装详图　　1:100

1:1.5水泥砂浆粘贴广场砖(卵石)
1:2.5水泥砂浆找平做坡平均厚50
C20砼120厚配Φ8@200钢筋网
C10垫层100厚
素土夯实

干硬性砂浆30厚水泥胶粘贴青石板
1:2.5水泥砂浆找平做坡平均厚60
C20砼120厚配Φ8@200钢筋网
C10垫层100厚
素土夯实

四周抬高处砌120厚砖墙
1-1

各式铺装042

白色花岗石火烧板 600x600x20
黑色花岗石 600x600x20
10宽伸缩缝

黄色花岗石火烧板 600x600x20
红色花岗石火烧板 300x300x20
黑色花岗石 600x600x20
黑色花岗石磨光 300x300x20
10宽伸缩缝
黑色花岗石 600x600x20

白色花岗石火烧板 600x600x20

广场铺地 局部平面大样图 1:100

20厚花岗石
30厚1:水泥砂浆
80 厚C15砼
200 厚碎石垫层(碾实)
素土夯实

①

20厚胶霸
沥青麻丝填缝

② 伸缩缝大样图1:100

各式铺装043

400X20=8000

桥头小广场铺装大样　　1:30
广场铺装大样图

①

节点大样③
直径深灰色鹅卵石边缘水平铺贴
30厚板嵌图切割嵌密结缝色渐变
100X400X600浅灰色慕枝面花岗岩

直径-30松散平坦灰色鹅卵石
仿图切割灰色模压混凝土
50X300X600浅灰色慕枝面花岗岩

400X11=4400

② 半圆形池岸铺装大样　　1:30

30厚板嵌图切割嵌密结缝色渐变
直径深灰色鹅卵石边缘水平铺贴
直径-30松散平坦米褐色鹅卵石

鹅卵石镶嵌图案(见厂商大样)

③ 节点大样图　　1:10

各式铺装044

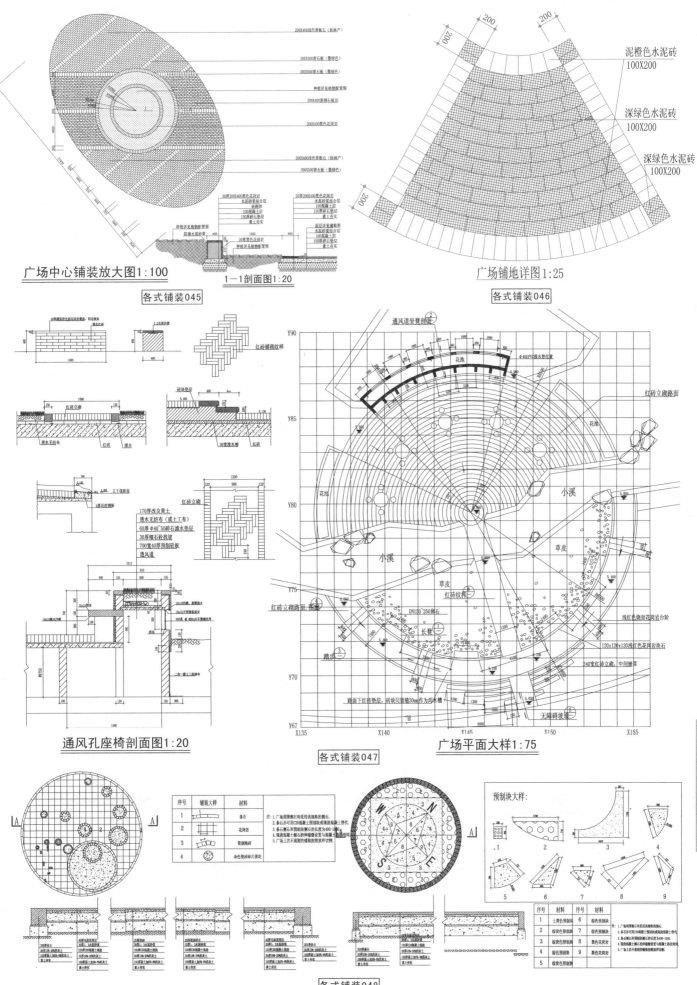

广场中心铺装放大图1:100　　1—1剖面图1:20

各式铺装045

广场铺地详图1:25

泥橙色水泥砖
100X200

深绿色水泥砖
100X200

深绿色水泥砖
100X200

各式铺装046

红砖铺砌纹样

通风孔座椅剖面图1:20

各式铺装047

广场平面大样1:75

各式铺装048

各式铺装

本页解压密码：85595587

淡咖啡色广场铺石

淡米黄色广场铺石

粉红色或咖啡色广场铺石

淡咖啡色广场铺石
淡米黄色广场铺石
红砖立铺

广场铺装大样图1:30

广场铺装大样图1:30

各式铺装049

1200X1200 天然面锈石　　随机掺杂20% 600X600 深灰板岩　　600X600 锈黄板岩　　Φ30-Φ60彩色扁砾石散置　　深灰板石　　600X600 浅灰色齐剑面花岗岩

绿地

广场铺装大样图1:60

100X200 白色面包砖侧铺
100X200 黄色面包砖
随机掺杂20% 100X200棕色面包砖

广场铺装大样图 1:60

60厚青石板(缝宽10-20MM，干石灰，细砂扫缝，洒水)
30厚1:3水泥砂浆
100厚混凝土
150厚灰土
素土夯实

Φ30-Φ60彩色扁砾石

130厚天然砾石

种植土

1:10

各式铺装050

拱桥　　池壁
水池
凿面花岗岩汀步
原石切块桌凳
400高树池
园路
成品桌凳　　草地
座凳

广场平面布置图 1:200

水池
20厚300x600青石板
20厚浅灰色凿面花岗岩汀步
草地
白色洗豆石(Φ2-Φ3)
黄色洗豆石(Φ2-Φ3)
草地
20厚400X400黄木纹板
20厚光面白色花岗石板
20厚100宽青石板
20厚光面白色花岗石板

广场铺装示意图 1:200

各式铺装051

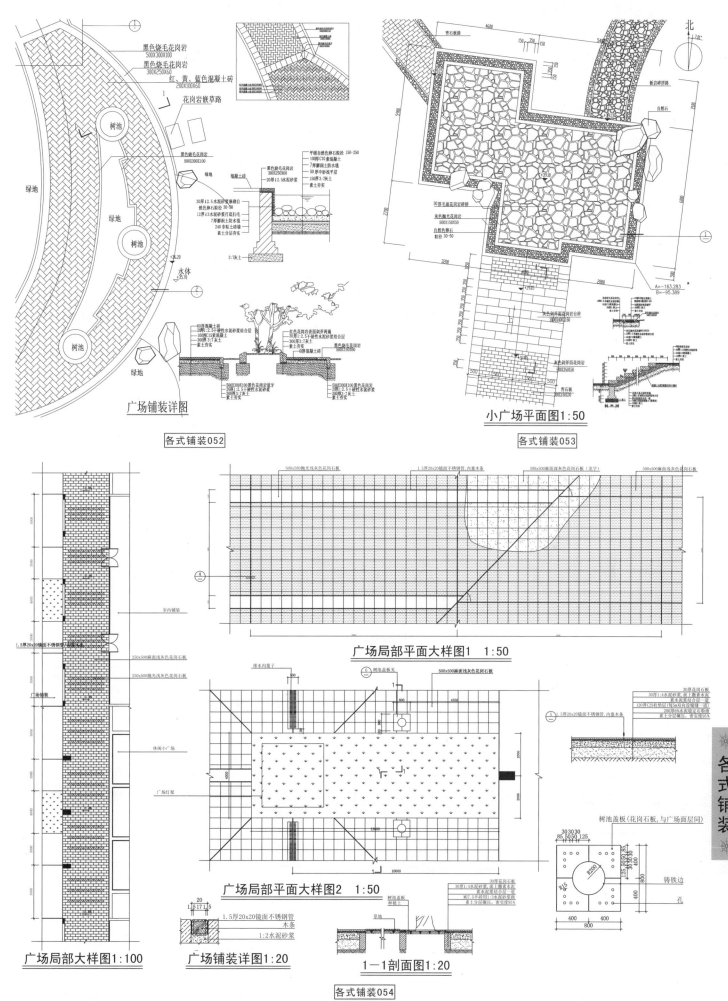

黑色烧毛花岗岩
500X300X100
黑色烧毛花岗岩
300X250X60
红、黄、蓝色混凝土砖
200X100X60

花岗岩嵌草路

绿地

树池

绿地

树池

树池

绿地

黑色烧毛花岗岩
500X300X100

黑色烧毛花岗岩
300X250X60

水体

广场铺装详图

各式铺装052

小广场平面图1:50

青石板路

板岩碎拼路

自然石

30厚毛面花岗石碎拼

灰色抛光花岗岩
500X150X50

自然卵石
粒径 30-50

灰色剑斧面岗岩台阶
1000X400X150

灰色剑斧面花岗岩
500X350X50

青石板
500X150X30

各式铺装053

广场局部平面大样图1 1:50

广场局部平面大样图2 1:50

广场局部大样图1:100

广场铺装详图1:20

1-1剖面图1:20

树池盖板(花岗石板,与广场面层同)

铸铁边

孔

各式铺装054

各式铺装

本页解压密码: 85595587

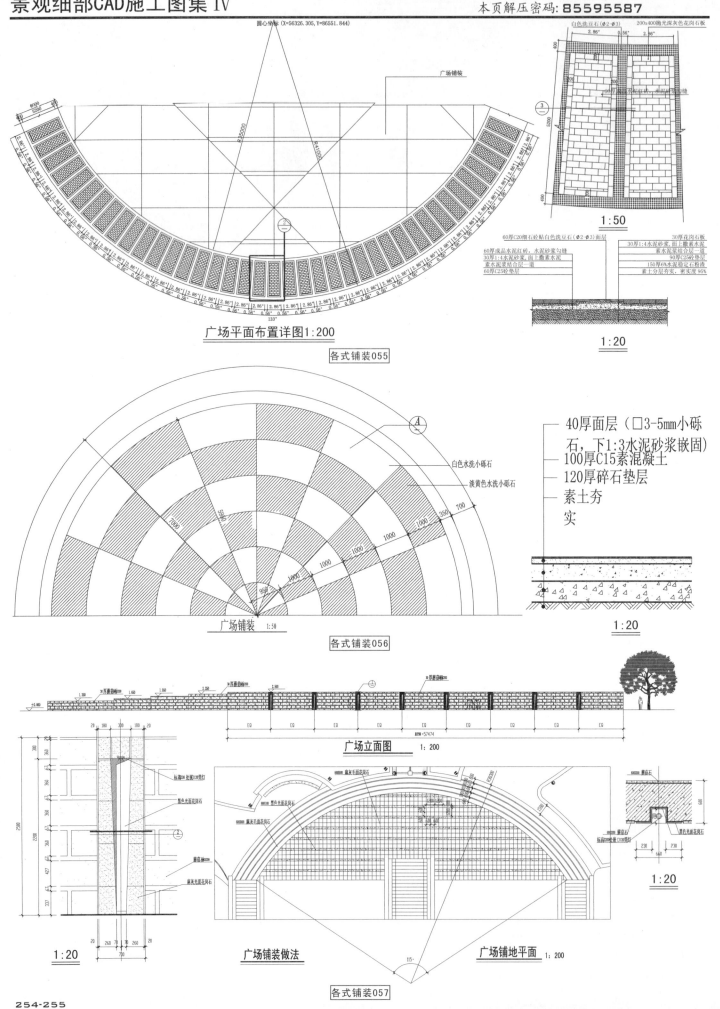

圆心坐标(X=56326.305,Y=86551.844)

广场铺装

广场平面布置详图1:200

各式铺装055

白色洗豆石（φ2-φ3）
200x400抛光深灰色花岗石板

1:50

60厚C20细石砼贴白色洗豆石（φ2-φ3）面层
60厚成品水泥红砖，水泥砂浆勾缝
30厚1:4水泥砂浆，面上撒素水泥
素水泥浆结合层一道
60厚C25砼垫层

30厚花岗石板
30厚1:4水泥砂浆，面上撒素水泥
素水泥浆结合层一道
90厚C25砼垫层
150厚6%水泥稳定碎石粉渣
素土分层夯实，密实度95%

1:20

白色水洗小砾石
淡黄色水洗小砾石

广场铺装 1:50

各式铺装056

40厚面层（□3-5mm小砾石，下1:3水泥砂浆嵌固）
100厚C15素混凝土
120厚碎石垫层
素土夯实

1:20

广场立面图 1:200

1:20

广场铺装做法

广场铺地平面 1:200

各式铺装057

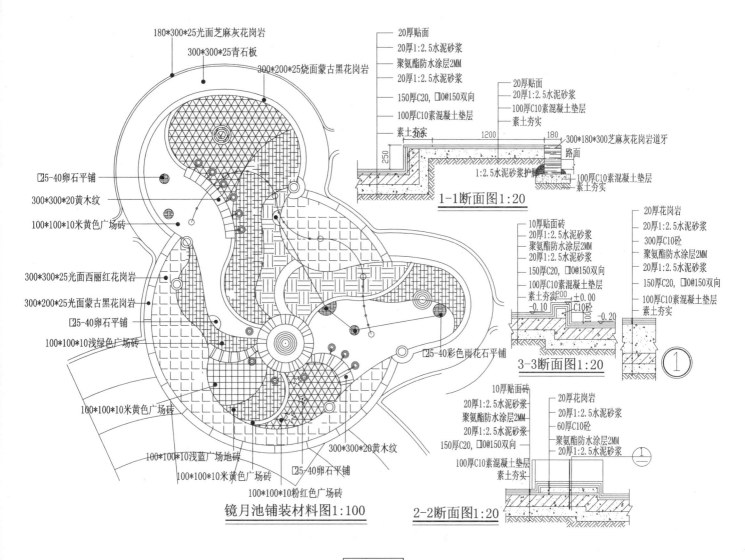

180*300*25光面芝麻灰花岗岩
300*300*25青石板
300*200*25烧面蒙古黑花岗岩

□25-40卵石平铺
300*300*20黄木纹
100*100*10米黄色广场砖

300*300*25光面西丽红花岗岩
300*200*25光面蒙古黑花岗岩
□25-40卵石平铺
100*100*10浅绿色广场砖

100*100*10米黄色广场砖

100*100*10浅蓝广场地砖
100*100*10米黄色广场砖
100*100*10粉红色广场砖

镜月池铺装材料图1:100

□25-40彩色雨花石平铺
300*300*20黄木纹
□25-40卵石平铺

1-1断面图1:20

20厚贴面
20厚1:2.5水泥砂浆
聚氨酯防水涂层2MM
20厚1:2.5水泥砂浆
150厚C20,□0@150双向
100厚C10素混凝土垫层
素土夯实

20厚贴面
20厚1:2.5水泥砂浆
100厚C10素混凝土垫层
素土夯实
300*180*300芝麻灰花岗岩道牙
路面
1:2.5水泥砂浆护坡
100厚C10素混凝土垫层
素土夯实
1200 180 250

3-3断面图1:20

10厚贴面砖
20厚1:2.5水泥砂浆
聚氨酯防水涂层2MM
20厚1:2.5水泥砂浆
150厚C20,□0@150双向
100厚C10素混凝土垫层
素土夯实

20厚花岗岩
20厚1:2.5水泥砂浆
300厚C10
聚氨酯防水涂层2MM
20厚1:2.5水泥砂浆
150厚C20,□0@150双向
100厚C10素混凝土垫层
素土夯实
±0.00
-0.10
-0.20
C10砼

①

2-2断面图1:20

10厚贴面砖
20厚1:2.5水泥砂浆
聚氨酯防水涂层2MM
20厚1:2.5水泥砂浆
150厚C20,□0@150双向
100厚C10素混凝土垫层
素土夯实

20厚花岗岩
20厚1:2.5水泥砂浆
60厚C10砼
聚氨酯防水涂层2MM
20厚1:2.5水泥砂浆

各式铺装058

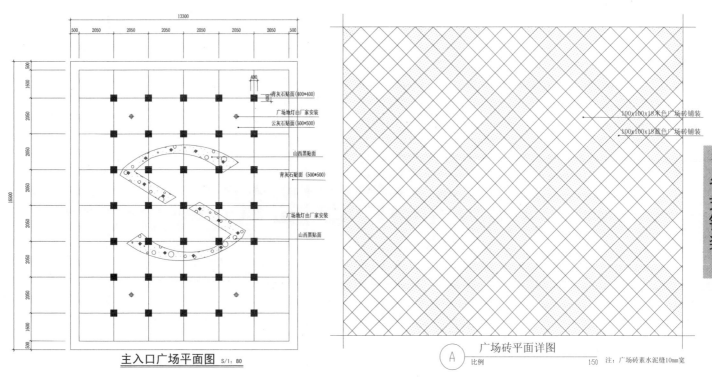

13300
500 2050 2050 2050 2050 2050 500
16500
500 1600 2050 2050 2050 2050 2050 1600 500

400
青灰石贴面(400*400)
广场地灯由厂家安装
云灰石贴面(500*500)
山西黑贴面
青灰石贴面(500*500)
广场地灯由厂家安装
山西黑贴面

主入口广场平面图 S/1:80

各式铺装059

100x100x18米色广场砖铺装
100x100x18蓝色广场砖铺装

广场砖平面详图
A 比例 1:50
注:广场砖素水泥缝10mm宽

各式铺装060

各式铺装

蘋果設計書店
applebooks.net